天然气工程技术培训丛书

气藏工程

《气藏工程》编写组　编

石 油 工 业 出 版 社

内 容 提 要

本书针对天然气开发中经常遇到的实际问题，从基本概念、基本理论和基本方法入手，系统地介绍了气藏工程及其相关知识在现场生产中的应用与实践，内容包括地质基础、气藏渗流基础理论、井筒流体力学、气井试井、气藏动态分析、储量及可采储量计算、气藏数值模拟、气藏开发等。

本书可供气田开发工程方面的管理人员、技术人员、科研人员，以及有关院校的师生参考使用。

图书在版编目（CIP）数据

气藏工程／《气藏工程》编写组编. —北京 ：石油工业出版社，2017. 11
（天然气工程技术培训丛书）
ISBN 978-7-5183-2144-5

Ⅰ. ①气… Ⅱ. ①气… Ⅲ. ①气藏工程-技术培训-教材 Ⅳ. ①TE37

中国版本图书馆 CIP 数据核字（2017）第 238428 号

出版发行：石油工业出版社
（北京安定门外安华里 2 区 1 号 100011）
网 址：www. petropub. com
编辑部：（010）64251682 图书营销中心：（010）64523633
经 销：全国新华书店
印 刷：北京晨旭印刷厂

2017 年 11 月第 1 版 2017 年 11 月第 1 次印刷
787×1092 毫米 开本：1/16 印张：16. 5
字数：380 千字

定价：58. 00 元
（如出现印装质量问题，我社图书营销中心负责调换）

《天然气工程技术培训丛书》
编 委 会

《气藏工程》编写组

主　编： 周　敏

副主编： 张　娜　庞宇来　刘　桂

成　员： 郝春雷　项　梁　成艳玲　张　伟　周道勇
华　青　苏元华　蒋　昊

序

川渝地区是世界上最早开发利用天然气的地区。作为我国天然气工业基地，西南油气田经过近60年的勘探开发实践，在率先建成以天然气为主的千万吨级大气田的基础上，正向着建设$300\times10^8m^3$战略大气区快速迈进。在生产快速发展的同时，油气田也积累了丰富的勘探开发经验，形成了一整套完整的气田开发理论、技术和方法。

随着四川盆地天然气勘探开发的不断深入，低品质、复杂性气藏越来越多，开发技术要求随之越来越高。为了适应新形势、新任务、新要求，油气田针对以往天然气工程技术培训教材零散、不够系统、内容不丰富等问题，在2013年全面启动了《天然气工程技术培训丛书》的编纂工作，旨在以书载道、书以育人，着力提升员工队伍素质，大力推进人才强企战略。

历时3年有余，丛书即将付梓。本套教材具有以下三个特点：

一是系统性。围绕天然气开发全过程，丛书共分9册，其中专业技术类3册，涵盖了气藏、采气、地面“三大工程”；操作技能类6册，包括了天然气增压、脱水、采气仪表、油气水分析化验、油气井测试、管道保护，编纂思路清晰、内容全面系统。

二是专业性。丛书既系统集成了在生产实践中形成的特色技术、典型经验，还择要收录了当今前沿理论、领先标准和最新成果。其中，操作技能类各分册在业内系首次编撰。

三是实用性。按照“由专家制定大纲、按大纲选编丛书、用丛书指导培训”的思路，分专业分岗位组织编纂，侧重于天然气生产现场应用，既有较强的专业理论作指导，又有大量的操作规程、实用案例作支撑，便于员工在学习中理论与实践有机结合、融会贯通。

本套丛书是西南油气田在长期现场生产实践中的技术总结和经验积累，既可作为技术人员、操作员工自学、培训的教科书，也可作为指导一线生产工作的工具书。希望这套丛书可以为技术人员、一线员工提升技术素质和综合技术能力、应对生产现场技术需求提供好的思路和方法。

谨向参与丛书编著与出版的各位专家、技术人员、工作人员致以衷心的感谢！

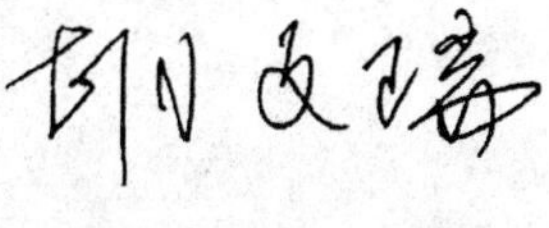

2017年2月·成都

前　言

《气藏工程》是以气藏为研究对象，以渗流力学、岩石物理学、天然气流体力学、天然气地质学、物理化学等学科为理论基础，以数学、计算机科学、经济学等学科为研究工具，以高效开发天然气资源为目的的一门综合性边缘学科。

气藏工程从油藏工程发展而来，形成于20世纪初期，发展于20世纪中叶，定型于20世纪末期。气藏工程的研究对象是整个气藏，它以天然气勘探的结果为起点，通过进一步的气藏地质研究，对气藏的储量规模和产气能力做出评价，然后再结合经济分析，对气藏开发方案做出设计并进行实施，同时对天然气生产过程进行监测。气藏工程紧紧围绕储量、产能和效益三大主题开展工作。为适应天然气工程迅速发展、提高天然气工程专业技术队伍整体素质，按照建成中国天然气工业基地的要求，丛书编委会组织编著了《天然气工程技术培训丛书》，其中技术类包括《气藏工程》《采气工程》《地面集输工程》。

《气藏工程》编写的目的主要突出与现场实际工作的结合，因此，书中对基础理论部分直接引用结果，原则上不进行理论推导，需要深入了解请参考相关专业书籍。本书由长期从事天然气工程的技术人员编制完成，重点是突出现场应用，可作为现场从事天然气工程工作的技术人员的培训书籍。

《气藏工程》由周敏任主编，由张娜、庞宇来、刘桂任副主编。全书由前言和相对独立的八章组成。具体编写分工如下：前言、第四章由周敏、刘桂编写；第一章、第二章由成艳玲、周敏、蒋昊编写；第三章由周道勇、庞宇来编写；第五章、附录一由张娜编写；第六章由项梁、庞宇来编写；第七章由张伟编写；第八章由郝春雷、刘桂编写；附录二、附录三由华青编写；部分图件由苏元华绘制。

《气藏工程》由许清勇主审。参与审查的人员有方进、冯青平、唐凯、杨江海、陈章文、汪小平、陈虎等。

在《气藏工程》编写过程中，得到了许多领导和专家的指导、支持和帮助，在此表示诚挚的谢意！

由于编写组的知识和能力有限，本书还存在许多的缺陷和错误，望使用者提出宝贵意见，以便今后不断地完善。

《气藏工程》编写组

2016年12月

目　录

第一章 地质基础

第一节 构造及圈闭类型

一、地质构造

沉积岩形成以后，其原始岩层的状态多是水平的，但在野外见到的水平岩层甚少，而多为倾斜的、弯曲的甚至是断开的。地层的变形（或变位）造成的各种地层形态称为地质构造。

产生地质构造的原因是地壳运动。地球自形成以来，地壳就不停地运动着。当地壳运动剧烈，由量变引起质变时，就显现出巨变的面貌。原来的汪洋大海可上升成高山峻岭，原来的高山可陷落成低地或海洋。地壳的运动力使已形成的岩层发生变形和断裂，形成褶皱、断层，有时也促使地壳某一部分上升或下降，造成沉积物的间断和缺失。

（一）褶皱构造

地壳中的沉积岩在构造运动的影响下改变了原始产状，使水平岩石层变成了各式各样的弯曲形状，但未丧失其连续完整性，这样的构造称为褶皱构造（图 1–1）。

图 1–1　西南某地区下三叠统薄层石灰岩中的褶皱构造

褶皱构造与气藏的形成有着极为密切的关系，特别是在背斜构造中，常常储存有丰富的天然气资源，因而也就成为勘探工作的主要对象。为了准确而迅速地找到气藏，充分了解褶皱构造的基本特征是极其必要的。

褶曲是褶皱构造的基本单位，是岩层的一个弯曲，是地壳中广泛发育的构造形态。在天然气勘探工作中，对褶曲的研究是最基本的工作之一。

褶曲的基本类型可分为背斜褶曲和向斜褶曲，它们之间互相依存，共存于一个统一体中（图 1-2、图 1-3）。

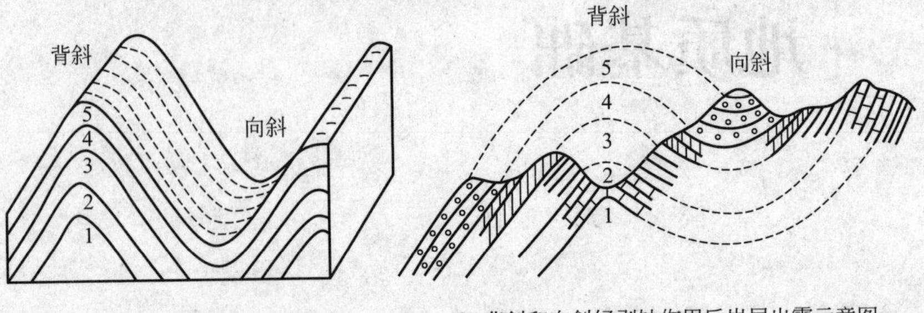

(a) 背斜和向斜沉积状态示意图　　(b) 背斜和向斜经剥蚀作用后岩层出露示意图

图 1-2　背斜和向斜示意图

1~5 代表地层由老到新

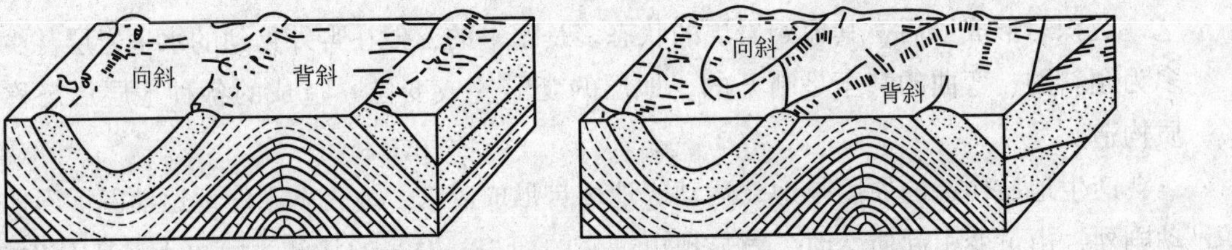

图 1-3　向斜、背斜的平面和剖面图

背斜的核部由较老的岩层组成，翼部由较新的岩层组成，新岩层对称重复出现在老岩层的两侧，横剖面上的形态是向上弯曲；向斜与背斜相反，核部由较新的岩层组成，翼部由较老的岩层组成，老岩层对称重复出现在新岩层的两侧，横剖面上的形态是向下弯曲。

实际工作中，不能简单地根据形态的向上弯曲或向下弯曲来区分背斜或向斜，而必须根据两翼产状确定为褶皱岩层后，再依据核部、翼部岩层的新老关系，确定是背斜还是向斜。

（二）断层构造

断裂是指岩层受力后发生了脆性变形而丧失了岩层原有连续完整性的一种构造。

破裂面两侧岩层未发生显著相对位移的断裂构造称为裂缝；沿破裂面两侧岩层发生了显著相对位移的断裂构造称为断层。

1. 裂缝

1）裂缝的概念

裂缝有构造裂缝与非构造裂缝之分。岩石在构造运动中受力的影响而形成的裂缝，称为构造裂缝；岩石在非构造作用或外力作用影响下形成的裂缝，统称为非构造裂缝。例如，成岩过程中因压缩和失水形成的裂缝，温度的影响产生的风化裂缝，以及冰川、山崩、地滑、地下水等原因形成的裂缝，均为非构造裂缝。在岩石中分布最广，占最重要地位的是由构造运动引起的构造裂缝。

2）裂缝的几何分类

（1）根据裂缝的产状与岩层产状的关系，分为走向裂缝、倾向裂缝和斜交裂缝。

（2）根据裂缝产状与褶曲轴向的关系，分为纵裂缝、横裂缝和斜裂缝。

（3）根据裂缝面与岩层面的关系，分为直交裂缝、斜交裂缝和平裂缝。

3）裂缝的力学成因分类

根据裂缝的力学成因可分为张裂缝和剪裂缝。张裂缝有张开的裂口，常分布于褶曲的转折端及其附近，且与岩层面垂直；裂缝常被别的物质充填而形成岩脉或矿脉。剪裂缝在地层中成对出现，其中一组比一组发育，两组裂缝约成 90°交角，裂缝紧闭或微裂开，延伸较远，方向稳定。

2. 断层

断层是指岩层在地壳运动的影响下发生了破裂，并沿破裂面有显著位移的构造。断层在地壳中的分布相当广泛，其规模大小不一，延伸长度从几米到数千公里，断距从几米到数千米。断层的发生、发展与褶曲之间在时间上、空间上都有着成因上的联系。深大断裂对于区域地质构造有明显的控制作用。

断层与天然气气藏的关系具有两重性，一方面使气藏受到破坏；另一方面，断层在适当的条件下形成断层遮挡类型的气藏，而且对于断块气藏的形成、分布起着一定的控制作用。

1）断层要素

断层要素是指断层的各个组成部分，包括断层面、断层线、断层的两盘、断距等（图 1-4）。

（1）断层面就是岩层的破裂面，沿破裂面两侧的岩层发生了明显的相对位移。断层面可以是平面，也可以是曲面，其产状可以是直立的、倾斜的或近于水平的，并且可以用走向、倾向、倾角来表示。

断层面在绝大多数情况下不是一个面，而是相对运动的两岩块形成的一个破碎带。破碎带的宽度从几十厘米到几十米不等，其中常形成砾石按一定方向排列的断层角砾岩，可以指示岩层相对运动的方向。

（2）断层线是指断层面与地面的交线，反映了断层延伸的方向。断层线可以是直线，也可以是曲线。

（3）在断层面两侧的岩层，称为断层的两盘。若断层面是倾斜的或近于水平的，则在断层面之上的称为上盘，在断层面之下的称为下盘；若断层面是直立的，则按岩块相对于断层走向的方位来描述，如称为东盘、西盘或称为北盘、南盘。沿断层面相对上升的又称为上升盘，相对下降的称为下降盘。

（4）断层两盘上相邻两点相对位移的距离称为断距。

① 总断距（真断距）是指断层两盘上相邻两点，在发生相对位移动以后，沿断层面错开的实际距离，如图 1-5 所示 ab 间的距离即为总断距。

② 走向断距是总断距在断层面走向方向上的投影，如图 1-5 所示的 ac 和 bd。

③ 倾向断距是总断距在断层面倾斜方向上的投影，如图 1-5 所示的 ad 和 cb。

④ 水平错开是指倾向断距的水平分量（即在水平面上的投影），如图 1-5 中的 ae。

⑤ 地层断距是指同一岩层错开后，两盘上对应层之间的垂直距离，即地层缺失或重复的真厚度；铅直地层断距指同一岩层沿铅直方向上错开的距离，又称落差（图 1-5）。

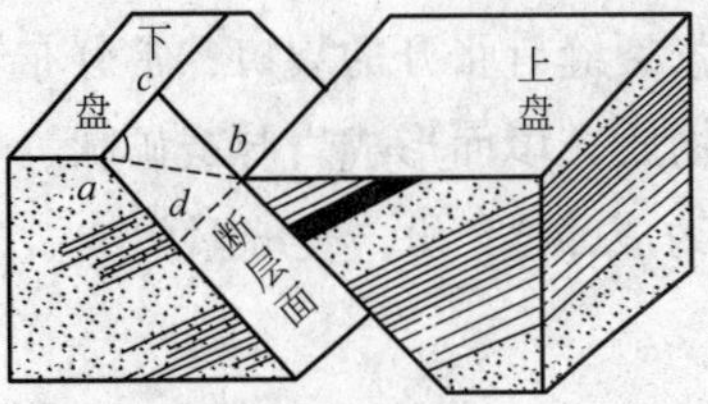

图 1-4　断层要素示意图

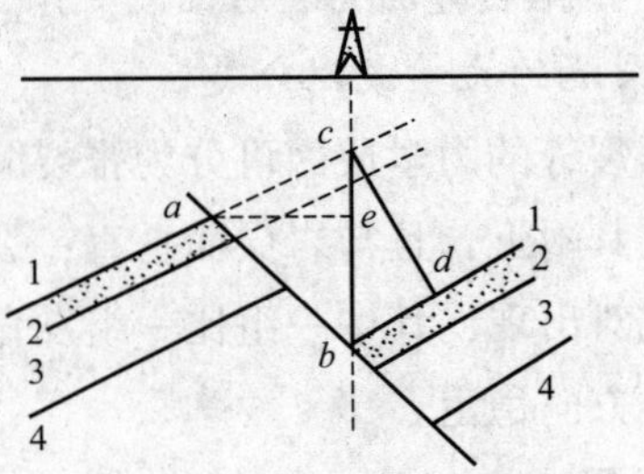

图 1-5　正断层的某些断距

断层的两盘在有相对位移时，往往是既沿倾向又沿走向错动，若只沿倾向错动，则总断距与倾向断距相合，无走向断距；若只沿走向错动，则只有走向断距，无倾向断距。当岩层水平时，地层断距和铅直地层断距相合。

（5）偏斜角是指断层两盘相对位移的方向和断层走向线的夹角（图 1-4）。偏斜角是断层分类的补充标志。

2）断层的分类

（1）按断层两盘沿断层面相对位移的方向可分为正断层、逆断层和平移断层（图 1-6）。

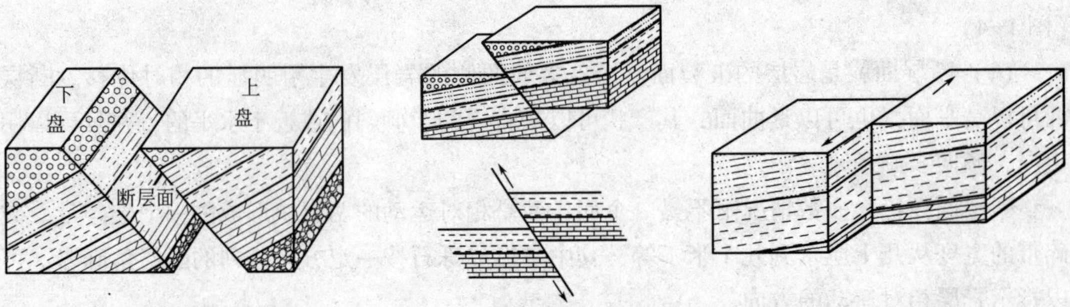

(a) 正断层　　(b) 逆断层　　(c) 平移断层

图 1-6　断层的分类

上盘相对下降、下盘相对上升的断层称为正断层。正断层在钻井剖面中有地层缺失现象。

上盘相对上升、下盘相对下降的断层称为逆断层。逆断层在钻井剖面中有地层重复现象。

断层的两盘沿断层面发生了相对运动，而无明显的上升或下降的断层称为平移断层。其特点是断层面较陡，走向比较稳定。

（2）断层的几何分类。

① 按断层面产状与岩层产状关系，可分为走向断层、倾向断层与斜交断层，断层面的走向分别与岩层走向一致或与倾向一致或与其斜交。

② 按断层面产状与褶曲的关系，可分为纵断层、横断层与斜断层，断层面的走向分别与褶曲轴的走向平行、垂直或斜交。

3）断层的组合形式

地壳中的断层不是孤立存在的，而是成组成群地分布于地壳内，它们有共同的成因联系和分布规律。

断层在剖面上的组合形式有阶梯状断层、地堑、地垒和互叠状断层。

断层在平面上的组合形式有平行式断层、斜列式断层和同心状或放射状断层。

3. 断层在构造图上的表示方法

不同类型的断层在构造图上的表示方法不同（图 1-7）。正断层切割背斜，构造等高线不穿过断层，断层线为两条直线；逆断层切割背斜，构造等高线在两条断层平行线中互相穿插，在穿插区域内断层上盘断层线用实线表示，下盘断层线用虚线表示；平移断层和直立断层的断层线是一条直线。

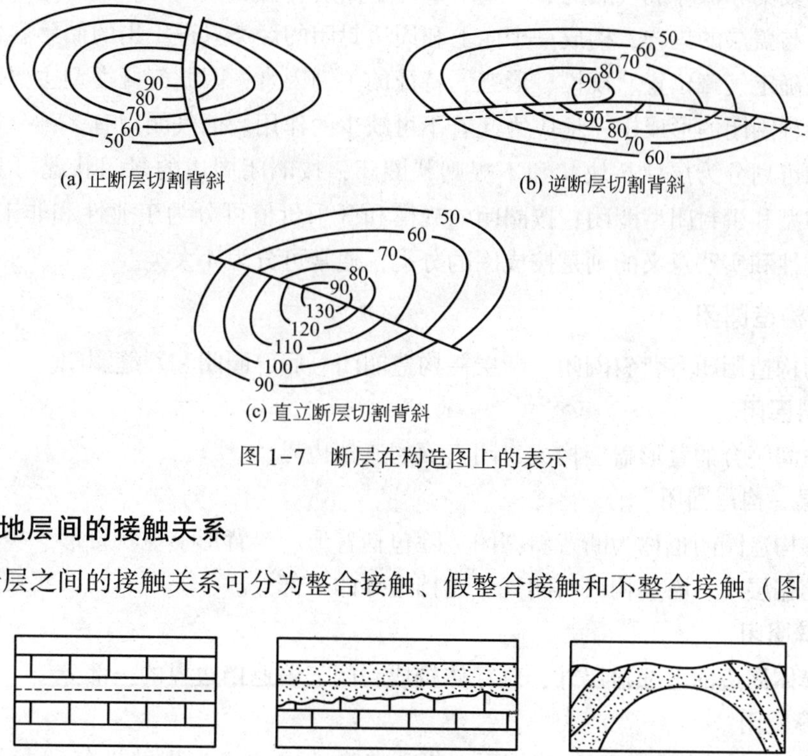

(a) 正断层切割背斜 (b) 逆断层切割背斜 (c) 直立断层切割背斜

图 1-7 断层在构造图上的表示

（三）地层间的接触关系

沉积岩层之间的接触关系可分为整合接触、假整合接触和不整合接触（图 1-8）。

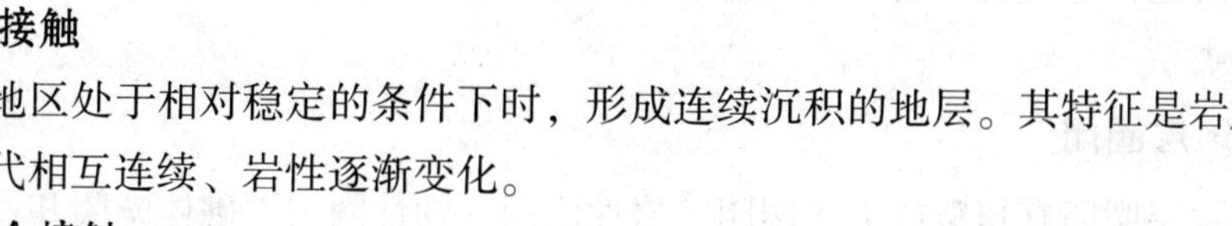

(a) 整合接触 (b) 假整合接触 (c) 不整合接触

图 1-8 地层间的接触关系示意图

1. 整合接触

当沉积地区处于相对稳定的条件下时，形成连续沉积的地层。其特征是岩层层理面相互平行、时代相互连续、岩性逐渐变化。

2. 假整合接触

在沉积过程中，地壳运动使沉积区上升，并超过了侵蚀基准面，其结果是使得沉积作用有较长时期的中断，然后又一次下降接受沉积。这样便在地层剖面中显示出缺失一部分地层，形成了沉积间断。因此在上下两套地层之间就存在一个假整合面，假整合面上保留有侵蚀、风化的痕迹，这种接触关系称为假整合接触。

3. 不整合接触

沉积岩由于强烈的地壳运动而产生褶曲、断裂、强烈的变质作用、岩浆侵入及喷发活动。其后又因地壳的上升，经过长期沉积间断，风化剥蚀后，地壳再次下沉，接受沉积。其特征是新老地层的产状完全不同，其间有地层缺失，并有明显的风化剥蚀现象。这种新老地层间的接触面称为不整合面。

不整合接触与油气藏的形成有密切关系。不整合面可以作为油气运移的通道；同时不整合面附近可以形成各种类型的圈闭，有利于油气的储集。

二、构造与气藏圈闭

天然气聚集和保存成气藏的 3 个基本条件是储层、盖层和圈闭。圈闭是具有一定几何形态的储层与盖层的集合，构成一个向上和周边封闭的烃类只进不出的储集容器。

圈闭是确定气藏位置、规模、形态、特征的关键因素，因此气藏类型主要取决于圈闭类型。在各种圈闭的形成中，地应力起着不可缺少的作用。油气圈闭有多种分类方法，按储层的形态可划分为层状、块状和不规则状圈闭；按圈闭周边的封闭状况可分为全封闭型、半封闭型和少封闭型圈闭；按圈闭的规模和开采价值可分为工业性和非工业性圈闭。而最具实质性和实践意义的则是按成因的分类，通常可分为 4 大类。

（一）构造圈闭

常见的构造圈闭有背斜圈闭、断层—构造圈闭、底辟圈闭和裂缝圈闭。

1. 背斜圈闭

上半空间闭合的背形盖层构成封闭气藏的遮挡边界。

2. 断层—构造圈闭

断层—构造圈闭也称为断背斜圈闭。除包括背形、半背形、鼻状背形、挠曲、单斜等各种形态的盖层外，断层构成封闭气藏遮挡边界的一部分。

3. 底辟圈闭

除刺穿体周边的上翘盖层外，刺穿体构成封闭气藏遮挡边界的一部分。

4. 裂缝圈闭

除盖层外，产生裂缝系统的储层本身致密脆性岩体成为裂缝性气藏封闭边界的一部分。

前三种既是构造成因圈闭又是构造形态圈闭，后一种则仅仅是构造成因圈闭，形态上属于不规则类型。

（二）地层圈闭

常见的地层圈闭有超覆或尖灭圈闭、岩性圈闭、物性圈闭、礁体圈闭和侵蚀圈闭。

1. 超覆或尖灭圈闭

除盖层外，储层是超覆或尖灭边界组成封闭气藏遮挡边界的一部分。

2. 岩性圈闭

除盖层外，储层中非渗透性岩类（泥质岩、膏盐岩等）对镶嵌其中的具储渗性能的岩类（河道相、冲积相、滩相等孔隙性砂岩或碳酸盐岩）构成封闭气藏边界的一部分。

3. 物性圈闭

除盖层外，同一类储层中物性变差部分对具储层物性的一部分构成封闭气藏边界的一部分。

4. 礁体圈闭

除盖层外，礁组合周边非渗透性围岩组成封闭气藏遮挡边界的一部分。

5. 侵蚀圈闭

侵蚀圈闭也称为古地貌圈闭、古风化壳圈闭。除侵蚀古地貌上覆的盖层外，充填侵蚀沟槽、侵蚀的洼地的致密岩类，或风化面上的储层侵蚀边界构成封闭气藏遮挡边界的一部分。

（三）水动力圈闭

除盖层外，边水或底水的动力作用构成油气藏遮挡或封闭的一部分。

（四）复合型圈闭

气藏的圈闭条件，由多种类型复合而成。常见的有以下几种：

1. 岩性—构造复合圈闭

多见于我国东部地区众多的断陷盆地中，储渗体大多为古近系—新近系的河流湖泊相的大小透镜状砂体。含气砂体为背斜构造所控制，每个砂体可以有自己独立的气水界面，且常为断层复杂化，成为独立的岩性—背斜或岩性—断层—背斜的复合圈闭气藏。

2. 裂缝—构造复合圈闭

多见于我国西部地区，特别是四川盆地，储渗体为古生界和中生界海相低孔低渗的碳酸盐岩，由构造缝沟通各种孔隙的岩体，不仅大小形态不一，而且边界是不明确或模糊的。储渗体中裂缝的分布具有极大的非均质性，组成的裂缝圈闭和构造部位有密切关系，大多为拱曲构造所控制。每个裂缝有自己独立的气水关系，同样常常为断层复杂化，成为裂缝—背斜或裂缝—断层—背斜的复合圈闭气藏。

3. 侵蚀—构造复合圈闭

侵蚀—构造复合圈闭在我国的西部地区、四川盆地、鄂尔多斯盆地中有重大发现。储渗体为古生界古侵蚀风化面上较薄的碳酸盐岩储层，经侵蚀形成储层缺失区或缺失沟槽，与背斜或单斜构造搭配形成复合成因的圈闭。例如川东地区的五百梯—门西石炭系白云岩气田。从最新勘探形式看，整个气田包括西部的大天池构造带北段五百梯反冲构造、中部的南雅向斜北半部分和东部的南门场构造带门西反冲构造。气田的东西边界分布是两个反冲前沿断裂和相应的坳陷带，北部边界为气田向北的倾没，南部上倾边界则为储层的剥蚀尖灭，形成侵蚀—构造的复合型圈闭。

鄂尔多斯盆地的靖边奥陶系白云岩气田在构造上为区域性平缓西倾的大单斜。奥陶系的储层向东和向北物性变差，孔、洞、缝总孔隙率降低，形成气田东部上倾方向的圈闭边界。因此靖边气田是一种物性—侵蚀—构造的复合型圈闭。

4. 潜山圈闭

埋藏潜山的全部致密围岩和盖层，构成封闭气藏的遮挡边界。潜山内幕构造可以有各种不同的形态，潜山圈闭在我国华北和华中地区的古生界中相当普遍。

5. 角度不整合圈闭

由侵蚀面以下，不同构造形态的储层、上覆盖层和储层侵蚀面的上覆盖层共同构成封闭气藏的遮挡边界。

第二节　地层及沉积相

一、地层

地层是指某一地质历史时期沉积保存下来的一套岩层（岩层是指各种成层的岩石）。

自然界中所见到的地层总是成层的。根据沉积规律和实践证明：地层在正常情况下，老者（先沉积）在下，新者（后沉积）在上，这就是地层层律，但地层层律只适用于正常的沉积岩层。若地层遭受了剧烈的构造运动，如倒转褶皱等，改变了原有正常位置，该定律就不适用了。同时地层之间往往有各式各样的关系，如层与层之间的接触关系，可以说明沉积是否连续或间断。地层的接触关系是地壳运动的重要记录之一，接触关系代表了两个不同沉积阶段所形成的两套地层，接触是很好的自然分界面。根据地层厚度（沉积厚度）还可推断地壳在沉积时的升降幅度。因此，研究地层接触关系和地层厚度对分析地壳运动、划分和对比地层、恢复地质发展史等具有重要意义。

地壳中层层重叠的地层，构成了地壳历史的天然物质记录（地质历史发展过程的记录）。地壳的发展历史具有明显的阶段性和不可逆性，这在生物界的发展过程中非常明显。生物的演化是由低级到高级，由简单到复杂，因此，可以根据生物的发展演变把整个地质历史划分成不同阶段。根据各门类生物出现的先后顺序及生物演变的趋势来确定所含化石地层的相对时代。在地质历史时期中，各个时代的地层中都保存有大量的古生物化石。

长期以来，由于生产发展的需要，研究人员根据地层接触关系、岩石的特性（岩石的结构、构造、矿物成分反映某一地质时期的发展阶段和沉积环境）、古生物化石分析了地壳上的地层及其层序，把全部地层按所形成的先后时间顺序分成了许多层段，并给每个层段都取了一个特有的名称，使每一个具有专门名称的层段都占有一个特定的时间间隔。

二、地质时代及其与地层的关系

地层的年龄就是地层的地质时代。地层的绝对年龄可根据岩石中所含的放射性元素所具有的恒定蜕变速度来计算。

地层形成时间的相对新老关系称为相对地质时代。在正常情况下，后形成的地层总是盖在先形成的地层上，越在上面的地层，其时代（年龄）越新，越在下面的地层，其时代（年龄）越老。

组成地壳的岩层，其形成经历了一定的时间，在一定时间内形成的岩层占有一定的空间。因此，地壳的形成具有一定的阶段性，这种阶段性在时间上就是地质时代单位，空间上就是地层单位。我国地层会议对地质时代及地层单位作了统一规定（表 1-1、表 1-2）。

表 1-1 各级地层单位对比表

国际性的地层单位	全国性的或大区域的地层单位	地方性的地层单位
宇		
界		
系		
统	（统）	群
	阶	组
		段
……	……	……
	带	带

表 1-2 地层单位和地质时代单位对照表

使用范围	地层划分单位	地质时代划分单位
国际性	宇	宙
	界	代
	系	纪
	统	世
全国性的或大区域性	（统）	（世）
	阶	期
	带	
地方性	群	时（时代、时期）
	组	
	段	
	（带）	
地方性（辅助地层单位）	杂岩	时（时代、时期）
	亚群、亚组、亚段、亚带	

国际上对地质时代单位和地层单位作的统一规定称为国际性单位。它是以古生物演化的不同阶段作为基本根据划分的。地质时代单位划分为宙、代、纪、世、期，而相应于各个时代所形成的地层划分为宇、界、系、统、阶。此外还有大区域的次一级的地层单位“带”，以及为了反映一个地区的沉积环境特征，根据地层的岩性特征为标准进行划分的地层单位：群、组、段、带，使用范围是小区域性的、地方性的，是属于地方性地层单位。群是地方性最大的地层单位，适用于一定自然地理区，往往用地理名称命名，群可以相当统、大于统、等于系或大于系，但不能等于界。组是地方性基本地层单位，组可以相当于阶、略小于阶或大于阶、相当于统（表 1-1）。

代、纪、世代表连续不断的时间延续，所有的时间单位都是连续的，中间没有缺失。而对某地区的地层，却不一定完整无缺，其中总不免有许多间断。因此地层单位则必须把全世界的地层加起来通盘考虑，才能形成完整的地层体系。为了叙述和作图表方便，地层系统的各个单位均采用国际统一规定的符号来表示。如太古宇以 Ar 表示，白垩系以 K 表示。用以表示地层单位的符号称为地层代号（表 1-3）。

关于地质时代和地层的顺序、单位、符号及其对应关系，见表 1-3、表 1-4。

表 1-3 地质时代及地层顺序对照表（根据中国地层表 2014 年 2 月资料更新）

地质时代			符号	地质年龄（Ma）	地层单位		
新生代	第四纪	全新世	Q_h	0.0117	全新统	第四系（Q）	新生界（K_z）
		晚更新世	Q_{p3}	0.126	上更新统		
		中更新世	Q_{p2}	0.781	中更新统		
		早更新世	Q_{p1}	2.588	下更新统		
	新近纪	上新世	N_2	5.3	上新统	新近系（N）	
		中新世	N_1	23.03	中新统		
	古近纪	渐新世	E_3	33.8	渐新统	古近系（E）	
		始新世	E_2	55.8	始新统		
		古新世	E_1	65.5	古新统		
中生代	白垩纪	晚白垩世	K_2	99.6	上白垩统	白垩系（K）	中生界（M_z）
		早白垩世	K_1	145	下白垩统		
	侏罗纪	晚侏罗世	J_3	163.5	上侏罗统	侏罗系（J）	
		中侏罗世	J_2	174.1	中侏罗统		
		早侏罗世	J_1	199.6	下侏罗统		
	三叠纪	晚三叠世	T_3	235	上三叠统	三叠系（T）	
		中三叠世	T_2	247.2	中三叠统		
		早三叠世	T_1	252.17	下三叠统		

续表

地质时代				符号	地质年龄（Ma）	地层单位			
古生代	晚古生代	二叠纪	晚二叠纪	P_2	260.4	上二叠统	二叠系（P）	上古生界（Pz_2）	古生界（Pz）
			早二叠纪	P_1	299	下二叠统			
		石炭纪	晚石炭纪	C_2	318.13	上石炭统	石炭系（C）		
			早石炭世	C_1	359.58	下石炭统			
		泥盆纪	晚泥盆纪	D_3	385.3	上泥盆统	泥盆系（D）		
			中泥盆世	D_2	397.5	中泥盆统			
			早泥盆世	D_1	416	下泥盆统			
	早古生代	志留纪	晚志留世	S_3	422.9	上志留统	志留系（S）	下古生界（Pz_1）	
			中志留世	S_2	428.2	中志留统			
			早志留世	S_1	443.8	下志留统			
		奥陶纪	晚奥陶世	O_3	458.4	上奥陶统	奥陶系（O）		
			中奥陶世	O_2	470	中奥陶统			
			早奥陶世	O_1	485.4	下奥陶统			
		寒武纪	晚寒武世	$\in_3$	497	上寒武统	寒武系（$\in$）		
			中寒武世	$\in_2$	509	中寒武统			
			早寒武世	$\in_1$	521	下寒武统			
新元古代	震旦纪		晚震旦世	Z_2	580	上震旦统	震旦系（Z）		新元古界 Pt_3
			早震旦世	Z_1	635	下震旦统			
	南华纪		晚南华世	Nh_2	725	上南华统	南华系（Nh）		
			早南华世	Nh_1	780	下南华统			
	前南华纪			Annh	1000		前南华系（Annh）		
中元古代	蓟县纪			Jx	1400		蓟县系（Jx）		中元古界 Pt_2
	长城纪			Ch	1800		长城系（Ch）		
古元古代	滹沱纪			Hl	2300		滹沱系（Hl）		古元古界 Pt_1
	五台纪			Wt	2500		五台系（Wt）		
新太古代				Ar_3	2800				新太古界 Ar_3
中太古代				Ar_2	3200				中太古界 Ar_2
古太古代				Ar_1	3600				古太古界 Ar_1
始太古代				Ar_0	4000				始太古界 Ar_0

四川盆地是我国重要的沉积盆地之一，目前在四川盆地中发现大量的油气资源，是中国重要的天然气生产基地，四川盆地地层的顺序、单位、符号及其对应关系见表1-4。

表 1-4　四川盆地地层顺序对照表

界	地层分层				
	系	统	现在使用（2014 年开始）		
			组	段/层	符号
新生界 Kz	第四系				Q
	新近系				N
	古近系		芦山组		E_1l
			名山组		E_1m
中生界 Mz	白垩系	上统	灌口组		K_2g
			夹关组		K_2j
		下统	天马山组/嘉定组		K_1t/K_1j
	侏罗系	上统	蓬莱镇组		J_3p
			遂宁组		J_3s
		中统	沙溪庙组	沙二	J_2s^2
				沙一	J_2s^1
		下统	凉高山组	凉上	J_1l^2
				凉下	J_1l^1
			自流井组	大安寨	J_1dn
				马鞍山	J_1m
				东岳庙	J_1d
				珍珠冲	J_1z
	三叠系	上统	须家河组	须六	T_3x^6
				须五	T_3x^5
				须四	T_3x^4
				须三	T_3x^3
				须二	T_3x^2
				须一	T_3x^1
		中统	雷口坡组	雷五	T_2l^5
				雷四	T_2l^4
				雷三	T_2l^3
				雷二	T_2l^2
				雷一^2	$T_2l_2^1$
				雷一^1	$T_2l_1^1$
		下统	嘉陵江组	嘉五^2	$T_1j_2^5$
				嘉五^1	$T_1j_1^5$
				嘉四^4	$T_1j_4^4$
				嘉四^3	$T_1j_3^4$
				嘉四^2	$T_1j_2^4$
				嘉四^1	$T_1j_1^4$

续表

界	地层分层				
	系	统	现在使用（2014 年开始）		
			组	段/层	符号
古生界 Pz	三叠系	下统	嘉陵江组	嘉三^3	$T_1j_3^3$
				嘉三^2	$T_1j_2^3$
				嘉三^1	$T_1j_1^3$
				嘉二^3	$T_1j_3^2$
				嘉二^2	$T_1j_2^2$
				嘉二^1	$T_1j_1^2$
				嘉一	T_1j^1
			飞仙关组	飞四	T_1f^4
				飞三	T_1f^3
				飞二	T_1f^2
				飞一	T_1f^1
	二叠系	上统	长兴组		P_2ch
			龙潭组		P_2l
		下统	茅口组	茅四	P_1m^4
				茅三	P_1m^3
				茅二 a	P_1m^2a
				茅二 b	P_1m^2b
				茅二 c	P_1m^2c
				茅一 a	P_1m^1a
				茅一 b	P_1m^1b
				茅一 c	P_1m^1c
			栖霞组	栖二	P_1q^2
				栖一 a	P_1q^1a
				栖一 b	P_1q^1b
			梁山组		P_1l
	石炭系	上统	黄龙组		C_2hl
		下统	河洲组		C_1h
	泥盆系				D
	志留系	中统	回星哨组		S_2hx
			韩家店组		S_2h
		下统	小河坝组/石牛栏组		S_1x/S_1s
			龙马溪组		S_1l
	奥陶系	上统	五峰组		O_3w
			临湘组		O_3l
			宝塔组		O_3b

续表

界	地层分层				
	系	统	现在使用（2014年开始）		
			组	段/层	符号
古生界 Pz	奥陶系	中统	十字铺组		O_2s
		下统	湄潭组		O_1m
			红花园组		O_1h
			桐梓组		O_1t
	寒武系	上统	洗象池组		$\in_3x$
		中统	高台组		$\in_2g$
		下统	龙王庙组		$\in_1l$
			沧浪铺组		$\in_1c$
			筇竹寺组		$\in_1q$
新元古界 Pt_3	震旦系	上统	灯影组	灯四	Z_2dn^4
				灯三	Z_2dn^3
				灯二	Z_2dn^2
				灯一	Z_2dn^1
		下统	陡山沱组		Z_1d
	南华系	上统	南沱组		Nh_2n
		下统	莲沱组		Nh_1l
	前南华系				Annh

三、沉积相

在一定沉积环境中所形成的岩石组合称为沉积相。沉积环境包括在沉积和成岩过程中所处的自然地理条件、气候状况、生物发育情况、沉积介质的物理化学性质、地球化学条件及水体深浅等。岩石组合是指岩石的成分、颜色、结构、构造以及各种岩石的相互关系和分布情况等。不同的沉积环境所形成的岩石组合不同，一定的岩石组合又反映了一定的沉积环境。一定的沉积环境所生成的岩石具有一定的岩石特征、古生物特征及厚度特征等，这些特征就是当时沉积环境的物证。

天然气、石油的生成和分布与沉积相密切相关，尤其是生油气岩和储油气岩的形成和分布是受一定沉积相控制的。

在沉积环境中起决定作用的是自然地理条件，按自然地理条件的不同，把沉积相分为陆相、海相和海陆过渡相。

（一）陆相沉积特征

在大陆上较低洼的地方接受沉积，所形成的沉积相称为陆相。由于大陆环境多变，受气候和地形等因素影响较大，因此沉积物成分复杂。陆相沉积形成的岩石以碎屑岩及黏土岩为主，岩石成分以含较多的陆相矿物（高岭土等）为主要特征，缺乏海绿石等矿物，岩相及厚度变化较大。生物多以陆生植物和淡水动物为主。陆相沉积中有残积相、坡积—坠积相、洪积—山麓相、河流相（冲积相）、淡水湖相、咸水湖相、沙漠相等沉积，其中尤其以湖相沉积、河流相沉积最为重要，河成砂岩、湖成砂岩以及湖成介壳灰岩等是主要的储油气岩。陆相生油气条件最好的是淡水湖相，因为生物繁茂，在半深水及深水的还原环境下，生物死亡后又得以保存，有利于向天然气和石油转化。黑色或灰黑色的黏土岩是良好的生油气岩系。因此陆相沉积中常具有良好的生、储油气条件。

（二）海相沉积特征

在海洋中形成的沉积相称为海相。海相沉积以碳酸盐岩（化学岩、生物化学岩）和黏土岩为主，碎屑岩次之。碎屑岩成分单纯，当其主要粒级含量大于75%者为分选性（碎屑的大小是不均一的，其粒度的均匀程度称为分选性）好；小于50%者为分选性差；两者之间为分选性中等和圆度（碎屑颗粒搬运途中的磨圆程度）好。粒度随离岸距离由粗变细，离岸愈远粒度愈细，更远则是黏土沉积。海相沉积分布广，层位稳定，容易进行地层对比。同时海相沉积含有特殊的矿物，如海绿石等。沉积环境由氧化环境变成还原环境。海相生物丰富多样，有底栖生物、浮游生物及游泳生物等。

根据海水深度把海洋分为滨海、浅海、半深海、深海等4个海区，相应的可划分为4个对应的沉积相。各区沉积特征如下：

（1）滨海相：滨海区位于涨潮线与退潮线之间。沉积以碎屑岩为主，成分单纯，多为单成分砾岩和石英砂岩。碎屑的圆度及分选性均好，常见交错层理以及波痕、泥裂、雨痕等层面构造。滨海相岩体沿海岸呈带状分布，横向变化大。

（2）浅海相：浅海是指退潮线与水深200m之间的地区。氧气和阳光充足，最适宜生物生长，特别是底栖生物大量繁殖。此外，还有其他的浮游生物及游泳生物。由于生物大量聚集，可以形成生物灰岩。浅海相黏土岩粒度均匀，主要沉积在较深水部位，为水平层理。浅海相化学岩种类繁多，以石灰岩为主，还有铁、硅、锰、铝、磷等沉积。因此，浅海沉积种类多，化石丰富，分布广，岩性及厚度均稳定。

（3）半深海相及深海相：半深海是水深200~2000m的地带，深海是水深大于2000m的地区。这些地区由于距海岸远，接受沉积物少，加之水深，波浪、阳光和氧气均无法影响，故无底栖生物，仅有少数的浮游生物。据海洋勘查证明沉积物多为各种软泥，所以，沉积以纯灰岩为主。

海相沉积在温暖潮湿的浅海地区是各种各样生物繁殖的良好场所，这就为石油和天然气的生成提供了丰富的物质来源，当条件适合时，生物就可转化为油、气。同时海相砂岩、粗粉砂岩和具有缝洞的碳酸盐岩均可构成良好的储油、气岩层。因此，海相沉积不但具备生油、气条件，而且具备储油、气条件。

（三）海陆过渡相沉积特征

在海洋和陆地交互的地区，形成海陆过渡环境，接受海陆过渡相的沉积，称为过渡相。过渡相与海相和陆相相毗邻，呈过渡关系。比较重要的过渡相为潟湖相和三角洲相，其中三角洲相沉积含油气意义尤为重要。三角洲地区聚集有丰富的有机质，而且沉积速度快，埋藏迅速，具备十分有利的生、储油气条件。同时三角洲地区还发育多种良好的孔隙性砂岩体，对油气藏的形成极为有利。

（四）碳酸盐岩沉积相

碳酸盐沉积物的主要矿物构成是方解石、文石和白云石，这些矿物是一些易溶矿物。温暖、清洁的浅水海域是碳酸盐产生的最有利环境。海水中以离子状态存在的大量碳酸盐类（Ca^{2+}、Mg^{2+}、HCO_3^-等）在条件适合时便通过化学作用和生物化学作用转化为碳酸盐矿物沉积下来。在这个转变过程中，由生物和生物活动所提供的沉积物在数量上占有最大比例。

碳酸盐岩沉积相带有多种划分方式，在此着重介绍威尔逊（Wilison，1975）模式。

Wilison 模式归纳了陆棚上碳酸盐岩台地和边缘温暖浅水环境中碳酸盐岩沉积类型的地理分布规律，把碳酸盐岩划分为 3 个大沉积区、9 个相带、24 个标准微相。

以横切陆棚边缘的剖面，从海至陆 9 个相带依次为：盆地相；开阔陆棚（广海陆棚）相；碳酸盐岩台地的斜坡脚（或盆地边缘）相；碳酸盐岩台地的前斜坡（或台地前缘斜坡）相；台地边缘的生物礁相；簸选的台地边缘砂（或台地边缘浅滩）相；开阔台地（或陆棚潟湖）相；局限台地相；台地蒸发岩（或蒸发岩台地）相。

有关各相带的沉积特征如下：

（1）盆地相。位于波基面和氧化界面以下，水深几十米至几百米，为静水还原环境。主要为深海沉积物和浊积岩沉积。

（2）开阔陆棚相（广海陆棚相）。位于风暴浪基面以下，典型的较深的浅海沉积环境，水深几十米至一百米，一般为氧化环境。富含生物化石的泥灰岩和石灰岩，多见生物扰动构造。

（3）碳酸盐岩台地的斜坡脚相（或盆地斜坡相或盆地边缘相）。位于碳酸盐岩台地的斜坡末端；水体深度与开阔陆棚相相似，一般位于波基面以下，但高于氧化界面。沉积物为由远洋浮游生物及来自相邻的碳酸盐岩台地的细碎屑组成；为薄层、层理完好的碳酸盐岩，夹少量黏土质及硅质夹层。

（4）碳酸盐岩台地的前斜坡相（或台地前缘斜坡相）。为深水陆棚和浅水碳酸盐岩台地的过渡沉积；位于波基面以下，但高于氧化界面，主要由各种碎屑（灰砂，或细粒碳酸盐岩）组成，堆积在向海的斜坡上。广海生物十分丰富。

（5）台地，边缘的生物礁相。生态特征取决于水体的能量、斜坡陡峻程度、生物繁殖能力、造架生物的数量、黏结作用、捕集作用、出露水面的频率以及后来的胶结作用。

生物建造可分为 3 种类型：灰泥丘或生物碎屑丘；圆丘礁台或斜坡；格架建筑的环礁。

主要由块状石灰岩和白云岩组成，几乎全由生物组成，也有许多生物碎屑。

（6）簸选的台地边缘砂相（或碳酸盐岩台地边缘浅滩相）。一般位于海平面之上到 5~10m 水深的范围内，颗粒碳酸盐岩主要呈沙洲、海滩、扇形或带状的滨外坝或潮汐坝，或风成沙丘岛。颗粒受波浪、潮汐或沿岸海流的簸选，比较洁净。

（7）开阔台地相。位于台地边缘之后的海峡、潟湖及海湾中，因此也可以用陆棚潟湖或台地潟湖来命名。此环境水较浅，由数米至几十米，盐度正常，适合各种生物生长，沉积物只要是灰泥质颗粒碳酸盐岩及生物礁。

（8）局限台地相（半封闭—封闭的台地）。真正的潟湖，环境水较浅，海水循环受到很大限制，盐度显著提高。主要沉积物为灰泥质颗粒岩、泥岩及白云岩。

（9）台地蒸发岩相。此带经常位于海平面之上，仅在特大高潮或特大风暴时才被水淹没。为潮上带，干热地区的潮上盐沼地或萨巴哈沉积均为此带典型代表。主要岩石类型为白云岩及石膏或硬石膏，可是交代成因。常与红层共生。

第三节　岩　　石

由各种矿物组成的复杂结合体叫岩石。根据其成因可将组成地壳的岩石分为三大类：岩浆岩、沉积岩与变质岩。

一、岩浆岩

岩浆岩是岩浆在一定地质作用的影响下，侵入地壳或喷出地表，经冷却凝固、结晶而形成的岩石。

岩浆是处于地壳内部高温、高压状态的含有大量挥发物的硅酸盐熔融体。岩浆的温度超过1000℃，压力在几千个大气压以上，其主要化学成分是 SiO_2 和 $A1_2O_3$。当地壳运动使地壳本身出现薄弱地带时，岩浆就会侵入薄弱地带，该现象称为岩浆活动。岩浆喷出地表称为火山作用。

岩浆岩在一个地方过于发育，反映岩浆活动频繁，一般对油气保存是不利的。

二、沉积岩

沉积岩是指早期形成的岩石经过物理的、化学的破坏作用，在地质外力（流水、风吹、日晒等）的作用下，在水盆（海、湖、河）或陆地表面某些地方沉积起来而形成的岩石。

从油气地质的角度考虑，可把沉积岩归纳为3种类型：碎屑岩、黏土岩、碳酸盐岩。

（1）碎屑岩：碎屑岩由碎屑颗粒和胶结物组成，碎屑含量超过50%，碎屑之间由胶结物所胶结。碎屑颗粒以石英及长石为主，胶结物则由铁、钙、硅、黏土等组成。碎屑之间的孔隙，有的全为胶结物所充填，有的则未完全充填而存在部分孔隙空间。

按照碎屑颗粒直径的大小，碎屑岩可分为砾岩（粒径>1mm）、砂岩（粒径为1~0.1mm）、粉砂岩（粒径为0.1~0.01mm）。

碎屑岩是储存石油、天然气的岩层之一。

（2）黏土岩：黏土岩是沉积岩中最常见的一种岩石，约占沉积岩总体积的50%~60%。主要是由直径<0.1mm的黏土矿物所组成的岩石。

黏土岩类型主要是依据层理构造划分，具有薄层页状层理的黏土岩称为页岩；厚层块状的黏土岩则称为泥岩。

黏土岩因成分不同而具有不同颜色。成分单一的高岭土黏土岩和水白云母黏土岩多呈白色、浅灰色、浅黄色；含 Fe^{3+} 化合物的黏土岩多为红褐色；含 Fe^{2+} 化合物的黏土岩多呈黑灰色或灰绿色；含有机质的黏土岩多呈黑色、灰黑色或深褐色。有机质含量愈高，岩石的颜色愈深。

黏土岩的颜色还可以作为判断沉积环境的标志之一。如黑、灰黑、灰绿等色的黏土岩，为还原环境的产物；红、褐色的黏土岩为氧化环境的产物。

富含有机质并在还原环境下形成的黏土岩，是良好的生油气层，但因黏土岩颗粒太细，一般不能成为储油气层。根据一定的条件，黏土岩可成为生油气层或作为储油气层的盖层。

（3）碳酸盐岩：碳酸盐岩的主要成分是方解石（$CaCO_3$）和白云石［$CaMg(CO_3)_2$］。此外还含有少量的菱铁矿、石膏、黏土、氧化铁以及石英碎屑等。生物化石是碳酸盐岩的重要组成部分，介壳灰岩、藻灰岩等几乎全部由生物化石组成。碳酸盐岩根据其成分为可分石灰岩和白云岩。

① 石灰岩主要由方解石组成。颜色多样，有深灰、灰、褐、灰白、黄、浅红等颜色。含有机质多时则呈灰黑色。其结构形式繁多：有碎屑结构、生物结构、鲕状结构、结晶状结构等。根据其成因和结构，石灰岩可分为若干类型，常见的有碎屑石灰岩、焦石灰岩、鲕状石灰岩、结晶石灰岩等。

② 白云岩主要是由白云石组成。白云岩的成因有两种：一种是原生白云岩，另一种是次生白云岩。

a. 原生白云岩，在沉积过程中，在含盐浓度高的条件下，水体中的［$CaMg(CO_3)_2$］达到过饱和状态，白云岩直接从水体中沉淀而形成。原生白云岩多呈层状，层位稳定，延伸范围广，多为粉晶或泥晶结构，常常以石膏、岩盐夹层形式出现，很少见到生物化石。

b. 次生白云岩，它是石灰岩被富含镁离子的地下水发生交代作用而形成的白云岩。其反应过程是镁离子交代钙离子而形成白云石。

$$Mg^{2+}+2CaCO_3 \longrightarrow CaMg(CO_3)_2+Ca^{2+}$$

次生白云岩一般重结晶作用明显，结晶白云石颗粒较粗。

碳酸盐岩在地壳中分布较广，是石油、天然气最重要的生、储岩石。从现有资料表明，碳酸盐岩油气田储量占地壳内油气总储量的60%。

三、变质岩

变质岩是由原来的岩石（岩浆岩或沉积岩）受到高温、高压等因素的影响，改变了原来岩石的成分、结构，发生了变质作用而形成的岩石。由于强烈的地壳运动及伴生的岩浆活动，以及其他因素综合作用的结果，使岩石在广大区域范围内发生变质作用，称为区域变质。区域变质的结果，使形成的变质岩多具有结晶结构和片理结构。如石英砂岩变成石英岩，石灰岩变成大理石岩。一般来说，岩石的变质作用对油、气的生成和保存都是不利的。

在地壳中，岩浆岩（包括变质的沉积岩）约占地壳体积的95%，其主要分布在地壳深处，在地壳表面分布面积仅占25%。沉积岩（包括变质的沉积岩）占地壳体积的5%，一般呈薄薄的一层，分布在地壳的上部，其平面分布范围占地表面积的 75%。世界上已发现的石油和天然气，99%以上都是储藏在沉积岩中，仅有 1%以下储藏在岩浆岩和变质岩中，因此，进一步认识沉积岩对油气开采具有重要意义。

第四节　储　　层

一、储层类型

石油和天然气储集在地下岩石的孔隙、裂缝之中。因此，把具备了储集石油和天然气的孔隙性能（包括孔隙、孔洞、裂缝）和油、气流动的渗透性能（使油气流动、聚集、储存）的岩层称为储油、气岩层，简称为储层，即可以储集油、气的岩层称为储层。其中储集油的岩层称为油层，储集气的岩层称为气层。

储层的类型多种多样，按其岩石性质的不同可以分为 3 种类型。

（一）碎屑岩储层

碎屑岩储层包括砂岩、砂砾岩和砾岩等碎屑沉积岩。储集空间主要是沉积和成岩过程中形成的原生孔隙（碎屑颗粒间），次生孔隙或裂缝也可以成为储集空间。储层的好坏，取决于岩石颗粒大小、分选程度及胶结物性质。此类储层的储量占已探明的油、气储量的 40%以上。我国的大庆、大港、胜利、克拉玛依等油气田的主要产油气层都属于这类储层。

（二）碳酸盐岩储层

碳酸盐岩储层包括石灰岩、白云岩、白云质灰岩、生物碎屑灰岩和鲕状灰岩等。储层成分较简单，岩性较稳定，多为化学和生物-化学沉积。已探明的油、气储量有一半以上在这类储层中。我国的四川地区、河北任丘、陕甘宁、塔里木等地区的油气田大多是碳酸盐岩储层。

碳酸盐岩成为储层是由于储层除在成岩过程中形成原生孔隙和裂缝外，往往经受很大的次生变化，形成次生的缝缝洞洞，改善了储层的性能。因此，碳酸盐岩储层与碎屑岩储层相比，其缝缝洞洞储集空间具有多样性和分布不均一性等特点。

1. 储集空间具有多样性

碳酸盐岩储集空间由孔隙、孔洞、裂缝组成。裂缝又分原生裂缝和次生裂缝。

碳酸盐岩储层的几种储集空间是彼此联系、互相影响、互相依存的。因此，碳酸盐岩储层往往由多种储集空间所组成。

2. 储层缝洞分布具有不均一性

缝洞发育的程度在横向、纵向上的变化均较大。在同一构造部位上，不同层位的储层，因岩性不同，其缝洞发育程度不同；同一储层，在不同的构造部位上，因岩石的受力不同，缝洞发育的程度也不一；同一储层内，因岩性及次生变化的差异，缝洞在纵向和横向上的变化也极大。

由于缝洞发育的不均一性，碳酸盐岩储层在横向上可划分为若干个缝洞区；在纵向上可划分为若干个渗透层段。缝洞的纵横向变化构成若干个互不相通的裂缝系统，同一储层可具有多个产层段和多裂缝系统。由于这种突变性，在实际气井的钻探中经常遇到在同一气田上的高产井周围往往出现小（微）产气井或干井。我国四川盆地碳酸盐岩储层均有多产层和多裂缝系统的特点。

（三）其他岩类储层

这类储层主要包括岩浆岩、变质岩和泥质沉积岩。岩石都是致密的，由于风化、剥蚀作用或强烈的构造运动，形成次生的孔洞或裂缝而成为储集空间。这类储层在发现的油气田中占比较小。

二、储集空间类型

岩层中具有能储存和渗流流体的空隙才可形成储层，而不同类型的储集岩储集空间既有共性，又存在差异。

（一）碳酸盐岩储集空间类型

1. 孔隙类型

由于碳酸盐岩储层岩性变化大、储集空间类型多、物性参数无规则，以及孔隙空间系统的多次改造等特点，使其储集空间类型成为碳酸盐岩储层研究中的重要问题，从而也形成了多种分类方案。

1）按形态分类

碳酸盐岩储集空间按形态分为孔、洞、缝三大类。孔（粒间—晶间孔隙）：主要为原生孔隙，包括粒间、晶间、粒内生物骨架等孔隙，其空间的分布较规则。洞（溶洞—溶解孔隙）：主要为次生孔隙，包括溶洞或晶洞（无充填者为溶洞，有结晶质充填者为晶洞），碳酸盐岩易于溶解的性质是形成这类储集空间的原因，它们大多是以缝、孔为基础，经水溶蚀而成，并多发育在古溶蚀地区及不整合面以下。缝（裂缝—基质孔隙）：岩石受应力作用而产生的裂缝。应力主要是构造力，也包括静压力、岩石成岩过程中的收缩力等。缝不但可作为储集空间，在油、气运移过程中还起着重要的通道作用。孔、洞、缝三大类中，又各自包括多种亚类（表1-5）。

2）按主控因素分类

碳酸盐岩储集空间按其主控因素可分为3类。

（1）受组构控制的原生孔隙。这类孔隙的发育受岩石的结构和沉积构造控制，可分为粒间孔隙、遮蔽孔隙、粒内孔隙、生物骨架孔隙、生物钻孔孔隙及生物潜穴孔隙、鸟眼孔隙、收缩孔隙、晶间孔隙，粒内孔隙、生物骨架孔隙和生物钻孔孔隙及生物潜穴孔隙又可合称为生物孔隙。

由于碳酸盐沉积固结迅速，加之它们在水中的溶解性以及对其他成岩作用（白云岩化）的敏感性，以致很难保存原生孔隙的本来面貌。即使得以保存，原生孔隙的实际展布也将在很大程度上受有无胶结物填充的控制。

表 1–5　碳酸盐岩主要储集空间类型表（熊琦华，1987）

储集空间类型			成因及分布形态
孔（粒间—晶间孔隙）	原生孔隙	粒间孔隙	碎屑颗粒、鲕粒、球粒、豆粒、晶粒、生物碎屑等之间的孔隙，分布较均匀，似砂岩
		粒内孔隙	生物体腔内孔隙，孤立分布
		生物骨架孔隙	原地生长的造礁生物群软体部分分解后，其坚固骨架之间的孔隙。分布有一定范围，多呈块状
	次生孔隙	晶间孔隙	晶体之间的孔隙，主要为白云岩化、重结晶作用形成的孔隙。分布不均匀，常与裂缝带共生，少数原生晶间小孔隙分布较均匀
		角砾孔隙	构造角砾或沉积角砾之间的孔隙，前者分布有一定范围，后者较均匀，似碎屑岩
洞（溶解—溶蚀孔隙）	岩溶溶洞		与不整合面及古岩溶有关的溶蚀孔洞或缝
	溶蚀孔隙		在孔、缝基础上溶蚀形成的孔洞往往与裂缝分布有一致性
缝（裂缝—基质孔隙）	构造缝		受构造应力作用形成的裂缝，有短而小的层间缝，也有大而长的穿层缝
	层间缝		在构造应力作用下，薄层相对运动形成的缝。呈层状分布，多发育在构造轴部位
	成岩缝		成岩过程中岩石收缩形成的网状缝
	压溶缝		缝合线，为压溶作用的产物，呈锯齿状顺层分布

（2）溶解作用形成的次生孔隙。溶解孔隙，又称溶孔，是碳酸盐矿物或伴生的其他易溶矿物被地下水、地表水溶解后形成的孔隙。其特点是形状不规则，有的承袭了被溶蚀颗粒的原来形状，边缘圆滑，有的在边壁上见有不溶物残余。溶解孔隙既可发生于后生阶段，如不整合面下的岩溶带，也可发生于成岩晚期和早期（准同生阶段），后者一般多见于近岸浅水地带沉积物暴露水面的时候。此类孔隙主要有粒内溶孔和溶模孔隙、粒间溶孔、其他溶孔和溶洞，以及角砾孔隙。

（3）碳酸盐岩的裂缝。裂缝的分类方法很多，从成因上可分为构造缝、成岩缝、沉积—构造缝、压溶缝和溶蚀缝。

3）按形成时间分类

按形成时间可将碳酸盐岩储集空间分为原生孔隙和次生孔隙。

（1）原生孔隙：指在沉积和成岩过程中所形成的孔隙，包括各种粒间孔隙。在结晶灰岩或白云岩中的晶间孔隙及沿晶粒节理面的空隙（结晶颗粒不属次生重结晶或白云岩化形成）、粒内孔隙（部分鲕内）、生物孔隙以及成岩缝等。美国学者哈博将原生孔隙细分为生物骨架孔隙、泥砂孔隙和砂孔隙。

（2）次生孔隙：指碳酸盐岩形成之后，经历各种次生变化，如溶解、重结晶、白云岩化及构造应力作用等所产生的孔隙或裂缝，包括溶蚀（解）孔缝、多数的晶间孔隙、构造缝、层间缝、压溶缝以及角砾孔隙等。

4）按孔径大小分类

按孔径大小可将碳酸盐岩储集空间分为 7 种类型。溶洞的孔径大于 2mm；溶孔的孔径大小为 1.0～2.0mm；粗孔的孔径大小为 0.5～1.0mm；中孔的孔径大小为 0.25～0.5mm；细孔的孔径大小为 0.1～0.25mm；很细孔的孔径大小为 0.01～0.1mm；极细孔的孔径小于 0.01mm。

按孔径大小也可将碳酸盐岩储集空间分为隐孔隙（孔径小于 0.01mm）和显孔隙（孔径大于 0.01mm）。

5）其他分类

美国学者阿尔奇提出的基质结构的分类（类型Ⅰ致密结晶质；类型Ⅱ白垩质；类型Ⅲ颗粒状或糖粒状）及其据孔隙直径大小分类（0.01mm、0.1mm、1mm）。按照流体渗滤及几何特征不同把裂缝性碳酸盐岩孔隙空间系统分为裂缝孔隙系统和基块孔隙系统。

2. 喉道类型

由于碳酸盐岩的渗透能力不仅取决于孔隙空间的多少及大小，而且与孔隙结构类型、孔隙中管壁的光滑程度等因素有关，碳酸盐岩储层的孔隙结构十分复杂。

吴元燕（1996）按成因将喉道分为以下 5 种类型。

（1）构造裂缝型：喉道宏观呈片状，相对较长、较宽、较平直，根据裂缝宽度分为大裂缝型喉道（宽度大于 0.1mm）、小裂缝型喉道（宽度 0.01～0.1mm）和微裂缝型喉道（宽度小于 10μm）［图 1-9(a)］。

（2）晶间隙型：该类喉道为白云石或方解石晶体间的缝隙，与裂缝型喉道相比具有窄、短、平的特点，按其形态可分为规则型、短喉型、弯曲型、曲折型、不平直型和宽度不等型［图 1-9(b)～(g)］。

（3）孔隙缩小型：孔隙与喉道无明显界限，扩大部分为孔隙，缩小的狭窄部分即为喉道。孔隙缩小部分是由于孔隙内晶体生长或其他充填物等原因形成的［图 1-9(i)］。

（4）管状喉道：孔隙与孔隙之间由细长的管子相连，其断面接近圆形［图 1-9(j)］，例如负鲕灰岩鲕粒内空间的相互连通通道即为此种类型。

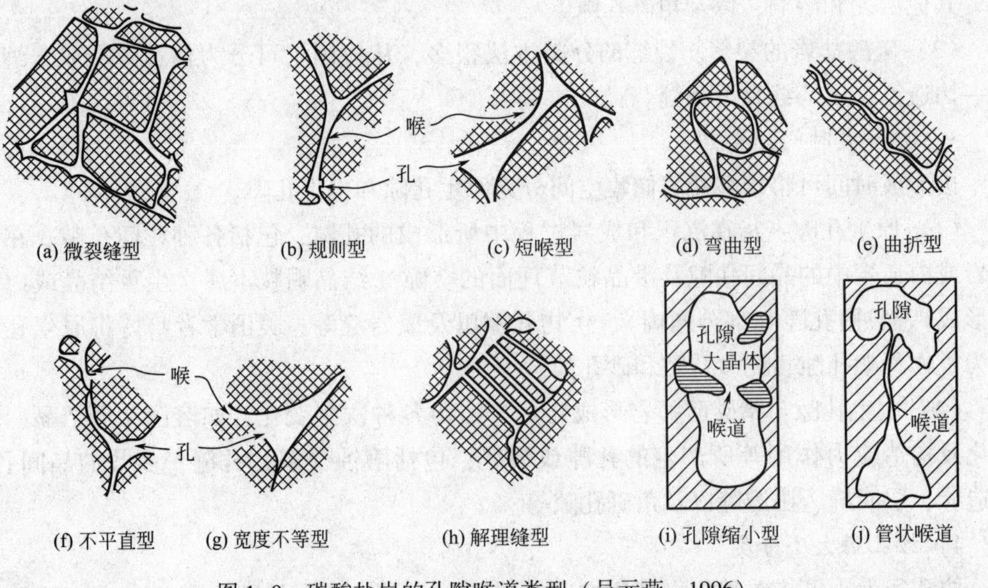

图 1-9 碳酸盐岩的孔隙喉道类型（吴元燕，1996）

（5）解理缝型：喉道为沿粗大白云石或方解石晶体解理面裂开或经溶蚀扩大而形成［图1-9(h)］。

此外，具有粒间孔的碳酸盐岩，其储集特征与碎屑岩相似，其孔隙和喉道亦相似。

（二）碎屑岩储集空间类型

1. 孔隙类型

关于碎屑岩孔隙类型的划分，研究者从不同角度提出不同的划分方案，归纳起来，大致有以下几类。

1）按成因分类

按储集空间的成因将孔隙分为原生、次生和混合成因3大类，这是目前国内外比较流行的一种分类，如V. Schtnidt等的分类。

2）按孔隙产状及溶蚀作用分类

邸世祥（1991）按产状把孔隙分为4种基本类型：粒间孔隙、粒内孔隙、填隙物内晶面孔隙、裂缝孔隙。又按溶蚀作用分出了4种溶蚀类型：溶蚀粒间孔隙、溶蚀粒内孔隙、溶蚀填隙物内孔隙、溶蚀裂缝孔隙。

前4种类型孔隙并不都是原生孔隙，其中的自生黏土矿物填隙物内晶间孔隙和裂缝孔隙等主要还是次生的。后4种类型孔隙严格地说并不是完整的次生孔隙，只是原生与次生孔隙的组合，属混合孔隙。

从对渗流作用的物理意义出发，可将上述8类孔隙划分为3大类，即粒间孔隙及溶蚀粒间孔隙大类；溶蚀粒内孔隙、填隙物内孔隙、溶蚀填隙物内孔隙及粒内孔隙大类；溶蚀裂缝孔隙及裂缝孔隙大类。

3）按成因及孔隙几何形态分类

美国学者皮特门把孔隙分为粒间孔隙、微孔隙、溶蚀孔隙和裂缝。

上述4种孔隙类型中，粒间孔隙属原生成因，微孔隙属原生及次生混合成因，溶蚀孔隙及裂缝均属次生成因。

4）按孔隙直径大小分类

根据岩石中的孔隙大小及其对流体储存和流动的作用不同，可将孔隙分为超毛管孔隙、毛管孔隙和微毛管孔隙。

5）按孔隙中流体的渗流情况分类

按孔隙中流体的渗流情况可分为有效孔隙和无效孔隙。

（1）有效孔隙：指储层中那些相互连通的超毛管孔隙和毛管孔隙，其中流体在地层压差下可流动。

（2）无效孔隙：指储层中那些孤立的、互不连通的死孔隙及微毛管孔隙，其中流体在地层压差下不能流动。

2. 喉道类型

在储集岩复杂的立体孔隙系统中，控制其渗流能力的主要因素是喉道或主流喉道，以及主流喉道的形状、大小和与孔隙连通的喉道数目。

碎屑岩骨架颗粒的表面结构和形状（圆度、球度）影响喉道壁的粗糙度。分选和磨圆差的颗粒常使喉道变得粗糙曲折，直接影响其内部流体的渗流状态。骨架颗粒的接触关系和胶结类型也影响喉道形状。

在不同的接触类型和胶结类型中，常见有5种孔隙喉道类型（图1-10）。

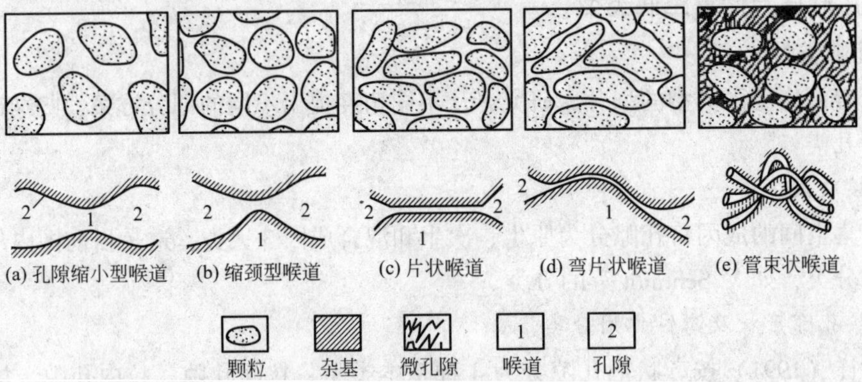

图1-10　碎屑岩孔隙喉道的类型示意图（罗蛰潭和王允诚，1986）

（1）孔隙缩小型喉道：多见于颗粒支撑、无或少胶结物的砂岩，孔隙、喉道难分，孔大喉粗，喉道是孔隙的缩小部分，几乎全为有效孔隙（图1-10a）。以这类喉道为主的储层，一般不易造成喉道堵塞，反而常因胶结物少，较疏松，而易发生地层坍塌和出砂。

（2）缩颈型喉道：多见于颗粒支撑、接触式胶结的砂岩，压实作用使颗粒紧密排列，仍留下较大孔隙，但喉道变窄，具有孔隙较大、喉道细的特点，因而具有较高的孔隙度、较低的渗透率［图1-10（b）］。在钻井采油过程中易因措施不当而导致微粒堵塞喉道而伤害储层。

（3）片状喉道：多见于接触式、线接触式胶结砂岩，由较强烈压实作用使颗粒呈紧密线接触，甚至由压溶作用使晶体再生长，造成孔隙变小，晶间隙成为晶间孔的喉道。片状喉道具有孔隙很小、喉道极细的特点［图1-10（c）］。

（4）弯片状喉道：强烈压实作用使颗粒呈镶嵌式接触，不但孔隙很小、喉道极细，而且呈弯片状［图1-10（d）］。该类喉道细小、弯曲、粗糙，易形成堵塞。

（5）管束状喉道：多见于杂基支撑、基底式及孔隙式胶结类型的砂岩。当杂基及胶结物含量较高时，其内众多微孔隙既是孔隙又是喉道，呈微毛管束交叉分布，使孔隙度中等至较低、渗透率极低［图1-10（e）］。因为此类喉道细小，而弯曲交叉导致流体紊流，微粒迁移速度多变，在喉道交叉拐弯处常因微粒迁移速度降低而沉积下来堵塞喉道。

此外，若张裂缝发育，则形成板状通道。从整体看，也可以把它们视为一种大的汇总的喉道，这种大喉道控制着与其联系的各种微裂缝和孔隙。

三、储层物性特征

油气储层的物理特性主要是指其孔隙度、渗透率、饱和度等，它们不仅是储层研究的基本对象，而且是储层评价和预测的核心内容，同时也是进行定量储层表征的最基本参数。

（一）孔隙度

岩石的孔隙广义上是指岩石中未被固体物质所充填的空间部分，也称储集空间或空隙，包括粒间孔、粒内孔、裂缝、溶洞等。狭义的孔隙则是指岩石中颗粒间、颗粒内和填隙物内的空隙。

孔隙度是指岩石中孔隙体积占岩石总体积的百分数，是控制油气储量及储能的重要物理参数。在对储层进行研究、评价及预测的过程中，孔隙度是不可回避的研究对象。由于它没有明显的方向性，故它是储层研究的最基本标量。

通常依据孔隙的大小、连通状况以及对流体的有效性，孔隙度又可分为绝对孔隙度、有效孔隙度以及流动孔隙度。

1. 绝对孔隙度

岩样中所有孔隙空间体积之和与该岩样总体积的比值被称为绝对孔隙度或总孔隙度，可用式(1–1) 表示：

$$\phi_t = \frac{\sum V_p}{V_r} \times 100\% \tag{1-1}$$

式中　ϕ_t——绝对孔隙度；

$\sum V_p$——所有孔隙空间体积之和；

V_r——岩样总体积。

2. 有效孔隙度

有效孔隙度是指那些互相连通的，且在一定压差下（大于常压）允许流体在其中流动的孔隙总体积（即有效孔隙体积）与岩样总体积的比值，可用式(1–2) 表示：

$$\phi_e = \frac{\sum V_e}{V_r} \times 100\% \tag{1-2}$$

式中　ϕ_e——有效孔隙度；

$\sum V_e$——有效孔隙体积；

V_r——岩样总体积。

显然，同一岩样的有效孔隙度小于其绝对孔隙度，储层的有效孔隙度一般为5%~30%，最常见的为10%~25%。

根据储层绝对孔隙度或有效孔隙度的大小，可以粗略地评价储层性能的好坏。

3. 流动孔隙度

岩石中有些孔隙，由于喉道半径很小，在通常的开采压差下，液体仍然难以通过。另外，亲水的岩石孔壁表面常存在水膜，相应地缩小了孔隙通道。为此，从油田开发实践出发，提出流动孔隙度的概念。流动孔隙度是指在油田开发中，在一定的压差下，流体可以在其中流动的孔隙总体积与岩样总体积的比值，可用式(1–3) 表示：

$$\phi_f = \frac{\sum V_f}{V_r} \times 100\% \tag{1-3}$$

式中 ϕ_f——流动孔隙度；

$\sum V_f$——可以流动的孔隙总体积；

V_r——岩样总体积。

流动孔隙度不考虑无效孔隙，不考虑被毛管所滞留或束缚的液体所占据的毛管孔隙，也不考虑岩石颗粒表面上液体薄膜的体积。流动孔隙度随地层中的压力梯度和液体的物理、化学性质变化而变化。

有效（连通）孔隙是总孔隙与死孔隙之差，而流动孔隙一般为有效孔隙与微毛管孔隙之差，因此，绝对孔隙度>有效孔隙度>流动孔隙度。对于较疏松的砂岩，其有效孔隙度接近于绝对孔隙度；胶结致密的储层，有效孔隙度和绝对孔隙度相差甚大。通常科技文献中所提到的孔隙度是指绝对孔隙度。

（二）储集岩的渗透性

储集岩的渗透性是指在一定的压差下，岩石本身允许流体通过的性能。同孔隙性一样，它是储层研究的最重要参数之一，它不但影响油气的储能，而且能够控制产能。

渗透性只表示岩石中流体流动的难易程度，而与其中流体的实际含量无关。从绝对意义上讲，渗透性岩石与非渗透性岩石之间没有明显的界线，只是一个相对的概念。通常所说的渗透性岩石与非渗透性岩石，是对在一定的地层压力条件下流体能否通过岩石而言。

一般来说，砂岩、砾岩、多孔的石灰岩、白云岩等储层为渗透性岩层；泥岩、石膏、硬石膏、泥灰岩等为非渗透性岩层，若裂缝发育，则可以变成渗透性岩层。

渗透性的好坏常用渗透率表示，它具有明显的方向性，故它不同于孔隙度，应为矢量，这就是说，渗透率在不同方向上存在着较大差异，通常可分为水平渗透率（K_h）和垂直渗透率（K_v）。

1. 绝对渗透率

如果岩石孔隙中只有一种流体存在，而且这种流体不与岩石起任何物理、化学反应，在这种条件下所测得的渗透率为岩石的绝对渗透率。大量试验表明，单相流体通过介质呈层状流动时，服从达西直线渗流定律，计算公式为：

$$K=\frac{Q\mu L}{(p_1-p_2)Ft} \tag{1-4}$$

式中 K——岩样的绝对渗透率，D；

Q——液体在 t 秒内通过岩样的体积，cm^3；

p_1——岩样前端压力，atm；

p_2——岩样后端压力，atm；

F——岩样的截面积，cm^2；

L——岩样的长度，cm；

μ——液体的黏度，mPa·s；

t——液体通过岩样的时间，s。

渗透率的单位为达西（D），并规定，当黏度为 1mPa·s 的 $1cm^3$ 流体，通过横截面为 $1cm^2$ 的孔隙介质，在压差为 1 个标准大气压，1s 内流体流过的距离为 1cm 时，该孔隙介质的渗透率为 1D。在实际应用中，这个单位太大，常用毫达西（mD）表示，1D = 1000mD。在标准化计量中，渗透率单位为平方微米，即 μm^2。

$$1\mu m^2 = 1.013D;\ 1\times10^{-3}\mu m^2 = 1.013mD$$

在实际工作中，常用气体来测定绝对渗透率，因此绝对渗透率也称空气渗透率。对于气体来说，由于岩样中每一点的压力不同，则通过各点的气体流量也不同，故达西公式中的体积流量需用平均气体流量表示。因此，渗透率公式可写成：

$$K=\frac{\overline{Q}\mu_s L}{(p_1-p_2)Ft} \tag{1-5}$$

式中　$\overline{Q}$——t 秒内通过岩样中的平均气体体积流量，cm^3；

μ_s——气体的黏度，mPa·s。

绝对渗透率是与流体性质无关而仅与岩石本身孔隙结构有关的物理参数。目前，生产上使用的绝对渗透率一般是用空气测定的空气渗透率。

2. 有效渗透率

当有两种以上流体存在于岩石中时，对其中一种流体所测得的渗透率为有效渗透率，也称为相渗透率。有效渗透率表示岩石在其他流体存在的条件下，传导某一种流体的能力，不但与岩石的孔隙结构有关，而且与流体的饱和度有关，通常用 K_o、K_g、K_w 来分别表示油、气、水的有效渗透率。

3. 相对渗透率

各流体在岩石中的有效渗透率与该岩石的绝对渗透率之比称为相对渗透率，是衡量某一种流体通过岩石能力大小的直接指标。分别用符号 K_{ro}、K_{rg}、K_{rw} 来表示油、气、水的相对渗透率。

大量实践和室内实验证明，有效渗透率和相对渗透率不仅与岩石性质有关，而且与流体的性质及其饱和度有关。随着某相饱和度的增加，其有效渗透率随之增加，直到岩石全部被该单相流体所饱和，这时，其有效渗透率等于绝对渗透率（图 1-11）。

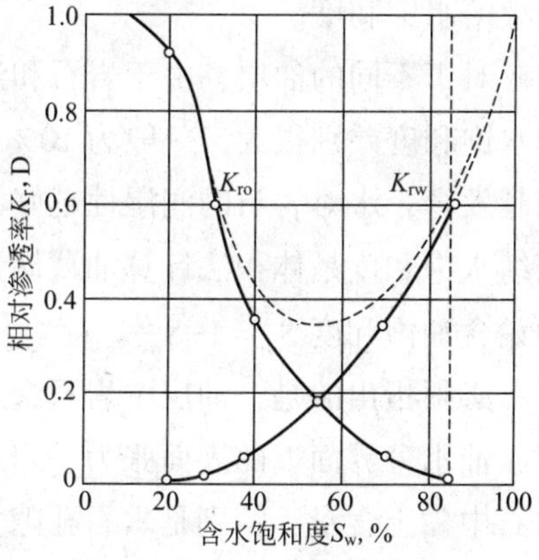

图 1-11　油水相对渗透率曲线（何更生，1994）

（三）流体饱和度

通常在油气储层中的孔隙为油、气、水三相所饱和，压力高于饱和压力的油藏则为油水两相所饱和。所饱和的油、气、水体积分别占总孔隙体积的百分数称为油、气、水的饱和度。

倘若储层中含油、气、水三相，则：

$$S_o=\frac{V_o}{V_p}=\frac{V_o}{\phi V_f} \tag{1-6}$$

$$S_g=\frac{V_g}{V_p}=\frac{V_g}{\phi V_f} \tag{1-7}$$

$$S_w = \frac{V_w}{V_p} = \frac{V_w}{\phi V_f} \tag{1-8}$$

$$S_o + S_g + S_w = 1 \tag{1-9}$$

式中 V_o——油在孔隙中体积，cm^3；

V_g——气在孔隙中体积，cm^3；

V_w——水在孔隙中体积，cm^3；

V_p——孔隙体积，cm^3；

V_f——岩石体积，cm^3。

绝大部分储层属于沉积岩，它们最初完全被水所饱和。油、气是后期才从侧面或底部向其中运移并聚集，油气向上运移并逐步排驱原来饱和在孔隙中的水。这个过程受油气水—孔隙系统控制。油气向上移动并排驱水时所能排出的水量取决于油与水的性质、岩石的孔隙大小与分布以及地层压力。

流体饱和度分类有：

1. 原始流体饱和度

在勘探阶段测得的流体饱和度称为原始流体饱和度，包括原始含油饱和度、原始含水饱和度和原始含气饱和度。

2. 束缚水饱和度

大量的岩心分析资料证明，无论是处于油气藏何种部位的油层，都含有一定量的不可动水，即通常所称的束缚水或共存水。储层岩石孔隙中束缚水的体积与孔隙体积的比值称为束缚水饱和度。

对于不同的油层，由于岩石和流体性质不同，油气运移时水动力条件不一样，所以束缚水饱和度差别很大，一般为10%~15%。油层的泥质含量越高，渗透性越差；微毛管孔隙越发育，水对岩石的润湿性越好；油水界面张力越大，则油层中束缚水的含量就越高。束缚水饱和度是体积法计算油藏储量的重要参数之一。若束缚水饱和度为 S_{wc}，则油藏的原始含油饱和度 $S_{oi}=1-S_{wc}$。

必须指出的是，油层中岩石含水饱和度与石油在原始含水层中的集聚过程、石油的黏度、油水分界面上的表面张力、岩石中的颗粒分布、油水接触面与取心位置的接近程度、岩石中黏土含量，特别是岩石孔隙大小和分布等有关。单靠渗透率不能决定油层的含水饱和度。

3. 残余油饱和度

残余油是指被工作剂驱洗过的地层中被滞留或闭锁在岩石孔隙中的油。地层岩石孔隙中残余油的体积与孔隙体积的比值称为残余油饱和度。

含油饱和度是油气勘探与开发阶段很重要的参数，确定原始含油饱和度，才能准确地进行储量计算。油田开发中、晚期的含油饱和度可以帮助研究人员了解油田开发动态，做到动态检测、计算剩余储量和掌握剩余油的分布情况等。因此，流体饱和度自始至终是油田研究的重要参数，它既不是标量，也不是矢量，而是一个难以确定的变量。

（四）储层岩石的压缩性

任何物质都有弹性，都可以被压缩，具有一定孔隙性的地层岩石也是如此。

那么，对于地下岩石来讲，应该怎样理解其压缩性呢？为此，先讨论一下油藏岩石在开采前、后所处状态有什么变化？岩石骨架、孔隙以及其中的流体在开采过程中又有何变化？这种变化是驱油气的动力还是阻力？

油气田开发前，地层中岩柱压力（外压）、油层压力（流体内压）以及岩石骨架所承受的压力（外压与内压的压差）均处于平衡状态。投入开发后，随着油气层中流体的采出，油气层压力不断下降，平衡遭到破坏，使外压与内压的压差加大。此时，岩石颗粒挤压变形，排列更加紧密，从而孔隙体积缩小。

孔隙体积减小的程度 ΔV_p 与哪些因素有关呢？实际上，ΔV_p 取决于地层岩石体积，或实验时所取岩样外表总体积 V_b；地层压力降幅 Δp；此外，还与岩石本身的弹性压缩系数 C_r 有关。

$$\Delta V_p = C_r V_b \Delta p \tag{1-10}$$

即

$$C_r = \frac{1}{V_b \Delta p} \Delta V_p \tag{1-11}$$

式中　C_r——弹性压缩系数；

V_b——岩样外表总体积；

Δp——地层压力降低值；

ΔV_p——孔隙体积减小值。

由式(1-11) C_r 的定义看出，岩石的压缩系数可表示为：当油层压力每降低单位压力时，单位体积岩石中孔隙体积的缩小值。正是由于压力降低时孔隙体积的缩小，才使油气不断地从油气层中流出，因为，从驱油气的角度，这是驱油气的动力，驱使地层岩石孔隙内的流体流向井底。所以，岩石压缩系数表示了岩石弹性驱油能力，故也称为岩石弹性压缩系数。

（五）润湿现象和毛管力

吸附现象是由于物质表面的未饱和力场自发地吸附周围介质以降低其表面自由能的自发现象。润湿现象也是自然界中的一类自发现象。它是当不相混的两相流体（如油、水）与岩石固相接触时，其中的一相流体沿着岩石表面铺开，其结果也使体系的表面自由能降低，称这种现象为润湿现象。能沿岩石表面铺开的那一相称为润湿相。

在油气层中，油水与岩石（或气水与岩石）接触所发生的润湿现象，与发生在地面上、桌面上、大烧杯水面、湖面里不同。油气层中的润湿现象发生在岩石的细小毛管这一特定条件下，于是在毛管中会出现弯液面和由于弯液面而产生的毛管力。毛管力对于油、气、水在岩石中的渗流起着十分重要的作用，由此而产生的各种附加阻力。

四、储层评价及分类

油气田开发过程中对储层研究和认识的程度，直接关系到开发的决策及经济效益，因而储层的评价与研究是一项非常重要的工作。

储层评价的内容分为储层分类、储层特征、储层控制因素、储层分布预测、储层综合评价，相应的研究成果也与这些内容对应。这里重点介绍储层分类。

《油气储层评价方法》(SY/T 6285—2011) 中储层分类方法有很多，有根据储集空间孔洞缝、储层厚度、孔隙度类型、渗透率类型、孔喉半径中值类型等多种划分方法。

根据《气藏描述方法》(SY/T 6110—2008)，碳酸盐岩的储层可以划分为 4 类（表 1-6），而川东石炭系碳酸盐岩储层划分略有差异（表 1-7）。

表 1-6 碳酸盐岩储集岩级别划分

储层分类	孔隙度 %	渗透率 D	中值喉道宽度 μm	排驱压力 MPa	分选系数	评价
Ⅰ	≥12	≥10	≥2	<0.1	≥2.5	好
Ⅱ	12~6	10~0.1	2~0.5	1~0.1	2.5~2	较好
Ⅲ	6~2	0.1~0.001	0.5~0.05	5~1	2~1	中等
Ⅳ	<2	<0.001	<0.05	≥5	<1	差

表 1-7 川东石炭系储集岩分类参数表

储集岩类别	孔结构类型	ϕ,%	K，mD	p_d，MPa	R_{50}，μm	毛管力曲线特征
Ⅰ （好的储集岩）	粗孔大喉	>12	≥10	≤0.2	≥2	粗歪度分选好，平台段长
Ⅱ （较好的储集岩）	粗孔或细孔中喉	6~12	0.1~10	0.2~2	0.5~2	粗歪度分选较好，平台段较长
Ⅲ （较差的储集岩）	粗孔或细孔小喉	3~6	0.001~0.1	2~10	0.04~0.5	中—细歪度，分选中—较差，曲线呈斜坡状
Ⅳ （非储集岩）	微隙、微喉	<3	<0.001	>10	<0.04	极细歪度，分选极差，曲线具第二台阶段

砂岩储层可以划分为 6 类（表 1-8）。

表 1-8 砂岩储集岩级别划分

储层分类	孔隙度 %	渗透率 D	中值喉道宽度 μm	渗透性能	评价
Ⅰ	>25	>0.1	>3	高渗	很好
Ⅱ	20~25	0.01~0.1	1~3	中渗	好
Ⅲ	15~20	0.001~0.01	0.5~1	低渗	较好
Ⅳ	8~15	0.0002~0.001	0.2~0.5	近致密	较差
Ⅴ	3~8	0.000005~0.0002	0.03~0.2	致密	差
Ⅵ	<3	<0.000005	<0.03	超致密	非储层

第五节 流体性质及其分布

一、天然气

（一）天然气的组成

天然气是指在不同地质条件下生成、运移，并以一定压力储集在地下构造中，以碳氢化合物为主的可燃性烃类气体。它们的通式为 C_nH_{2n+2}。

碳氢化合物种类极多，一般以分子中含碳原子的多少为排列顺序。天然气中主要存在的烷烃有：CH_4—甲烷，C_2H_6—乙烷，C_3H_8—丙烷，C_4H_{10}—丁烷，C_5H_{12}—戊烷，C_6H_{14}—已烷，C_7H_{16}—庚烷。同时在天然气中还含有少量 H_2S、CO_2、CO、N_2、He、H_2 等。在温度20℃、常压（101325Pa）时，甲烷、乙烷、丙烷、丁烷为气态，戊烷以上到 $C_{17}H_{36}$ 为液态，$C_{18}H_{38}$ 以上为固态。

天然气的成分因地而异，大部分是 CH_4，其次是 C_2H_6、C_3H_8、C_4H_{10} 等，此外还含有少量其他气体，如 N_2、H_2S、CO、CO_2、H_2O、O_2、H_2，以及微量惰性气体 He、Ar 等。

（二）天然气的分类

1. 按天然气烃类组成分类

按天然气的烃类组成（即按天然气中液烃含量）的多少来分类，可分为干气、湿气或富气、贫气。

1）C_5 界定法——干、湿气的划分

干气指标准状态下 $1m^3$ 的天然气 C_5 以上液态烃含量低于 $13.5cm^3$ 的天然气，湿气指标准状态下 $1m^3$ 的天然气 C_5 以上液态烃含量高于 $13.5cm^3$ 的天然气。

2）C_3 界定法——贫、富气的划分

贫气指标准状态下 $1m^3$ 的天然气 C_3 以上液态烃含量低于 $94cm^3$ 的天然气，富气指标准状态下 $1m^3$ 的天然气 C_3 以上液态烃含量高于 $94cm^3$ 的天然气。

2. 按酸气含量分类

按酸气含量多少，天然气可分酸性天然气和洁气。

酸性天然气指含有显著量的硫化物和二氧化碳等酸气，这类气体必须经处理后才能符合商品气气质指标要求，达到管输标准。

洁气指硫化物和二氧化碳含量甚微或根本不含的天然气，不需净化就可外输和利用。

由此可见酸性天然气和洁气的划分采取模糊的判据，而具体的数值指标并无统一的标准。在我国，由于对二氧化碳的净化处理要求不严格，一般采用西南油气田分公司的管输指标，即标准状态下硫含量不高于 $20mg/m^3$ 作为界定指标，把硫含量高于 $20mg/m^3$ 的天然气称为酸性天然气，否则为洁气。把净化后达到管输要求的天然气称为净化气。

3. 按矿藏特点分类

按矿藏特点的不同可将天然气分为气井气、凝析井气和油田气，前两者合称为非伴生气，后者也称为油田伴生气。

（1）气井气：即纯气田天然气，气藏中的天然气以气相存在，通过气井开采出来，其中甲烷含量高。

（2）凝析井气：即凝析气田天然气，气藏中以气体状态存在，是具有高含量可回收烃液的气田气，其凝析液主要为凝析油，其次可能还有部分凝析水，这类气田的井口流出物除含有甲烷、乙烷外，还含有有一定量的丙烷、丁烷及 C_5 以上的烃类。

（3）油田气：即油田伴生气，是伴随原油共生，在油藏中与原油呈相平衡接触的气体，包括游离气（气层气）和溶解在原油中的溶解气，从组成上亦认为属于湿气。在油井开采的情况中，借助气层气来保持井压，而溶解气则伴随原油采出。油田气采出的特点是：组成和气油比因产层和开采条件不同而不同，不能人为地控制，一般富含丁烷以上组分。当油田气随原油一起被开采到地面后，由于油气分离条件（温度和压力）和分离方式(一级或二级）不同，以及受气液平衡规律的限制，气相中除含有甲烷、乙烷、丙烷、丁烷外，还含有戊烷、己烷，甚至 C_9、C_{10} 组分。液相中除含有重烃外，仍含有一定量的丁烷、丙烷，甚至甲烷。与此同时，为了降低原油的饱和蒸气压，防止原油在储运过程中的挥发耗损，往往采用各种原油稳定工艺回收原油中 $C_1 \sim C_5$ 组分，回收回来的气体，称为原油稳定气，简称原稳气。

（三）天然气的主要物理化学性质

1. 天然气的相对分子质量

当已知天然气中各组分 i 的摩尔组成 y_i 和相对分子质量 M_i 后，天然气的相对分子质量可由下式求得：

$$M = \sum_{i=1}^{n} (y_i M_i) \tag{1-12}$$

式中 M——天然气的相对分子质量；

y_i——天然气各组分的摩尔组成；

M_i——组分 i 的相对分子质量。

2. 天然气的密度、相对密度及比容

（1）天然气的密度。单位体积天然气的质量称为天然气的密度。

$$\rho_g = \frac{m}{V} = \frac{pM}{RT} \tag{1-13}$$

式中 R——气体常数，0.008471MPa·m^3/(kmol·K)。

气体的密度与压力、温度有关，在低温高压下与压缩因子 Z 有关。

（2）天然气的相对密度。相同压力、温度下天然气的密度与干燥空气密度的比值，称为天然气的相对密度。

$$r = \rho_g / \rho_{air} \tag{1-14}$$

因为空气的分子量为 28.96，故：

$$r = M/28.96 \tag{1-15}$$

（3）天然气的比容。天然气的比容定义为天然气单位质量所占据的体积，在理想条件下，可写成：

$$\upsilon = \frac{V}{m} = \frac{1}{\rho_g} \tag{1-16}$$

式中 υ——天然气的比容，m^3/kg。

3. 天然气的黏度

（1）天然气的黏度是指气体的内摩擦力。当气体内部有相对运动时，就会因内摩擦力产生内部阻力，气体的黏度越大，阻力越大，气体的流动就越困难。黏度就是气体流动的难易程度。

动力黏度：相对运动的两层流体之间的内摩擦力与层之间的距离成反比，与两层的面积和相对速度成正比，这一比例常数称为流体的动力黏度或绝对黏度：

$$\mu = \frac{Fd}{vA} \tag{1-17}$$

式中 μ——流体的动力黏度，Pa·s；

F——两层流体的内摩擦力，N；

d——两层流体间的距离，m；

A——两层流体间的面积，m^2；

v——两层流体的相对运动速度，m/s。

黏度使天然气在地层、井筒和地面管道中流动时产生阻力，压力降低。

（2）天然气黏度的确定。确定气体黏度唯一精确的方法是实验方法，然而，应用实验方法确定黏度困难，而且时间很长。通常采用与黏度有关的相关式确定。目前有多种方法可以预测天然气黏度，由于计算机技术的发展，应用较广泛的是 Lee，Gonzalez 半经验法。

Lee 等人于 1966 年提出了计算天然气黏度的一种方程式。这种方法不包括非烃类气体的校正，对纯烃类气体计算的黏度，允许的标准偏差为±3%，最大偏差约 10%。对大多数气藏工程计算具有足够的精度。Lee 等人的分析式，是根据 4 个石油公司提供的 8 种天然气样品，在温度 37.8～171.2℃和压力 0.1013～55.158MPa 条件下，进行黏度和密度实验测定，得到下列相关经验方程：

$$\mu_g = 10^{-4} K\exp(X\rho_g^Y) \tag{1-18}$$

其中：

$$K = \frac{2.6832\times10^{-2}(470+MW_a)T^{1.5}}{116.1111+10.5556MW_a+T} \tag{1-19}$$

$$X = 0.01\left(350+\frac{54777.7}{T}+MW_a\right) \tag{1-20}$$

$$Y = 2.4-0.2X \tag{1-21}$$

式中 μ_g——天然气在 p 和 T 条件下的黏度，mPa·s；

MW_a——混合气拟相对分子质量，kg/kmol。

天然气在高压下的黏度不同于在低压下的黏度。在接近大气压时，天然气的黏度几乎与压力无关，随温度的升高而增大；在高压条件下，随压力的增加而增加，随温度的增加而减小，同时随分子量的增加而增加。

4. 临界温度、临界压力

气体要变成液体，都有一个特定的温度，高于该温度时，无论加多大压力，气体也无法变成液体，该温度称为临界温度。相应于临界温度的压力，称为临界压力。

天然气是混合气体，为了区分单组分气体和混合气体的临界参数，将天然气各组分的临界温度和临界压力的加权平均值分别称为视临界温度和视临界压力。

5. 气体状态方程式

在天然气有关计算中，总要涉及压力、温度、体积，气体状态方程式就是表示压力、温度、体积之间的关系，可用气体状态方程表示，详见第二章第三节。

6. 天然气的含水量和溶解度

1）天然气的含水量

天然气中含水蒸气量的多少与下列因素有关：

（1）含水蒸气量随压力增加而降低；

（2）含水蒸气量随温度增加而增加；

（3）在气藏中，与天然气相平衡的自由水中盐溶解度有关，随含盐量的增加，天然气中含水量降低；

（4）高比重的天然气组分，含水量少。

描述天然气中含水量的多少，统一用绝对湿度和相对湿度（水蒸气的饱和度）表示，即每1m³的湿天然气所含水蒸气的质量称为绝对湿度，其关系式如下：

$$X=\frac{W}{V}=\frac{p_{\mathrm{VW}}}{R_{\mathrm{W}}T} \tag{1-22}$$

式中 X——绝对湿度，kg/m³；

W——水蒸气的质量，kg；

V——湿天然气的体积，m³；

p_{VW}——水蒸气的分压，kgf/m²；

T——湿天然气的绝对温度，K；

R_{w}——水蒸气的体积常数，$R_{\mathrm{w}}=47.1$kg/(m²·K)。

2）天然气的溶解度

天然气的溶解度定义为：在一定压力下，单位体积石油或水中所溶解的天然气量。溶解度主要取决于温度和压力，同时也与油、水的性质和天然气的组分有关。天然气的溶解度通常用溶解系数 α 与压力表示：

$$R_{\mathrm{s}}=\alpha p \tag{1-23}$$

式中 R_{s}——天然气在油或水中的溶解度，m³/m³；

α——天然气溶解系数，在一定温度下，压力每增加一个单位，单位体积石油或水中溶解的气量。

7. 天然气的体积系数与膨胀系数

在探明了储气层的储气面积（A）、厚度（h）、孔隙度（ϕ）、含气饱和度（S_g）之后，能否直接由地下储气体积（$V_g=Ah\phi S_g$）算出在地面标准条件的气体体积呢？也就是说，处于高压、高温下的地下体积和标准状态下的地面体积之间有什么关系呢？联系这两者体积间的关系是“体积系数”这一概念。

现以地面标准状态下20℃，压力为1个大气压（0.1MPa），天然气体积 V_{sc} 为基准作为标准量（分母），以它在地下（某一 p、T 条件下）的体积 V 为比较量来定义天然气的体积系数，天然气的地下体积系数 B_g 可定义为

$$B_g=\frac{V}{V_{sc}} \tag{1-24}$$

式中 B_g——天然气的地下体积系数；

V_{sc}——标准状态下天然气体积；

V——地下天然气体积。

天然气的膨胀系数为天然气的体积系数的倒数，用 E_g 表示：

$$E_g=\frac{1}{B_g} \tag{1-25}$$

式中 E_g——天然气膨胀系数。

8. 天然气的压缩因子

天然气偏差系数又称压缩系数（因子），是指在相同温度、压力下，真实气体所占体积与相同量理想气体所占体积的比值。天然气的偏差系数随气体组分不同及压力和温度的变化而变化。除PVT实验法外，天然气偏差系数还有若干不同的计算关系式。在低压下天然气也密切遵循理想气体定律。但是，当气体压力上升，尤其当气体接近临界温度时，其真实体积和理想气体之间就产生很大的偏离，这种偏差称为偏离因子或压缩因子，用符号 Z 表示。

以临界压力和临界温度下的偏差系数 Z_c 作为基础的 Z 系数关系式已应用了相当长的时间，对不同的 Z_c 值用人工计算制作了各种计算图表，该方法求解精度较高。求取 Z 值的方程很多，下面介绍计算机上常用的一种方法。

Yarborough 和 Hall 应用 Starling-Carnahan 状态方程得到以下关系式：

$$Z=0.06125(p_{Pr}/\rho_r T_{Pr})\exp[-1.2(1-1/T_{Pr})^2] \tag{1-26}$$

其中：ρ_r 为对比密度，用试凑法从下列方程中求得：

$$\begin{aligned}&\frac{\rho_r+\rho_r^2+\rho_r^3+\rho_r^4}{(1-\rho_r)^3}-(14.76/T_{Pr}-9.76/T_{Pr}^2+4.58/T_{Pr}^3)\rho_r^2+\\&(90.7/T_{Pr}-242.2/T_{Pr}^2+42.4/T_{Pr}^3)\rho_r^{(2.18+2.82/T_{Pr})}\\&=0.06152(p_{Pr}/T_{Pr})\exp[-1.2(1-1/T_{Pr})^2]\end{aligned} \tag{1-27}$$

9. 天然气的压缩系数

天然气等温压缩系数（简称为压缩系数、弹性系数或压缩率）是指，在等温条件下，

天然气随压力变化的体积变化率，其数学表达式为：

$$C_g=-\frac{1}{V}\left(\frac{\partial V}{\partial p}\right)_T=\left[-\frac{p}{ZnRT}\right]\left[\frac{nRT}{p^2}\left(P\frac{\partial Z}{\partial p}-Z\right)\right]=\frac{1}{p}-\frac{1}{Z}\frac{\partial Z}{\partial p} \tag{1-28}$$

这就是 C_g-p 关系式。式中$\frac{\partial Z}{\partial p}$可由相应温度下的 Z-p 图在相应的压力 Z-p 曲线上求出该点的 Z 值和相应的斜率 $\Delta Z/\Delta p$，代入上式即可求出压力 p 下的 C_g 值。

在不同压力下，$\frac{\partial Z}{\partial p}$值很不相同，可为正值，也可为负值。如低压时，压缩系数 Z 随压力的增加而减少，故$\frac{\partial Z}{\partial p}$为负，因而 C_g 比理想气体时大；高压时，Z 随 p 的增加而增加，故$\frac{\partial Z}{\partial p}$为正，因而 C_g 较理想气体小。对于理想气体：

$$C_g=-\left(-\frac{p}{nRT}\right)\left(-\frac{nRT}{p^2}\right)=\frac{1}{p} \tag{1-29}$$

在实际应用中，一般不直接采用方程（1-29）计算 C_g，而表示为拟对比压力和拟对比温度的函数，用（$p_{Pc}p_{Pr}$）代替 p，即：

$$C_g=\frac{1}{p_{Pc}p_{Pr}}-\frac{1}{Z}\left[\frac{\partial Z}{\partial(p_{Pc}p_{Pr})}\right]_{T_{Pr}}$$

用 p_{Pc}乘以上式，得：

$$C_g p_{Pc}=C_{Pr}=\frac{1}{p_{Pc}}-\frac{1}{Z}\left[\frac{\partial Z}{\partial p_{Pr}}\right]_{T_{Pr}} \tag{1-30}$$

C_{Pc}项为等温拟对比压力压缩系数，定义为：

$$C_{Pr}=C_g p_{Pc} \text{或} C_g=C_{Pr}/p_{Pc} \tag{1-31}$$

先计算偏差系数 Z 和 T_{Pr} 等温线上的切线斜率$(\partial Z/\partial p_{Pr})_{T_{Pr}}$，用式(1-30）和式(1-31）可求解 C_g。

10. 天然气的可燃性极限和爆炸极限

1）可燃性极限

可燃物和空气中的氧，化合而放出光、热的现象称为燃烧。天然气燃烧时空气量过多、过少都不好。过少使燃烧不完全而降低了热值，同时生成一氧化碳等有毒气体，对人体产生毒害。空气量过多，使过剩空气被加热而降低了燃烧温度甚至使火焰熄灭。当甲烷在空气中的含量占总体积的5%～15%时，甲烷与空气的混合气体才能稳定燃烧。可燃气体与空气组成的混合物可以稳定燃烧的最低浓度称为可燃性低限；最高浓度称为可燃性高限；低限和高限之间的浓度范围简称可燃性限。

2）爆炸极限

燃烧与爆炸是同一性质的化学反应过程，但在反应强度上，爆炸比燃烧激烈。天然气爆炸是在一瞬间产生高压、高温（2000～3000℃）的燃烧过程，体积突然膨胀，同时发出巨大的声响，爆炸时波速可达2000m/s左右，具有很大的破坏力。

天然气与空气以一定比例组成的混合气体，在封闭的系统中，遇到明火就发生爆炸。

可能发生爆炸的最低浓度称为爆炸低限，最高浓度称为爆炸高限。低限和高限之间的浓度范围，称为爆炸极限，简称爆炸限。

爆炸限与混合气体的压力、温度有关，天然气与空气混合物的压力、温度越高，爆炸限范围越大。下表列出了甲烷在不同压力下的爆炸限（表1-9）。

表1-9 不同压力下甲烷的爆炸极限

压力，1.01×10^2kPa	体积爆炸极限，%
1	5~15
10	5.8~17
50	5.7~29.5
125	5.7~45.4

二、地层水

地层水是和天然气或石油埋藏在一起，具有特殊化学成分的地下水，也称为油气田水。地层水与地面水的区别在于，地层水在地层中长期与岩石和石油接触，因而一般含有相当多的金属岩类。地层水中含盐是地层水有别于地面水的最大特点。在这些金属盐类中，尤其以钾盐、钠盐最多，而钙、镁等碱土金属盐类则较少。

（一）地层水的分类

1. 按地层水在气藏中的位置分类

（1）边水：从气层边缘（顶部和底部）包围着天然气的水称为边水［图1-12(a)］。

（2）底水：从气层底部托着天然气的水称为底水［图1-12(b)］。

（3）夹层水：夹在同一气层层系中薄且分布面积不大的水称为夹层水。含水层位位于气层上部时称为上层水，位于气层下部时称为下层水［图1-12(c)］。

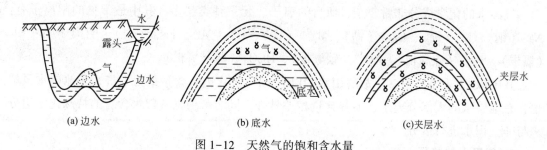

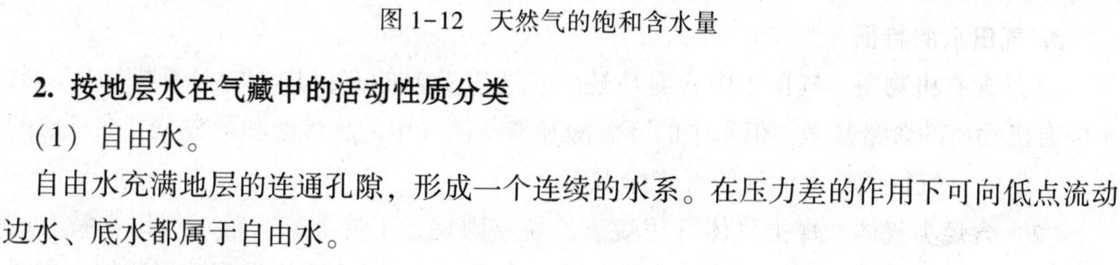

图1-12 天然气的饱和含水量

2. 按地层水在气藏中的活动性质分类

（1）自由水。

自由水充满地层的连通孔隙，形成一个连续的水系。在压力差的作用下可向低点流动的边水、底水都属于自由水。

（2）间隙水。

间隙水是以分散状态储存在地层部分孔隙中难以流动的水。间隙水是地层在沉积过程中就留在地层孔隙中的，当油、气聚集时未被置换出来，吸附在岩石表面。油气藏都有间隙水存在，含量约占孔隙空间的5%~50%。用容积法计算储量时，必须知道间隙水的含量（含水饱和度）。

3. 苏林分类法

苏林分类法将地下水的化学成分与其所处的自然环境条件联系起来，用不同的水型来表示不同的地质环境。苏林分类法是利用水中主要离子的当量比，即 Na^+/Cl^-、$(Na^+-Cl^-)/SO_4^{2-}$、$(Cl^--Na^+)/Mg^{2+}$、SO_4^{2-}/Cl^-的比值来判断水型。将天然水分成硫酸钠水型（Na_2SO_4）、碳酸氢钠水型（$NaHCO_3$）、氯化镁水型（$MgCl_2$）、氯化钙水型（$CaCl_2$）4种。油田水主要为碳酸氢钠（$NaHCO_3$）和氯化钙（$CaCl_2$）型（表1-10）。地面水则多为硫酸钠（Na_2SO_4）型。

表1-10 苏林分类法

$Na^+/Cl^->1$	$(Na^+-Cl^-)/SO_4^{2-}>1$	碳酸氢钠型
$Na^+/Cl^->1$	$(Cl^--Na^+)/Mg^{2+}>1$	氯化钙
$Na^+/Cl^-<1$	$(Na^+-Cl^-)/SO_4^{2-}<1$	硫酸钠型
$Na^+/Cl^-<1$	$(Cl^--Na^+)/Mg^{2+}<1$	氯化镁型

（二）地层水的特征

1. 地层水的物理性质

气田水通常是带色的（视水的成分而定），但颜色一般较暗，呈灰白色；透明度不好，混浊不清（特别是刚从气井中出来的水）；由于溶解的盐类多，矿化度高，一般在10g/L；黏度高，通常溶解盐分越多，黏度也越高；相对密度一般大于纯水（地面水）；具有特殊气味，如硫化氢味、汽油味等，一般具有咸味；具有一定的温度，并随含水层埋藏深度增加而增加；导电性强。

2. 地层水的化学性质

气田水的化学成分非常复杂，所含的离子、元素种类甚多，其中最常见的阳离子有：Na^+（钠）、K^+（钾）、Ca^{2+}（钙）、Mg^{2+}（镁）、H^+（氢）、Fe^{2+}（铁）。阴离子有：Cl^-（氯根）、SO_4^{2-}（硫酸根）、CO_3^{2-}（碳酸根）、HCO_3^-（碳酸氢根）。

其中以Cl^-和Na^+最多，故气田水中以NaCl（氢化钠）含量最为丰富。非地层水虽然也含有地层水的大部分离子，但其含量相差悬殊。同时可根据气田水含有的特殊化学组分来与非气田水进行区分。

3. 气田水的特征

（1）含有机物质。气田水中含有环烷酸、酚以及氮的有机化合物等有机物质。虽然水中有机物质的含量甚微，但水中的环烷酸和酚与油气中的环烷酸和酚有关。在一定的条件下水中的有机物质是含油气的直接标志。

（2）含烃类气体。煤类气体（甲烷、乙烷、丙烷、丁烷等）为油、气田水特有的气体成分。这些气体从石油和天然气中直接进入地下水中，若在水中发现重烃气体，则是含油的直接标志。非油、气田水则几乎不含乙烷以上的重烃类气体。

（3）含微量元素。微量元素碘（I）、溴（Br）、硼（B）、锶（Sr）、钡（Be）、锂

（Li）等在油、气田水中富集，且其含量往往随水的矿化度增加而增加，一般埋藏愈深，封闭性好，也愈富集，可作为油、气藏保存的有利地质环境的间接标志。同时因为碘元素主要是有机生成，所以碘可作为含油性的良好标志。

（4）含硫化氢（H_2S）及氦（He）、氩（Ar）等气体。硫化氢易溶解于水，因此油、气田水中常含有硫化氢，其含量不定。硫化氢是还原环境下的产物。除硫化氢外，油、气田水中有时还含有氦、氩等稀有气体，含量甚少，通常不超过水中总溶解气体的1%，可作为封闭环境的标志。

根据以上特征，特别是含有有机物质、烃类气体，就可以区别气田水与非气田水。

为了表示水中所含盐类的多少，把水中各种离子、分子和各种化合物的总含量称为水的矿化度。在实际工作中，常以测定氯化物或氯根（Cl^-）的含量即含盐量代表水的矿化度，单位为mg/L。地层水（气层水）包括边水、底水、层间（夹层）水的氯根（Cl^-）含量高（可高达数万mg/L）。

4. 气井产非地层水的类别

气田在开采中，从气井内产出的水，除气层水外，还有非气层水，非气层水主要有以下几类：

（1）凝析水：在生产过程中由于温度降低，天然气中的水气组分凝析成的液态水。氯根含量低（一般低于1000mg/L），同时杂质少。

（2）钻井液：钻井过程中钻井液渗入井筒附近岩石缝隙中，天然气开采时，随气体被带至地面。此水呈浑浊、黏稠状，氯根含量不高，固体杂质多。

（3）残酸水：气井经酸化措施后，未喷净的残酸水滞留在井底周围岩石缝隙中，气井生产时被天然气带至地面。此水有酸味，pH值小于7，氯根含量不高。

（4）外来水：气层以外来到井筒的水，包括上层水和下层水。因其来源不同，所以水型不一致。水的特征，视来源而定。

（5）地面水：某些井下作业把地面上的水泵引入井筒，导致部分水渗入气井产层周围，随着气井生产被天然气带出地面。特点为pH值约为7，氯根含量低，一般低于100mg/L。

由以上情况说明，了解了地层水的特点，就能在气井出水时判断水的性质，为采取措施维持气井正常生产提供依据。

5. 川东地区石炭系地层水的特征

根据川东地区石炭系地层水分析资料，川东石炭系特征如下：

（1）总矿化度变化大，一般为20~220g/L。

（2）按苏林分类法，其水型以$CaCl_2$为主，仅有极少数区域呈Na_2SO_4和$MgCl_2$型地层水。

（3）地层水组分以Na^+、Cl^-为主，其次为K^+、Ca^{2+}、Mg^{2+}、SO_4^{2-}、HCO_3^-，部分区域的地层水亦含有一定量的I^-、Br^-、B等微量元素。

（4）pH值一般约为6.5，呈弱酸性。

三、气水界面及确定方法

一般的气藏都是一个地质单元（如背斜构造）的一部分，在所处的圈闭内，气、水通常是按相对密度分布：气在上部、水在下部。

天然气藏气水界面是指天然气藏中，在垂直方向上气与水的分界面。实际上气藏中并不存在气水截然分开的界面，而是有一个气水饱和度渐变的过渡带。因此。需要依据气藏的不同地质和工业开采条件，在过渡带中选择一个合理的位置作为气水界面。

天然气藏气水界面确定方法按原理可以分为直接测定含水饱和度的方法、利用毛管压力确定的方法、利用气水物性差异划分的方法、利用气水压力梯度差异确定的方法和利用气水层压力变化差异分析方法等。下面介绍几种常用的确定气水界面方法。

（一）直接测定含水饱和度的方法

需要一口气水边界井的资料，或者几口属同一压力系统的气、水井资料。

1. 含水饱和度随海拔深度变化关系曲线法

从气层向水层过渡时，含水饱和度 S_w 会逐渐增加。在 S_w-H 的关系曲线中，给定 S_w 下限值（通常取值为 50%），则可划分出相应的气水界面位置，如图 1-13 所示。

2. 气、水井的平均含水饱和度与海拔深度关系曲线法

各气井平均含水饱和度回归的 S_w-H 曲线与各水井平均含水饱和度回归的 S_w-H 曲线的相交处海拔，即为气水界面位置，如图 1-14 所示。

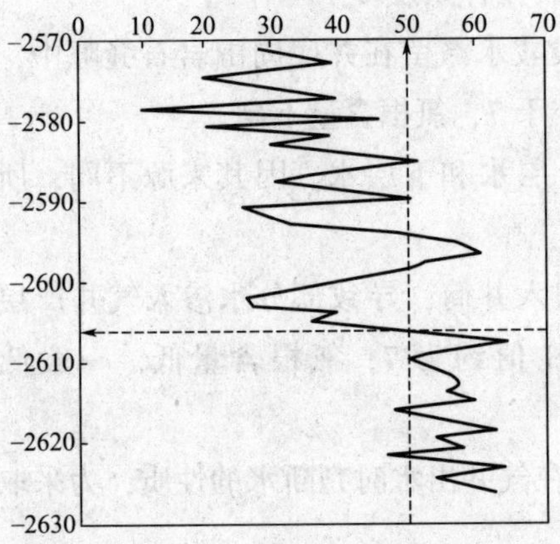

图 1-13　S_w-H 关系曲线

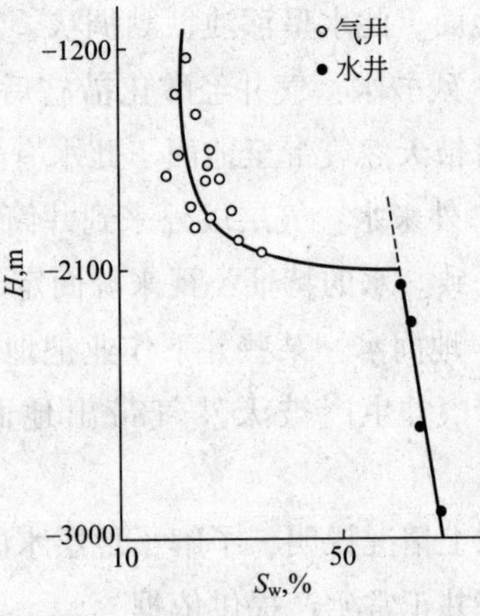

图 1-14　气、水井平均含水饱和度与海拔深度关系曲线

3. 试油或生产测井资料确定法

通过试油或生产测井确定气藏中各井最低的一个气层底界和最高的一个水层顶界海拔，并标在按井依次排列的剖面图上，在气底与水顶之间划分气水界面，如图1-15 所示。

（二）利用气水物性差异划分法

需要同一口井或者同一气藏不同井的气水物性资料。

1. 岩心含盐量随海拔深度变化曲线法

按《岩石氯盐含量测定方法》（SY/T 5503—2009）的规定取系列新鲜岩心块作 Cl^- 含

量-H 关系曲线，在 Cl^- 含量明显增大处的海拔即为气水界面位置。如图 1-16 所示。

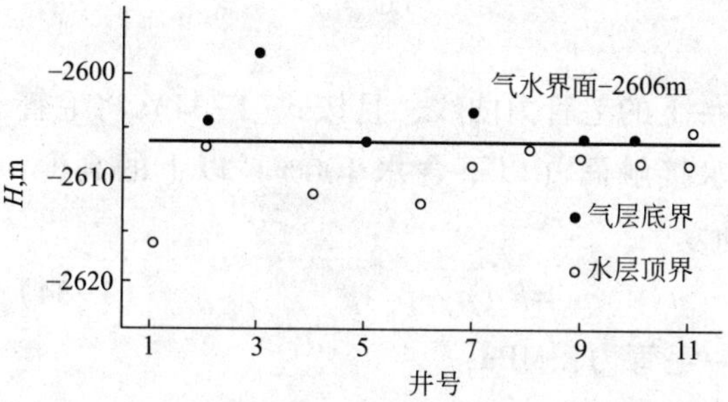

图 1-15　气水界面划分图

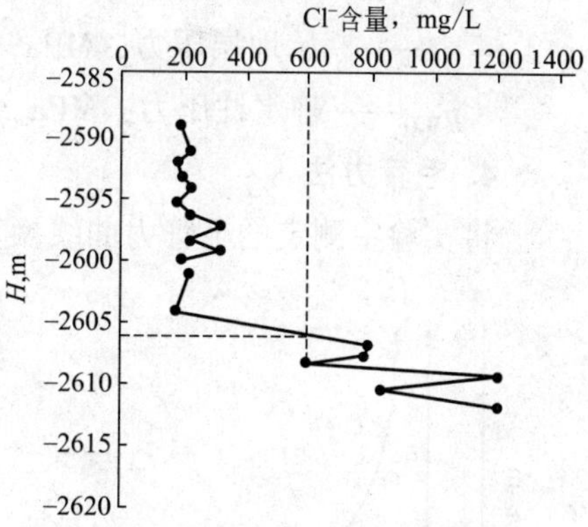

图 1-16　含盐量与深度关系曲线

2. 气、水井电阻率与海拔深度关系曲线法

（1）分别作出气、水井深、浅双侧向电阻率的比值（LLD/LLS）与对应海拔深度的关系曲线，交点处海拔即为气水界面位置，如图 1-17 所示。

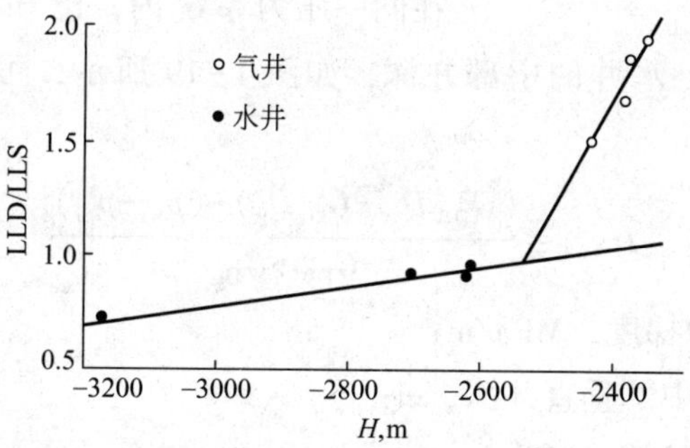

图 1-17　深、浅双侧向电阻率比值与海拔深度关系图

（2）对砂岩气藏直接用电阻率划分气水界面位置。当钻井液电阻率大于地层水电阻率时，深侧向电阻率小于浅侧向电阻率，即负幅度差为水；反之，正幅度差为气。气水界面位于正、负变化之间。

3. 原始地层压力和地层流体密度计算法

利用气井已获得的原始地层压力和地层流体密度资料，可按式(1-32) 计算气水界面：

$$D_{GWC}=D_g\left[1+\frac{(\eta_g-1)\rho_w}{\rho_w-\rho_g}\right] \tag{1-32}$$

$$\eta_g=\frac{p_i}{p_{WD}} \tag{1-33}$$

式中　D_{GWC}——气水界面垂直井深，m；

D_g——产层井段中部垂直井深，m；

η_g——气层压力系数；

ρ_g——地层天然气密度，g/cm^3；

ρ_w——地层水密度，g/cm^3；

p_i——原始地层压力，MPa；

p_{WD}——静水柱压力，MPa。

4. 毛管力法

将实验室测定的毛管力曲线换算为气藏条件下的毛管力曲线，且按式(1-34) 将毛管力折算为气水接触面（以下含水 100%）以上的高度，如图 1-18 所示。

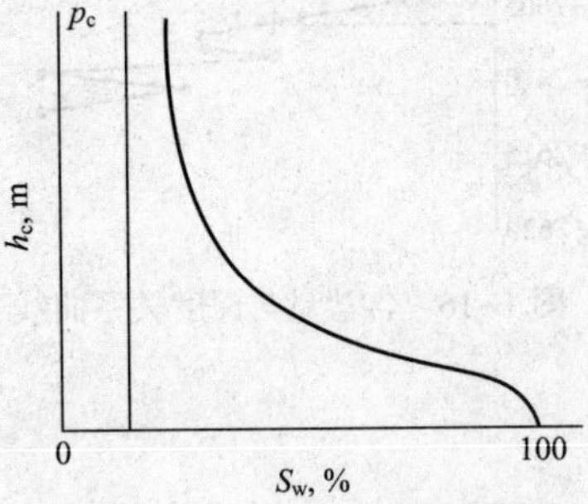

图 1-18　毛管力曲线图

$$p_c = h_c(\rho_w - \rho_g)g \tag{1-34}$$

式中　p_c——毛管力，MPa；

h_c——毛管作用上升高度，m。

（三）气水压力梯度法

需要在同一压力系统内至少有具有代表性的气井和水井各一口，并获得原始地层压力和压力梯度的数据。

1. 气水层压力交汇法

在同一压力系统内，已知气、水层的原始地层压力、压力梯度和对应气、水井的中部井深，如图 1-19 所示，可按式(1-35) 计算气水界面：

$$D_{GWC} = \frac{(G_{DW}D_W - G_{Dg}D_g) - (p_{wi} - p_{gi})}{G_{DW} - G_{Dg}} \tag{1-35}$$

式中　G_{DW}——水层压力梯度，MPa/m；

D_W——产水井段中部垂直井深，m；

G_{Dg}——气层压力梯度，MPa/m；

p_{wi}——产水井段中部原始地层压力，MPa；

p_{gi}——产气井段中部原始地层压力，MPa。

若取得流体密度资料时，也可将式(1-35) 改写为：

$$D_{GWC} = \frac{(\rho_w D_W - \rho_g D_g) - 100(p_{wi} - p_{gi})}{\rho_w - \rho_g} \tag{1-36}$$

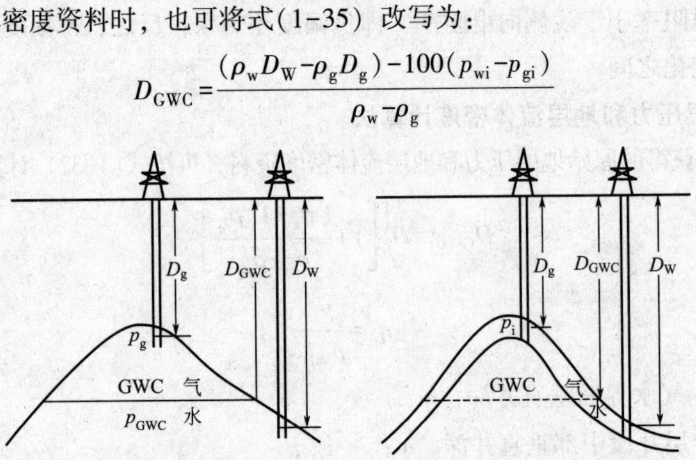

图 1-19　边、底水气藏示意图

2. 压力交汇法

在区域构造带内同一产气层位中，属同一系统的水井原始地层压力随海拔深度变化的趋势为一直线，其与这个区域中某个圈闭同一层位气井原始压力随海拔深度变化的直线相交，交点对应海拔即为这个圈闭该层位气水界面位置，如图 1-20 所示。

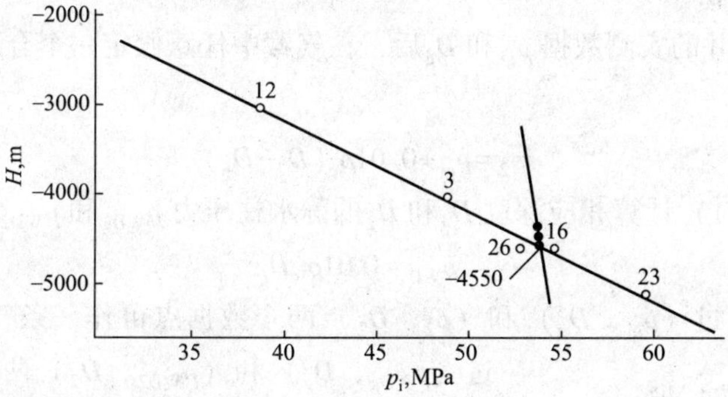

图 1-20　气、水井压力交汇图

3. 气层压力系数计算法

在气藏气水界面处，气层压力与水层压力相等，以气层表示的气水界面处的压力为：

$$p_{GWC}=p_g+0.01\rho_g(H_g-H_{GWC}) \tag{1-37}$$

式中　p_{GWC}——气水界面处压力，MPa；

H_g——产层井段中部海拔深度，m；

H_{GWC}——气水界面海拔深度，m。

以水层表示的气水界面处的压力为：

$$p_{GWC}=0.01\rho_w(D_g+H_g-H_{GWC})\eta_b \tag{1-38}$$

式中　η_b——拟压力系数。

从而可得：

$$H_{GWC}=H_g-D_g\frac{\rho_w(\eta_g-\eta_b)}{\rho_w\eta_b-\rho_g} \tag{1-39}$$

式(1-39) 的关键是需要知道气水界面处的拟压力系数 η_b。对于某个区域某个产层，可以用已经获得的气水界面处的 η_b 作这个区域这个产层的 η_b 等值线图，以后便可从该图上查出 η_b。

(四) 其他方法

1. 统计法

对于一个地区某个产层，将已知气藏气水界面位置按 $H_{GWC}-H_{GWC}(p_0/p_{GWC})$ 关系可建立一个线性迭代方程：

$$H_{GWC}^{(k+1)}=A+B\left(\frac{p_0}{p_{GWC}}\right)H_{GWC}^{(k)} \tag{1-40}$$

$$k=1,2,3,\cdots$$

式中　p_0——气层折算至海平面上的压力，MPa。

A、B 值为已知，为该产层在地区的统计平均值。

已知一个新气藏一口气井的井深、压力等有关资料后，即可按式(1-40) 反复迭代求得气水界面海拔深度。

2. 一点测试图法

在取得一口气井的实测数据 p_{gi} 和 D_g 后，在气藏中任意假定一个合适深度 D_2，并计算相应的地层压力：

$$p_2 = p_{gi} + 0.01\rho_g(D_2 - D_g) \tag{1-41}$$

同时用式(1-41) 计算相应深度 D_g 和 D_2 的静水柱压力 p_{WDg} 和 p_{WD2}：

$$p_{WD} = 0.01\rho_w D \tag{1-42}$$

在 p-D 图上，过（p_{gi}，D_g）和（p_2，D_2）两个数据点可作一条气层压力梯度直线，过（p_{WDg}，D_g）和（p_{WD2}，D_2）两个数据点可作一条地层静水压力梯度直线，由于气、水密度不同，两条压力梯度直线必然有一个交点，即为气水界面位置，如图 1-21 所示。

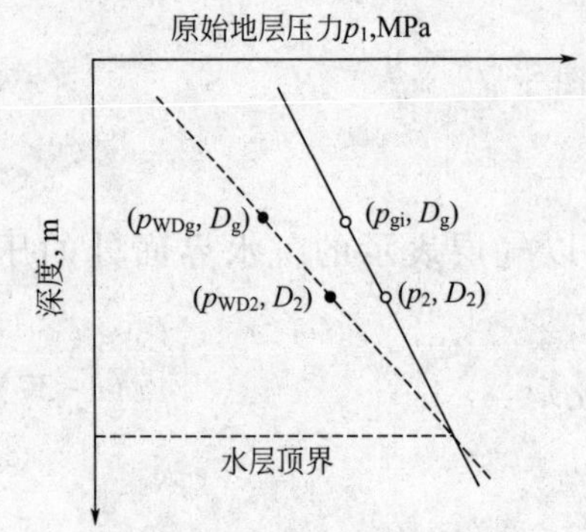

图 1-21　一点测试求解图

3. 地展“平点”反射推测法

在气水界面处，由两种流体密度引起波阻抗差异，形成强烈的反射界面。在时间剖面上反映为水平同相轴、因此“平点”反映了地下波阻抗较大的水平界面。经邻近井点的时深转换。读出“平点”对应的海拔，即为气水界面海拔。

4. 孔隙度、含水饱和度关系图法

气层的 ϕ-S_w 之间存在双曲线关系。水层的 ϕ-S_w 之间则无规律可循，如图 1-22 所示。取气井不同深度的物性资料作 ϕ-S_w 图，寻找偏离双曲线规律的位置，其对应的海拔深度即为气水界面位置。

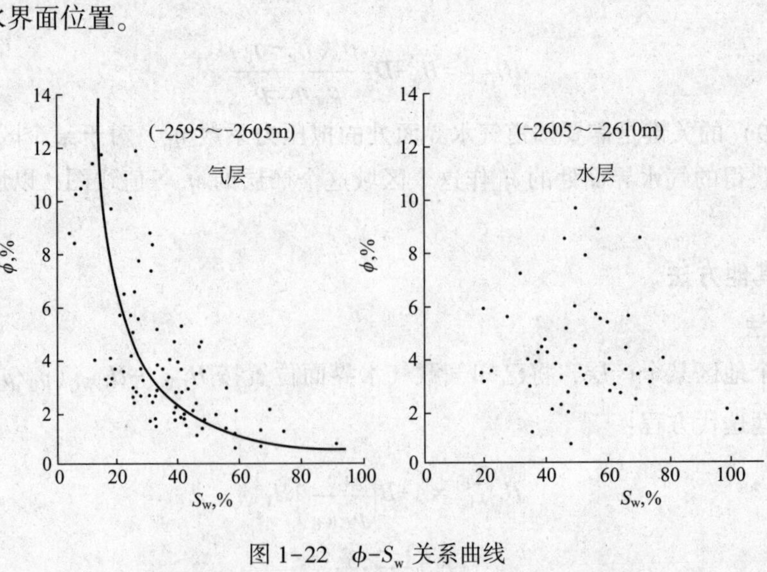

图 1-22　ϕ-S_w 关系曲线

（五）天然气藏气水界面的综合评价与确定

对于同一气藏，并非所有方法都一定适用，但一般可采用两种以上的不同类的方法比较结果，综合分析，最终确定气水界面。

1. 综合评价原则

（1）对于同一气藏采用不同的方法确定的气水界面位置，正确的情况下气水界面位置应该是一致的。

（2）分析不同方法的结果时，应以可靠度及精度高的基础资料为主，以实测气水分布资料作为重要的参考。

（3）确定的气水界面位置，要符合气藏地质条件。

（4）在确定气水界面时，须考虑气藏形成工业开采的可行性。

2. 综合评价方法

（1）分析气藏地质条件，确定使用方法的适应性

（2）分析基础资料来源，确定所获结果的可靠性。

（3）分析使用方法的应用条件，确定不同结果的一致性。

（4）分析气藏开采的技术、经济条件，评价结果的合理性。

3. 气水界面的最终确定

经过综合评价，以地质上合理，技术，经济上可行，计算结果可靠的作为最终结果。

四、凝析油

气井在开采中有时也产出原油和凝析油。

（一）原油

在地下构造中以及常温常压下均呈液态、且以烃类化合物为主的可燃液体称为石油，加工提炼前称为原油。原油的颜色较深，有黄色、棕黄色、棕褐色、黑褐色、黑绿色等。石油一般比水轻，相对密度为 0.75~1.0。

（二）凝析油

在地下构造中呈气态，开采时因温降、压降，凝结为液态而从天然气中分离出来的轻质石油，称为凝析油。在常温常压下凝析油中 $C_5 \sim C_{16}$ 的烷烃为液态。凝析油是一种特殊的石油，性质介于天然气和石油之间，主要成分为 $C_5 \sim C_{10}$ 的烷烃。凝析油的相对密度比原油小，一般约为 0.75g/cm^3。凝析油的燃点比原油低易引起火灾。

第六节　地层温度与地层压力

一、地层温度

温度是表征物体冷热程度的物理量。地层温度是气井非常重要的一个物理量，是确保气井、气藏正确分析的重要依据。

（一）地层温度的概念

地层温度是指气层中部流体的温度。在同一地区，地层温度与气层的埋藏深度有关，埋藏愈深，温度愈高。

（二）地层温度的获取

在采气现场获得地层温度的方法有实测法和计算法。

1. 实测法

实测法即气井关井到压力稳定后，下入井下温度计到地层中部，测量地层的温度。目前使用较多的井下温度测量仪表有膨胀式温度计和弹簧管式温度计。膨胀式温度计又分液体膨胀式和固体膨胀式。液体式膨胀温度计是一种水银温度计，其结构和体温表相似。固体膨胀式温度计是利用不同金属在不同的温度下膨胀系数不同的原理，制成以双金属片作为感温元件的连续记录式温度计，如国产的 SW—150 温度计等。目前在气田使用的主要有 CY-614、RT 等型号。此外一般电子式压力计都兼有通过电气原理实现温度测量的功能。

2. 计算法

计算法即通过计算求得地层温度。计算公式为：

$$T_1=T_0+\frac{L-L_0}{M}\approx T_0+\frac{L}{M} \tag{1-43}$$

式中 T_1——地层温度，℃；

T_0——井口常年平均气温，℃；

L_0——恒温层的深度，m；

L——地层的深度，m；

M——地温级率，m/℃。

（1）恒温层的深度 L_0：距离地面某一深度开始，不受大气温度的影响，这一深度称为恒温层的深度。一般 L_0 仅为几米，当井深 L 远远大于 L_0 时，L_0 可忽略不计。

（2）地温级率 M：地层温度每增加 1℃ 要向下加深的距离，即：

$$M=\frac{L-L_0}{T_L-T_0}\approx\frac{L}{T-T_0} \tag{1-44}$$

由于地球热力场的不均，因而地温级率 M 在不同的地区是不相同的，对于某一地区而言，M 为常数，例如老君庙油田第三系地温级率为 28m/℃；四川川南气田二、三叠系地温级率为 41.5m/℃；渝东地区相国寺石炭系地温级率为 40m/℃。

（3）地层温度 T_L：地层温度随着地层深度不同而改变，因此，在计算地层温度时，应指明某一深度的地层温度。

（4）井口常年平均气温 T_0：当所测的气井井口与当地气象站相对高差不大时，可用当地气象站所测得的常年平均气温代替井口常年平均气温。若气井井口位置与当地气象站海拔高度相差较大时，必须采用下式计算：

$$T_0=T_{xi}+M_{da}\Delta h \tag{1-45}$$

式中 T_{xi}——大气常年平均气温，℃；

M_{da}——大气温度级率，m/℃；

Δh——井口与气象站海拔高差，m。

（三）井筒平均温度

$$T_{平均}=\frac{L}{2M} \tag{1-46}$$

二、地层压力

对气井而言，通常可根据气井不同位置压力的变化情况分析气井生产状况。

（一）地层压力的概念

地层中流体所承受的压力称为地层压力。地层压力是地层能量的反映，是推动流体从地层中流向井筒的动力。地层未开发前，地层中部压力处于平衡状态，气体不流动，一旦气井投入开发生产，地层压力就失去了平衡，井底压力低于地层压力，井底附近的地层压力低于离井底距离较远处的地层压力。由于这种压力差的形成，使得天然气从地层流入井筒，再沿井筒流到地面。

1. 原始地层压力

气藏未开发前的气藏压力称为原始地层压力，即当第一口气井完钻，关井稳定后测得的井底压力，表示气藏开采前地层所具有的能量。原始地层压力越高，地层能量也越大，在气藏含气面积、储集空间一定的情况下，原始地层压力越高，储量越大。

原始地层压力的大小，与其埋藏深度有关，根据世界上若干油气田统计资料表明，多数的油、气藏埋藏深度平均每增加 10m，其压力增加 0.7~1.2 个大气压。如果压力增幅低于 0.7 或高于 1.2 大气压，这种现象称为压力异常。压力增加值不足 0.7 大气压者，称为低压异常；压力增加值大于 1.2 大气压者，称为高压异常。

2. 目前地层压力

地层投入开发以后，在某一时间关井，待压力恢复平稳后，所获得的井底压力，称为该时期的目前地层压力，又称为井底静压力。地层压力的下降速度，反映了地层能量的变化情况，在同一气量开采下，地层压力下降得慢，则地层能量大；地层压力下降得快，则地层能量小。

3. 井底压力

井底压力是指气井产层中部的压力。

4. 流动压力

气井在生产时测得的井底压力称为流动压力，是流体从地层流入井底后剩余的能量，同时也是流体从井底流向井口的动力。

（二）井底压力的获得方法

井底压力的获得方法有实测法和计算法。

1. 实测法

井下压力计是可下到井底直接测量井底压力的仪器，通常兼有温度测量功能。井下压力计分机械式和电子式，目前普遍采用的机械式井下压力计为弹簧管式，进口产品有RPG、KPG、DPG-125等种类；国产产品有CY613-A型、CY-613B、JY-721等种类。机械式仪器的感压元件是多圈弹簧管，弹簧管下部与仪器本体固定，接头下部与波纹管或多圈毛细管相连接，弹簧管及波纹管（毛细管）构成一个系统，内部充满液态油，上端与记录笔固定。当井下压力计下入井下后，井下压力作用于波纹管（或毛细管）端部，传递给弹簧管，在弹簧管端部产生旋转位移，并带动记录笔在卡片上划出压力轨迹。卡片筒在时钟机构驱动下向下移动，使记录笔在卡片筒内绘出时间坐标，从而在卡片上记录表征压力和时间的关系曲线，测试结束后，将卡片上的曲线换算成真实的压力随时间变化的关系曲线，或计算某一点的压力。

电子井下压力计的种类较多，根据下入方式不同，可分为地面直读式电子压力计和存储式电子压力计，地面直读式电子压力计采用电缆下入井内，存储式电子压力计采用钢丝下入井内。

地面直读式电子压力计有：EPG、HP2811-B、PENEX、TPG、JGZ-1及振动旋式电子压力计等型号。地面直读式电子压力计的一次仪表是各式电子传感器，如应变式、电压式、电容式、振旋式等，此类仪表的基本原理为：下入井内的一次仪表（压力传感器）将压力信号转变为电信号，经电缆将信号传递至地面的二次仪表（信号处理器），再由二次仪表将电信号转变为压力信号，并实施显示、自动记录和存储。

井下储存式电子压力计有EMR-502、EMS-700、PANEX-142、PANEX-1550、SSDP等型号，其一次仪表的结构和原理与地面直读式完全相同。不同之处在于，仪器内部设有一个存储器，一次仪表记录的电信号直接保存在存储器内部，仪器起出地面后，信号再经计算机转换处理。仪器的采样方式在地面上事先由计算机编程设定，仪器电源采用耐高温的高性能电池供电。此类仪器具有精度高，井下工作时间长，作业成本低的优点。

井下压力计直接测量的井底压力比较可靠，但是由于有些气井的天然气含硫化氢高或压力特别高，或者有的气井因钻井过程中的某些原因，造成不能下井下压力计时，可采用计算法计算井底压力。

2. 计算法

井底压力的计算方法有静气柱和动气柱两种。静气柱又有两种情况，一是油、套管阀均关闭，井筒内气体不流动，油、套管内气柱都是静气柱，用油管压或套管压力计算均可。二是油管处于生产状态，套管阀关闭，此时油管内的气柱为动气柱，套管内为静气柱，此时用静气柱计算，只能取套管压力。油、套管同时生产或未下油管生产时，井筒无静气柱，则只能按动气柱计算。计算方法见第三章。

第七节　气藏的定义与分类

一、气藏的概念

油、气在运移过程中受到某一遮挡物的阻止而停止运移，并聚集起来。储集层中这种遮挡物存在的地段就称为圈闭。圈闭是储集层的一部分，是能够富集油、气的天然容器，一旦有足够数量的油、气进入其中就可以形成油、气藏。在同一圈闭内具有同一压力系统的油气聚集称为油、气藏。在圈闭内只有天然气的聚集时称为气藏，只有石油聚集时称为油藏。若油、气聚集的数量具有开采价值时称为工业性油、气藏；若油、气聚集的数量无开采价值则称为非工业性油、气藏。

一个气藏可能包括一个气层或几个气层，同时一个气层也可由断层、岩性变化分割为一个气藏或多个气藏。一个气藏可以包含一个或多个裂缝系统（或孔隙系统、洞穴系统）。因此，裂缝系统实际上是次一级气藏名称，其定义为一个独立的水动力系统储渗空间。

一般的气藏都是一个地质单元（如背斜构造）的一部分，在所处的圈闭内，气、水常常是按相对密度分布：气在上部、水在下部。为了说明气藏中气、水分布特征，常采用以下几个概念（图1-23）。

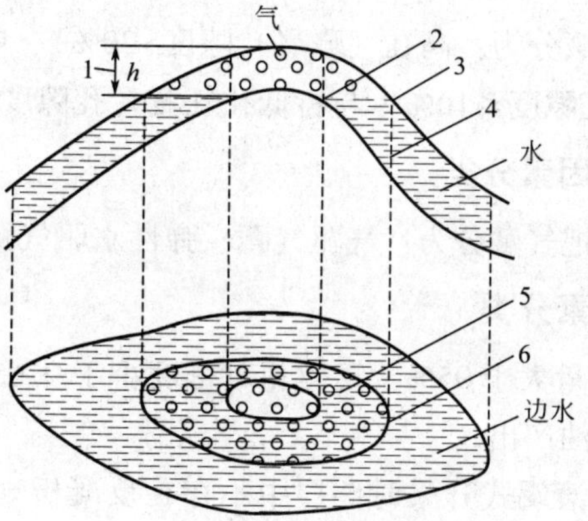

图1-23　气藏示意图

1—含气高度（h）；2—含气内边界；3—气外边界；4—边水；5—底水；6—含气面积

（1）含气高度（气藏高度）：气水接触面与气藏顶部最高点的高差。

（2）含气内边界（含水边界）：气水界面与储层底面的交线。

（3）含气外边界（含气边界）：气水界面与储层顶面的交线。

（4）含气面积：气水界面与气藏顶面的交线所圈闭的面积，也就是含气外边界圈闭的构造面积。

二、气藏分类

气藏可以按气藏的地质特征（构造、储层、岩性、储渗通道、驱动方式、边底水等）和天然气的特征进行分类。

（一）按圈闭成因分类

根据气藏的圈闭成因（气藏受构造控制情况）可把气藏分为：

（1）构造气藏：包括背斜气藏、断层遮挡气藏；

（2）岩性气藏：包括岩性封闭气藏、生物礁气藏、透镜体气藏；

(3) 地层气藏：包括不整合气藏、古潜山气藏；

(4) 裂缝气藏：包括多裂缝系统气藏、单裂缝系统气藏。

(二) 按储层岩石类型分类

按储层岩石类型可把气藏分为：碎屑岩气藏、碳酸盐岩气藏、泥页岩气藏、火成岩气藏、变质岩气藏与煤层甲烷气藏。

(三) 按储渗通道结构分类

按储渗通道结构可把气藏分为：孔隙型气藏、裂缝—孔隙型气藏、裂缝—孔洞型气藏、孔隙—裂缝型气藏与裂缝型气藏。

(四) 按渗透性能分类

按渗透性能的特点可把气藏分为：高渗透气藏（有效渗透率>50mD）、中渗透气藏（5mD<有效渗透率≤50mD）、低渗透气藏（0.1mD<有效渗透率≤5mD）与致密气藏（有效渗透率≤0.1mD）。

按孔隙度特点可把气藏分为：高孔气藏（孔隙度>20%）、中孔气藏（10%<孔隙度≤20%）、低孔气藏（5%<孔隙度≤10%）与特低孔气藏（孔隙度≤5%）。

(五) 按气藏的驱动因素分类

按气藏的驱动方式可把气藏分为：气驱气藏、弹性水驱气藏与刚性水驱气藏。

(六) 按气藏相态因素分类

(1) 干气藏。甲烷含量大于95%，气体相对密度小于0.65，开采过程中地下储层内和地面分离器中均无凝析油产出。

(2) 湿气藏。在气藏衰竭式开采时储层中不存在反凝析现象，其流体在地下始终为气态，地面分离器内可有凝析油析出，但含量较低，一般小于$50g/m^3$。

(3) 凝析气藏。在初始储层条件下流体呈气态，储层温度处于压力–温度相图的临界温度和最大凝析温度之间。在衰竭式开采时储层存在反凝析现象，地面有凝析油产出。

(4) 水溶性气藏。烃类气体在地层条件下溶解于地层水中，形成具有工业开采价值的气藏。

(5) 水合物气藏。烃类气体与水在储层条件下呈固态存在，具有工业开采价值的气藏。

(七) 按天然气组分因素分类

按天然气含硫化氢情况可把气藏分为：微含硫气藏［H_2S（质量浓度）$<0.02g/m^3$］、低含硫气藏［$0.02g/m^3\leq H_2S$（质量浓度）$<5.0g/m^3$］、中含硫气藏［$5.0g/m^3\leq H_2S$（质量浓度）$<30.0g/m^3$］、高含硫气藏［$30.0g/m^3\leq H_2S$（质量浓度）$<150.0g/m^3$］、特高含硫气藏［$150.0g/m^3\leq H_2S$（质量浓度）$<770.0g/m^3$］与硫化氢气藏［H_2S（质量浓度）$\geq 770g/m^3$］。

按天然气中CO_2（体积分数）情况可把气藏分为：微含CO_2气藏［CO_2（体积分数）$<0.01\%$］、低含CO_2气藏［$0.01\%\leq CO_2$（体积分数）$<2.0\%$］、中含CO_2气藏［$2.0\%\leq$

CO_2（体积分数）<10.0%］、高含CO_2气藏［10.0%≤CO_2（体积分数）<50.0%］、特高含CO_2气藏［50.0%≤CO_2（体积分数）<70.0%］与CO_2气藏［CO_2（体积分数）≥70.0%］。

按天然气中N_2（体积分数）情况可把气藏分为：微含N_2气藏［N_2（体积分数）<2.0%］、低含N_2气藏［2.0%≤N_2（体积分数）<5.0%］、中含N_2气藏［5.0%≤N_2（体积分数）<10.0%］、高含N_2气藏［10.0%≤N_2（体积分数）<50.0%］、特高含N_2气藏［50.0%≤N_2（体积分数）<70.0%］与N_2气藏［N_2（体积分数）≥70.0%］。

（八）按气藏地层压力系数分类

按气藏地层压力系数可把气藏分为：低压气藏（地层压力系数<0.9）、常压气藏（0.9≤地层压力系数<1.3）、高压气藏（1.3≤地层压力系数<1.8）与特高压气藏（地层压力系数≥1.8）。

（九）按气藏埋藏深度分类

按气藏埋藏深度可把气藏分为：浅层气藏（气藏中部埋藏深度<500m）、中浅层气藏（500m≤气藏中部埋藏深度<2000m）、中深层气藏（2000m≤气藏中部埋藏深度<3500m）、深层气藏（3500m≤气藏中部埋藏深度<4500m）与超深层气藏（气藏中部埋藏深度≥4500m）。

在自然界中聚集烃类的圈闭各种各样，因此，气藏的类型也各种各样，除按上述方式对气藏进行分类外，还可按储层的形态将气藏分为层状、块状和不规则状气藏；按圈闭的封闭性将气藏分为封闭型、半封闭型和不封闭型气藏；按成因又可将气藏划分为构造圈闭、地层圈闭和复合圈闭气藏；按圈闭的可容性（储集条件）和聚集性将气藏划分为工业型聚集圈闭和非工业型聚集圈闭气藏等。所以气藏类型的划分与圈闭类型有密切关系，圈闭类型往往是气藏分类的主要依据。

气藏的类型不同，开发方式、地面流程、工艺制度等都不同。天然气的相对密度小、黏度低，具有比石油更大的流动性。因此，气藏和油藏在开采方法上有区别，决不可互相混淆。

习　题

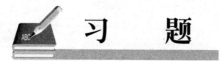

1. 什么是构造？
2. 气藏圈闭可以分为哪几类？
3. 什么是地层和地层层序律？
4. 简述沉积相的定义与分类。
5. 什么是岩石？
6. 简述岩石分类。
7. 什么是储层？

8. 简述储层分类。

9. 简述天然气分类。

10. 简述地层水分类及地层水特征。

11. 地温级率及地温梯度定义。

12. 什么是气藏？

13. 简述气藏分类。

第二章 气藏渗流基础理论

第一节 油气渗流的基本概念

一、多孔介质

简洁概括什么是多孔介质通常比较困难。以下给出其描述性地定义，可结合多孔介质的特征加以理解。

多孔介质定义：含有大量空隙的固体材料。具体描述为：（1）多孔介质为多相物质所占据的一部分空间——固体部分称为固体骨架，其余称为孔隙空间；（2）孔隙内可以是单相气体或液体，也可以是多相流体，至少某些孔隙空间构成相互连通的通道。（3）固体骨架、孔隙和通道应当遍及整个多孔介质所定义的空间。

多孔介质一般性质：多孔介质具有储容性，能够储集和容纳流体；具有渗透性，允许流体在孔隙中流动；具有润湿性，岩石孔隙表面与流体接触中所表现的亲和性；具有大比表面，单位体积岩石孔隙的总内表面积大；具有非均质性，平面上和纵向上物理性质差异明显，孔隙结构狭窄而复杂。

多孔介质非均质特性：如果多孔介质的渗流力学性质（如储容性）与位置相关，即某点的性质明显与另外点不同，则称为非均匀介质，如果多孔介质的渗流力学性质与方向相关，即某方向的性质明显与另外方向不同，则称为各向异性介质。由此可将多孔介质简单分为：非均匀介质、均匀各向同性介质和均匀各向异性介质。

二、连续介质场

流体和介质的各种宏观性质是根据对大量分子行为的平均来定义的。显然，这些平均过程必须针对许多分子进行，否则没有意义。就密度定义来讨论，究竟需要多大的体积？体积中应该包含多少分子呢？这其实取决于现有研究条件下的研究水平。渗流问题的理论研究实际上在宏观水平的流体和多孔介质基础上进行的。

本节的连续介质场包含连续流体和连续多孔介质两个部分。

（一）连续流体

流体是由大量分子所组成的集合体，分子之间互相碰撞，同时又与所处容积壁发生碰撞。由于研究尺寸范围内分子的数目大，若以个别分子为对象来研究，方程数目巨大，无法进行计算，同时也无法用一般的观察手段来测定每个分子原始位置和力矩。

由此需要引进另外一种方法来研究流体的性质及其运动规律。把流体处理成连续介质，不以个别分子为对象，而以很多分子组成的“系统”作为研究对象，本质上，流体中的质点看成是在一种很小体积中包含着很多分子的集合体。在流体占据的整个区域内的任何点上，都有一个具有一定动力学性质和能量性质的质点。连续流体是一种假象平滑的介质，流体的每一点可以用连续方程来定义。

（二）连续多孔介质

连续介质的概念是质点（或称无力点）的典型体积上表现出来的平均性质。因此，描述连续多孔介质的任务就是围绕如何去定义多孔介质中一点的典型单元体积的尺寸。这个体积必须比整个流动区域小很多，同时又必须必单个孔隙体积大。对多孔介质进行数学描述的基础物理量是孔隙度，即岩块中孔隙体积占岩块总体积的分数。定义多孔介质中某一点的孔隙度首先必须选取体积，这个体积不能太小，应当包括足够的有效孔隙数，又不能太大，以便能够代表介质的局部性质。

孔隙度是标量，有线孔隙度、面孔隙度和体孔隙度之分，对于均匀介质它们是相等的，当介质是非均质的时候，多孔介质在空间的孔隙度是变化的。孔隙类型分为相互连通的有效孔隙和相对孤立的、不联通的死孔隙，在不同的场合它们对渗流过程的贡献是不同的。

由于多孔介质内部孔隙空间几何形状的复杂性以及流体在多孔介质中流动的复杂性，使得无法用确切的数学表达式来描述，因此通常用一个理想的连续系统来代替真实的多孔介质系统（既包括多孔介质也包括内部的流体），连续介质系统中的任何性质（不管是多孔介质的性质还是流体的性质）都可以用连续方程式来定义，在连续系统中流动的场就称为连续介质场。

有了连续流体和连续介质这两个物理模型，就能够运用高等数学来研究流体在多孔介质中的渗流运动，就能够对真实的渗流过程作出合理的分析和解释。当然，连续流体和连续介质模型也是有局限性的，例如，流速超过某一极限速度，水流会出现掺气现象，压力小于汽化压力，会产生局部空化现象，在这些情况下，连续介质和连续流体模型不能原封不动地使用。

三、渗流速度和流体的真实速度

（一）渗流速度

渗流量 Q 与渗流截面积 A 之比，称为渗流速度，表示通过单位岩石截面积的流量，通常用 v 表示，则：

$$v=\frac{Q}{A} \tag{2-1}$$

（二）流体的真实速度

然而，渗流速度并不是流体质点在孔隙中的真实速度，因为岩石的任意一截面上既有能通过流体的孔隙断面，也有不能为流体所通过的固体颗粒部分。任取岩心的一个截面，该截面的孔隙面积为 A_p，则有：

$$n=\frac{A_p}{A} \tag{2-2}$$

n 为该截面的透光度，也称为面孔隙度。显然任意一截面上流体的真实速度应为：

$$v=\frac{q}{A_p}=\frac{q}{nA} \tag{2-3}$$

由于岩石的非均质性，即使岩石各截面的面积 A 保持不变，但各截面上的孔隙面积是不同的，透光度也不相同，因而渗流真实速度也不相同。而对于复杂孔道，研究各截面的渗流真实速度，既没有必要也没意义。为了便于研究，平均真实速度可以表示为 v_t：

$$v_t=\frac{q}{\phi A}=\frac{v}{\phi} \tag{2-4}$$

式中　ϕ——岩石孔隙度。

显然，流体的真实渗流速度比渗流速度大。

达西定律是在等截面均匀砂层中，采用均质液体开展稳定渗流试验的基础上得到的。一般情况下，渗流的过水断面是变化的，地层不仅不是均质的，而且还是各向异性的，流体性质有时也随位置而变化。

四、与气藏有关的压力概念

以上对油气渗流过程中的力学现象和作用机理进行了讨论，然而油气藏内流体所受的各种力往往以压力的形式来表示。

外力所做的功将引起地层内液体能量的变化，这种变化将通过压力的变化来反映。因此从本质上说压力是用来表征油气藏能量的一个物理量。下面将讨论与油气储集层有关的几个压力概念。

1. 原始地层压力 p_o

气藏开发前流体所受的压力，原始地层压力一般是在气田所钻的第一批探井中测得。

2. 供给压力 p_e

气藏中存在液源供给区时，在供给边缘上的压力。在人工注水条件下，水井井底压力即为供给压力。

3. 井底压力 p_w

气井正常生产时，在生产井井底所测得的压力称为井底压力，也称为流动压力，简称流压。

4. 折算压力 p_r

由流体力学可知，气藏中流体除具有压能以外，还具有位能，如果处于运动状态，还具有动能。

在气藏投入开发之前，各井点折算到原始气水界面的压力都应相等。投入开发后，流体由折算压力高处流向折算压力低处。由于储气层的隆起幅度一般远低于其横向延伸，为了分析方便，常将三维渗流简化为平面渗流问题，这样也必须使用折算压力概念。在研究全油藏的渗流问题时，如果不加说明，所有的压力均为折算压力。

一般习惯上把气藏中部选为计算折算压力的基准面。

5. 压力梯度曲线

在直角坐标系中，根据最初的探井实测的气藏埋藏深度 H（气层中部位置）和实测压力 p 所得的关系曲线，称为压力梯度曲线，实际上它是一条直线，这种直线可以用以下的数学形式来表示：

$$p=a+bH \tag{2-5}$$

不同的水动力学系统，其压力梯度曲线是不同的。

在气藏投入开发以后，气藏原始状态被破坏，此时无法在钻井中直接测得其原始地层压力，而只能根据该井的气层中部深度，在压力梯度曲线上推算其原始地层压力。

第二节　油气渗流的基本力学规律

一、流体及多孔介质的力学性质

（一）流体的重力和重力势能

渗流过程中，流体的重力和它的相对位置联系起来，就表现为重力势能，用压力表示则为：

$$p_z=\rho gz \tag{2-6}$$

式中　p_z——以压力表示的重力势能，Pa；
　　ρ——流体密度，g/cm^3；
　　z——相对位置高差，m；
　　g——重力加速度，m/s^2。

（二）流体的质量和惯性力

惯性是物体所固有的一种物理特性，其大小取决于质量。当流体运动时，惯性使其总要维持原状，因而惯性力在渗流过程中多表现为阻力。由于渗流时渗流速度通常很小，因此常忽略惯性力。

（三）流体的黏度及黏滞力

黏滞性是流体的一种特殊属性。在流动的流体中，如果各层流体流速不同，将有一对作用力和反作用力，使原来快的流层减速，而慢的流层加速。这一对等值而方向相反的力称为内摩擦力（或黏滞力），流体的这种属性称为黏滞性。度量黏滞性大小的参数称为黏度，由牛顿内摩擦定律描述为：

$$F=\mu A\frac{\mathrm{d}v}{\mathrm{d}y} \tag{2-7}$$

式中　F——内摩擦力（或黏滞力），N；

μ——黏度，Pa·s；

A——两流层的接触面积，m^2；

$\frac{dv}{dy}$——沿流层法线方向的流速梯度，m/(s·m)。

在渗流中，黏滞力为阻力，且动力消耗主要用于渗流时克服流体黏滞阻力。

（四）岩石及流体的压缩性和弹性力

岩石和其中饱和的流体均具有压缩性（或弹性），因此，使得油气层渗流过程中产生弹性力。油气层岩石埋藏于地下几百米甚至几千米，油气层上面覆盖的岩柱压力被油气层岩石本身骨架和其中饱和的流体所承受。因此，储集层岩石和其中的流体都处于受压缩状态。而油层除承受上覆岩柱压力之外，本身也承受油层压力。

油气层岩石和其他固体一样，在外力作用下，其形状和体积都要发生变化，当消除外力时，它又能恢复到原来的形状和大小，如图 2-1 所示。将岩石能恢复原状的性质称为岩石的弹性，又称为压缩性。

在油气开采以前，油层内岩石和流体都处于均衡受压状态，各种力是互相平衡的。当油气层投入开采之后，油气层的压力不断下降，上覆岩柱压力和油层内流体压力之间形成压力差，使之失去平衡而迫使岩石颗粒变形，排列更加紧密，结果导致岩层孔隙体积的减少，如图 2-1 所示。由于孔隙体积的减少，将压缩孔隙中的流体使之产生弹性力，驱使流体向压力较低的方向运动。

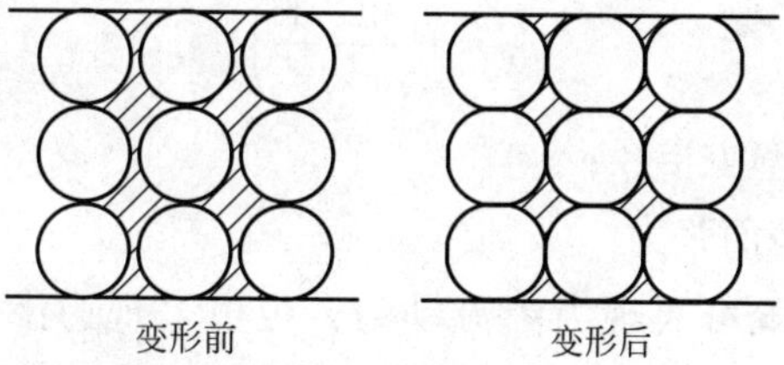

图 2-1　地层中岩石颗粒变形图

岩石颗粒变形后，孔隙体积的缩小程度，取决于岩柱压力（外压）和油气层流体压力（内压）的差值，同时还与岩石本身的压缩性有关。岩石的压缩性常用压缩系数表示：

$$C_f = \frac{\Delta V_f}{V_f} \cdot \frac{1}{\Delta p} \tag{2-8}$$

式中　C_f——岩石的压缩系数，表示油气层压力每降低 10^{-1} MPa 时，单位体积岩石中孔隙体积的缩小值；

ΔV_f——孔隙体积的变化量；

V_f——岩石的外表体积。

由于岩石颗粒的组分不同，而且岩石的孔隙结构也不同，孔隙形状和承受力的作用点均不同，因此各类岩石的压缩系数也不同。

岩层中的流体（油、水、天然气）也具有压缩性，当作用于流体上的外力增加时，其体积会缩小，反之会膨胀。在油气开采过程中，当油气层压力降低时，流体体积膨胀，产生弹性力，推动流体流入井底。液体的压缩性常用液体的压缩系数来描述，可表示为：

$$C_L=-\frac{\Delta V_L}{V_L}\cdot\frac{1}{\Delta p} \tag{2-9}$$

式中 C_L——液体的压缩系数，表示油气层压力每降低 10^{-1} MPa 时，单位液体体积改变量；

ΔV_L——压力变化 Δp 时，液体体积相应的变化量；

V_f——流体的绝对体积。

式中负号表示液体体积变化方向与压力变化方向相反。

气体的压缩性比液体大得多。对于理想气体，气体的压缩或膨胀服从波义耳定律；对于真实气体可利用压缩因子校正。

需注意的是，对固体而言，弹性变形是有限度的。当外力超过某一极限时，就会发生塑性变形。流体在弹性介质和塑性介质中的渗流规律是不同的。

弹性能是油气开采中的重要能量，在油气田开发的初期，多数为弹性开采。

（五）毛管力

油气层是由无数个微小的毛细管连接组成的，这些毛细管纵横交错，四通八达，当渗流由一种流体驱替另一种流体时，在两相界面上会产生压力跳跃，它的大小取决于分界面的弯曲率（曲度），这个压力的跳跃就称为毛管压力，用 p_c 表示。

毛管力与流体性质和曲率之间的关系，用拉普拉斯方程来表示：

$$p_C=\sigma\left(\frac{1}{r}+\frac{1}{r'}\right) \tag{2-10}$$

式中 r、r'——分界面曲率主半径；

σ——液液界面的表面张力。

在渗流中，毛细管力既可表现为渗流动力，也可表现为渗流阻力。在驱替压力不大时，若油气藏岩石亲水，则水驱油时毛管力为动力；若油气藏岩石亲油，则水驱油时毛管力为阻力。

二、渗流基本规律——达西定律

构成多孔介质的岩石颗粒形状各异，大小不均，孔隙极小，孔道复杂，岩石的比表面积很大，因此流体渗流时阻力很大，流动速度很小，流动规律复杂。人们最初研究渗流规律是以实验为基础的宏观研究方法。

大约一百年前，法国工程师达西开展了将水压过填满砂粒管子的实验。通过实验建立了达西定律：

$$q=\frac{KA\Delta p}{\mu L} \tag{2-11}$$

式中 q——流体通过砂岩的流量，cm^3/s；

K——岩石的渗透率，μm^2；

A——渗流截面积，cm^2；

L——两渗流截面间的距离，cm；

μ——液体黏度，mPa·s；

Δp——两渗流截面间的折算压力差，10^{-1}MPa。

三、非线性渗流规律

在大多数情况下，渗流是服从达西线性渗流定律的，但当渗流速度增大到一定程度后，q 与 Δp 的关系就会偏离直线关系，而出现曲线段。达西定律被破坏的流动，称为非线性流。从管路水力学知，液流处于层流状态时，以黏性阻力为主，水头损失与流量成直线关系。在湍流时，则以惯性阻力为主，水头损失与流量不成直线关系。液体渗流时情况也与此相同，黏性阻力与惯性阻力的对比，决定了压力差与流量是否服从线性关系。当渗流速度较低时，黏滞阻力占主导地位，而惯性力很小，可忽略，这时压差与流量呈线性关系，为线性渗流，达西定律适用；当渗流速度增加时，则惯性阻力不断增加，这时流动阻力由黏滞阻力和惯性阻力两部分组成，惯性阻力不可以忽略，压差与流量逐渐偏离直线关系为非线性渗流，达西定律不适用；渗流速度很大时，惯性阻力占主导地位，黏滞阻力很小，尤其对于气体，这时压差与流量不成线性关系，为非线性渗流，达西定律不适用。

判断渗流是否服从达西定律，可用渗流雷诺数加以判断。在这方面研究工作者开展了大量工作，提出了多种计算雷诺数的公式，目前较通用的为：

$$Re=\frac{v\sqrt{K}\rho}{17.50\mu\phi^{\frac{3}{2}}} \tag{2-12}$$

式中　Re——雷诺数；

v——渗流速度，cm/s；

K——渗透率，μm^2；

ρ——密度，g/cm^3；

μ——黏度，mPa·s；

ϕ——孔隙度，%。

雷诺数 Re 反映惯性力和黏滞力的比值，研究表明，渗流中的临界雷诺数为 0.2~0.3，即当 $Re\leqslant0.2$ 时，渗流为线性渗流，服从达西定律；$Re>0.3$ 时，渗流为非线性渗流，不服从达西定律。

四、低速下的渗流规律

油、气、水在多孔介质中低速渗流往往会伴随着一些物理化学现象，对渗流规律会产生一些影响。石油中一些活性物质在岩石中渗流时，会与岩石之间产生吸附作用，这一吸附层降低了岩石的渗透率，对渗流产生了很大的影响。因此，渗流必须有一个附加的压力梯度以克服吸附层的阻力才能开始流动。吸附层又和渗流速度又关，渗流速度越大，吸附层被破坏越多，因此岩石的渗透率会渗流速度增大而恢复。

水在黏土中渗流也会发生物理化学作用，黏土是由很薄的晶片所组成，它具有吸引水的极性分子的能力，并形成水化膜，虽然膜的厚度很小，但岩石中比面很大，所以影响还是很大。由于黏土中的水被束缚住，只有附加一个压力梯度，才能引起水化膜的破坏而开始流动。研究表明，由于液体的吸附作用或黏土对水的极性分子吸附作用，使渗透率降低了。需要指出的是，这些不符合达西定律的特殊情况只是在低速渗流时发生。

气体在低速渗流时会出现完全相反的物理现象，表现为低速时渗透率增加，这种现象称为滑脱现象。

产生这种现象的原因，首先是达西定律本来是从液体的实验得出。液体渗流的特点为层流时靠近孔道壁薄膜不动，在孔壁处速度为0，但孔道湿周越大时，液固接触面上所产生黏滞阻力也越大。而气体渗流则不同，在孔道壁处没有被固体吸附的薄层和不动的气体，所以孔道壁处速度不为0，因此形成“气体滑脱效应”。在同一压差下，气体比液体渗透率大。其次，由分子动力学可知：气体分子总是在进行无规则的热运动。气体通过孔隙介质时，部分在进行扩散，因为分子的平均自由路程与压力成反比，对于一定的孔隙介质，其孔道尺寸是一定的，当压力极低时，气体的平均自由路程达到孔道尺寸，这时气体分子在更大范围内扩散，可以不受碰壁而自由飞动。因此，更多的气体分子附加到多孔介质的气体总量中去，好像相应增加了气体的渗透率。

根据研究，毛管越小（即低渗透率岩石）滑脱效应越大；气体分子的平均自由程越大（即压力越低），滑脱效应也越大。

五、基本渗流方式

实际生产中，油气藏形状和布井方式都较复杂，为研究这些复杂情况下的流体渗流规律，抽出其共有的渗流特征，归结为单向流、平面径向流和球面向心流等3种典型的渗流方式加以研究。

（一）单向流

流线为彼此平行的直线，如图2-2所示，并且在垂直于流动方向的每个截面上，各点渗流速度相等，如果所研究的渗流是稳定流，则在液流方向任一点的渗流速度和压力只是位置 x 的函数，这时达西定律的渗流速度式为：

$$v=-\frac{K}{\mu}\cdot\frac{\mathrm{d}p}{\mathrm{d}x} \tag{2-13}$$

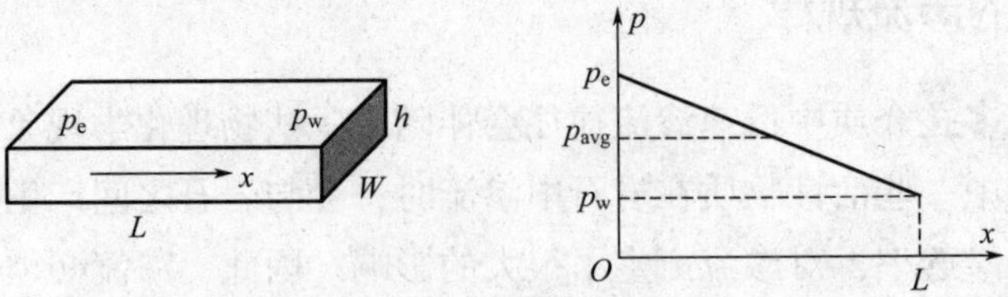

图2-2 单向流动

（二）平面径向流

流线是直线而以二维向中心井汇集，越接近中心其渗流面积越小（图2-3），各个平面上的渗流状况相同，如果是稳定流时，平面上任一点的渗流速度和压力是坐标位置的函数，达西定律的渗流速度式表示为：

$$\begin{cases} v_x = -\dfrac{K}{\mu} \cdot \dfrac{\mathrm{d}p}{\mathrm{d}x} \\ v_y = -\dfrac{K}{\mu} \cdot \dfrac{\mathrm{d}p}{\mathrm{d}y} \end{cases} \tag{2-14}$$

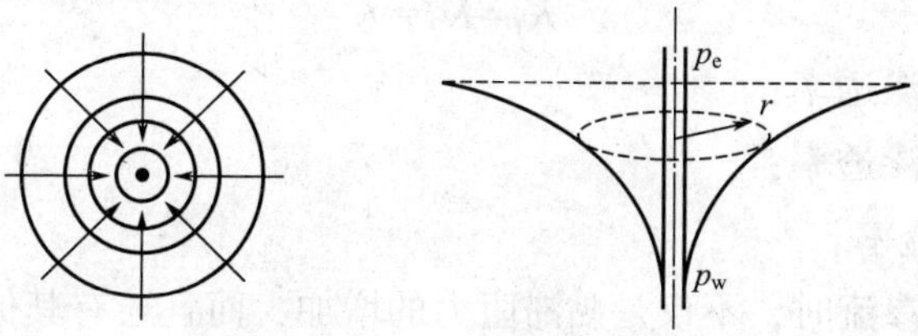

图 2-3　径向流动

因流动是轴对称的，可用极坐标表示为：

$$v = \frac{K}{\mu} \cdot \frac{\mathrm{d}p}{\mathrm{d}r} \tag{2-15}$$

式(2-15）中，因压力降落方向与 r 减小方向一致，故公式前无负号。

（三）球面向心流

在开采底水油藏时，因油层厚度往往较大，且为防止底水过快突进至井底，通常只钻开油层顶部（图 2-4），因此在井点附近地区，流线呈直线向井点汇集，其渗流面积呈半球面，这时任一点渗流速度和压力是空间点（x，y，z）的函数，达西定律的渗流速度式可表示为：

$$\begin{cases} v_x = -\dfrac{K}{\mu} \cdot \dfrac{\mathrm{d}p}{\mathrm{d}x} \\ v_y = -\dfrac{K}{\mu} \cdot \dfrac{\mathrm{d}p}{\mathrm{d}y} \\ v_z = -\dfrac{K}{\mu} \cdot \dfrac{\mathrm{d}p}{\mathrm{d}z} \end{cases} \tag{2-16}$$

可用球坐标表示为：

$$v = \frac{K}{\mu} \cdot \frac{\mathrm{d}p}{\mathrm{d}r} \tag{2-17}$$

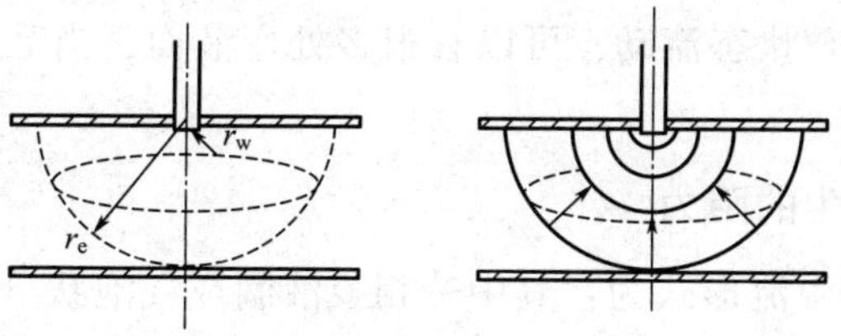

图 2-4　球面向心流动

六、两相渗流规律

在油田开发过程中，两相（油水、油气、气水）同时渗流是经常发生的，这时渗流阻力明显增加。在两相流动时就其中一相而言，另一相可以看成是地层骨架的增加，因此孔隙缩小，阻力增大，渗透率减小。但实验表明，两相各自渗透率之和，并不等于单相流动时的绝对渗透率，即：

$$K_1 = K_2 \neq K \tag{2-18}$$

式中 K_1——第一相渗透率；

K_2——第二相渗透率；

K——绝对渗透率。

由此可知，两相渗流时，不仅是黏滞阻力的增加，而且还有其他阻力存在。

（一）毛管阻力

两相渗流时的渗流形态主要是其中一相成柱状分散在另一相中流动，这样在两相流动的区域中就形成很多个弯月状的两相分界面，如图 2-5 所示，弯月面的方向取决于岩石的润湿性。

弯月面的产生会存在毛管力：

$$p_c = \frac{2\sigma\cos\theta}{r} \tag{2-19}$$

式中 p_c——毛管力；

σ——两相界面张力；

r——毛管半径；

θ——润湿角。

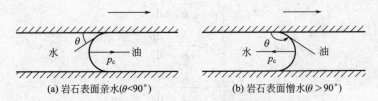

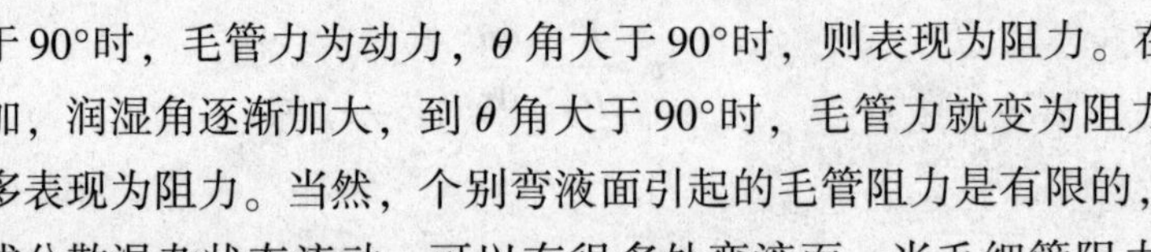

(a) 岩石表面亲水(θ<90°)　　(b) 岩石表面憎水(θ > 90°)

图 2-5　两相渗流毛管力图

当 θ 角小于 90°时，毛管力为动力，θ 角大于 90°时，则表现为阻力。在流体流动过程中，随速度增加，润湿角逐渐加大，到 θ 角大于 90°时，毛管力就变为阻力。所以一般在渗流中毛管力多表现为阻力。当然，个别弯液面引起的毛管阻力是有限的，但在两相渗流区，两相流体成分散混杂状态流动，可以有很多处弯液面，当毛细管阻力大到一定程度时，就不能忽略。

（二）贾敏效应产生的阻力

两相渗流的另一种渗流形式为：其中一相成液滴或气泡状分散在另一相中运动，如图 2-6 所示。当液滴或者气泡在直径变化的毛管中运动时，由于变形而产生的附加阻力，这种现象称为贾敏现象。

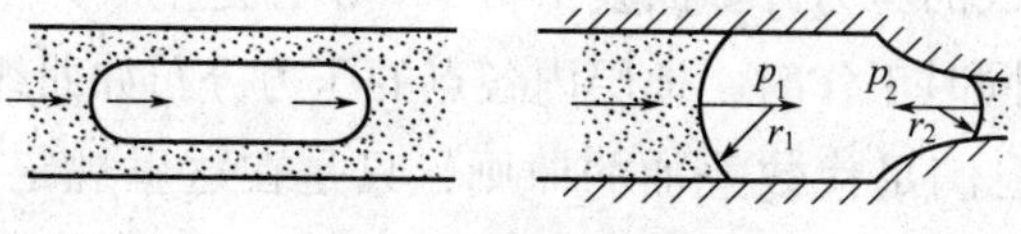

图 2-6　贾敏效应图

（三）其他附加阻力

在两相渗流区中，还需克服其他的一些附加阻力，例如在基本以水流动的区域内，还有一些附着在管壁上的油滴，这些油滴必须在外力克服附着阻力后，才能变为可以运动的自由油滴。

由以上分析可知：两相渗流的基本特点是在阻力规律中毛管力不可忽略。两相渗流时，毛管阻力的影响主要是通过渗透率与饱和度的关系来体现。

七、势的叠加理论和多井干扰

平面径向渗流时，是假设在圆形地层中心打了一口井，而实际油气田总是有许多井同时生产，当这些井同时工作时就会产生干扰。以下简要讨论多井同时生产时的渗流特征。

（一）井的干扰现象及实质

在同一油气层中若有许多井同时工作，其中任一口井工作制度的改变，必然会引起其他井的产量或井底压力发生变化，这种现象称为井间干扰。油气层上只要有两口以上的井在生产，就会产生井间干扰，故实际油气田上，井的干扰现象总是不可避免的。

下面以两口井同时生产的情况为例，说明干扰的实质以及干扰后地层压力重新分布的结果。

设有两口生产井 A 和 B，如图 2-7(a) 所示。若只有 A 井单独生产，则地层内各点的压力分布如曲线Ⅰ所示，若只有 B 井单独生产，则地层内的压力分布如曲线Ⅱ所示。若 A 井单独工作，则在 M 点的压降 $\Delta p_1=M_1M_3$，若 B 井单独工作，则 M 点的压降为 $\Delta p_2=M_1M_2$，若两井同时工作时，则 M 点的压降 $\Delta p_3=M_1M_4$，即 $\Delta p_3=\Delta p_1+\Delta p_2$，这就是说，当多井同时工作时，地层中各点的压力降应当是各井单独工作时在该点造成的压力降的代数和。

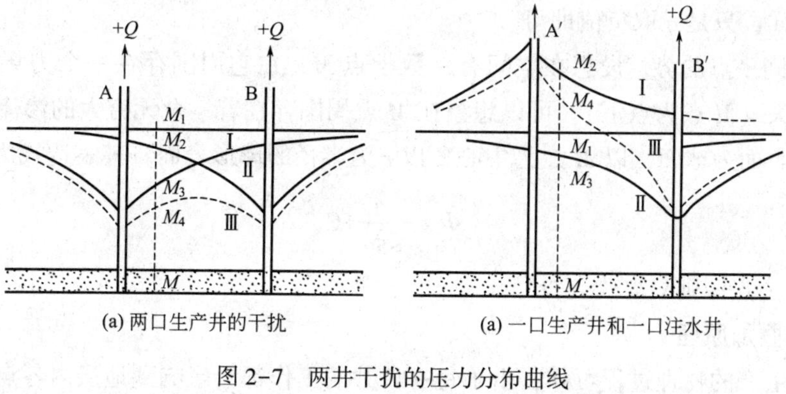

(a) 两口生产井的干扰　　(a) 一口生产井和一口注水井

图 2-7　两井干扰的压力分布曲线

图 2-7(b) 是表示一口注水井和一口生产井同时工作时，井间干扰的结果。A′井为注水井，它在地层中形成的压力升如曲线Ⅰ所示。B′井是生产井，它在地层中形成的压力降如曲线Ⅱ所示。两井同时工作时，地层内各点的压力分布如曲线Ⅲ所示。曲线Ⅲ与曲线Ⅰ和曲线Ⅱ之间的关系也满足代数叠加的原则，只是在这里规定生产井形成的压降为正值，而注水井形成的压降为负值。在地层内任一点 M 处，$-\Delta p_1=M_1M_2$，$\Delta p_2=M_1M_3$，$\Delta p_3=-\Delta p_1+\Delta p_2=M_1M_2+M_1M_3=M_1M_4$。

综合以上两种情况，研究多井生产需要对渗流压力场进行研究，以解决多井生产和单井生产压力场的不同。研究多井生产时引起的压力场叠加的理论，在渗流力学中称为“势的叠加理论”。

（二）势的叠加理论

井间干扰的结果体现在压降的叠加，均质不可压缩液体平面稳定渗流时，可用势的大小来反映压力的大小，因而借助于势的叠加就可以解决多井干扰问题。

1. 势的概念

势表示一个量，这个量的梯度形成一个力场。势的概念常常和拉普拉斯方程联系在一起，有时常把拉普拉斯方程的解称为势函数，精确的数学语言为调和函数。引进一个新的物理量 Φ 定义为势，通常称为速度势。根据达西定律得到：

$$\Phi=\frac{K}{\mu}p \tag{2-20}$$

势等于压力乘上一个常数，它具有压力的含义，对式(2-20) 进行微分得：

$$\mathrm{d}\Phi=\frac{K}{\mu}\mathrm{d}p \tag{2-21}$$

一般用式(2-21) 研究平面和空间上某点的势。

（1）平面上一点的势。设想在平面上存在一个数学点 M，所有流体流向这一点，并在此消失。若在 M 点周围画出以 r 为半径的圆周，则平面上势的表达式为：

$$\Phi=\frac{q}{2\pi}\ln r+\mathrm{C} \tag{2-22}$$

C 是由边界条件确定的常数。

上面所指的 M 点即点汇，所以式(2-22) 即为平面上一个点汇时的势的表达式。对点源也是一样，只是 q 取负值即可。

（2）空间一点的势。设想在空间有一数学点 M，在它周围存在一个力场，流线若流向此点后消失（M 点为点汇）。可以想象在 M 点周围存在着一个无穷大的渗流场，液体渗流所经过的表面为球面，以 M 点为中心，以 r 为半径的球形表面。其表达式为：

$$\Phi=-\frac{q}{4\pi r}+\mathrm{C} \tag{2-23}$$

若 M 点为点源则只需改变符号。

2. 势的叠加原理

由多井生产的物理过程可知，由于每一口井的工作都会影响到地层内各点压力，对地

层任一点 M 而言，多口井同时工作满足压降叠加原理，所形成的压降为 p_e-p_M，相应的势差为 $\Phi_e-\Phi_M$。当有 n 口井同时工作时，地层中任一点 M 的压降，应为各井单独工作时对 M 点引起的压降总和。即：

$$\Phi_e - \Phi_M = \sum_{i=1}^{n} (\Phi_e - \Phi_{Mi}) \tag{2-24}$$

式中　Φ_{Mi}——第 i 井单独工作时 M 点的势。

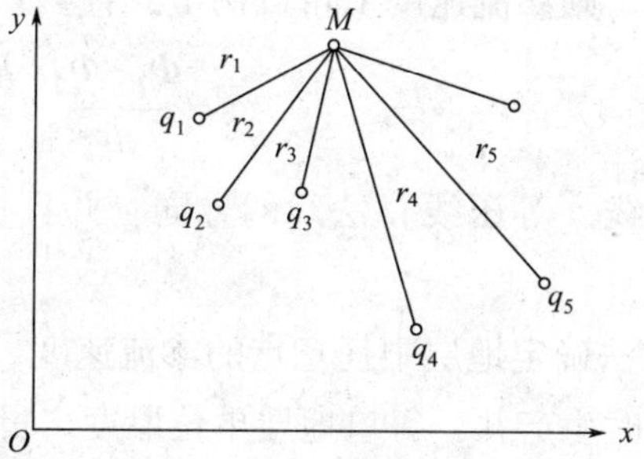

图 2-8　多井工作的势叠加

多口井干扰情况下地层任一点势差表达式为：

$$\Phi_e - \Phi_M = \frac{1}{2\pi}\sum_{i=1}^{n} q_i \ln\frac{R_i}{r_i} \tag{2-25}$$

式中　r_i——第 i 井到 M 点的距离；

R_i——第 i 井到供给边缘的距离。

或写成：

$$p_e - p_M = \frac{\mu}{K}\frac{1}{2\pi}\sum_{i=1}^{n} q_i \ln\frac{R_i}{r_i} \tag{2-26}$$

式中，Φ_M 和 p_M 分别为所研究点的势和压力。

一般在实际应用中常常遇到两个方面的问题：

（1）已知各井壁的势（即井底压力），求井的产量。

（2）已知各井产量，求井壁处的势。

对于这两类问题，只要供给边缘距井群相当远，不管它的形状如何（实际上也无法确切知道其准确形状），均可按照势的叠加公式，对 n 口井列出 n 个方程。原则上可用矩阵对方程组进行求解。当已知产量时可求解井壁势；反之，已知井壁势可求解井产量，但随着井数的增多，计算工作量将越繁杂。

势的叠加原理的数学证明是由于速度势满足拉普拉斯方程，而拉普拉斯方程是线性的，所以可以叠加，可参阅有关数学证明。

3. 渗流速度合成的原则

在多井同时生产时，有多种方法可确定地层中任意点的渗流速度，下面简单介绍两种方法。

（1）利用等势线或等压线确定地层中任意点的渗流速度。

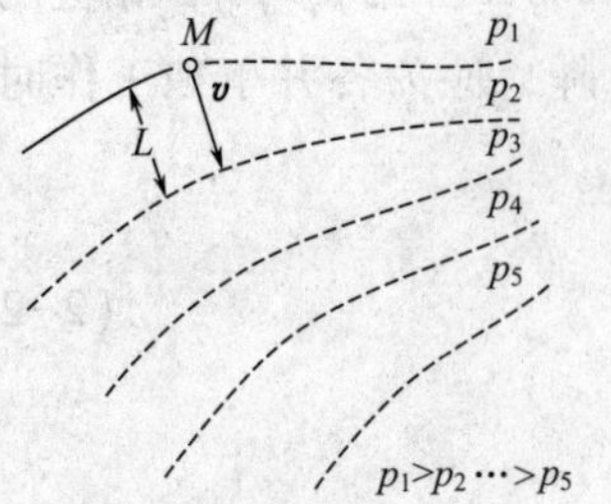

图 2-9　等压线确定渗流速度

前面以讨论了确定地层中任意点势的方法，知道了地层中各点的势，即用式(2-25) 可以确定全地层的等势线或用式(2-26) 确定全地层的等压线。根据等势线或等压线可以确定地层中任意点的渗流速度和方向。其原则为：地层中任一区域，都可以有两个相邻的已知等势线 Φ_1 及 Φ_2（图 2-9）。同时设 $\Phi_1>\Phi_2$，L 为两条等压线间的垂直距离，则渗流速度 V 可以用下式计算：

$$V=\frac{\Phi_1-\Phi_2}{L}=\frac{K(p_1-p_2)}{\mu L} \tag{2-27}$$

渗流速度的方向是等势线（等压线）法线的方向，并且指向压力递减的方向（若井为注水井，则方向刚好相反）。

（2）利用矢量合成的方法确定地层中任意点的渗流速度。

假如地层中有 n 口井同时生产井，每口地层单位厚度产量为 q_i，每口井单独生产时在 M 点均会产生一个渗流速度，若 i 口井单独生产时，M 点的渗流速度为：

$$V_i=\frac{q_i}{2\pi r_i} \tag{2-28}$$

V_i 的方向视生产井或注水井而不同，M 点的渗流合速度应为所有点源、点汇在 M 点产生的速度的矢量和，即：

$$\boldsymbol{v}_M=\boldsymbol{v}_1+\boldsymbol{v}_2+\cdots+\boldsymbol{v}_N \tag{2-29}$$

因而，$\boldsymbol{v}_M$ 可以用几何方法来确定（图 2-10）。

M 点的真实速度为：

$$W_M=\frac{\boldsymbol{v}_M}{\Phi} \tag{2-30}$$

根据流速方向进一步可以绘制地层的流线图，从而得出等势线与流线图组成的整个渗流流场图。

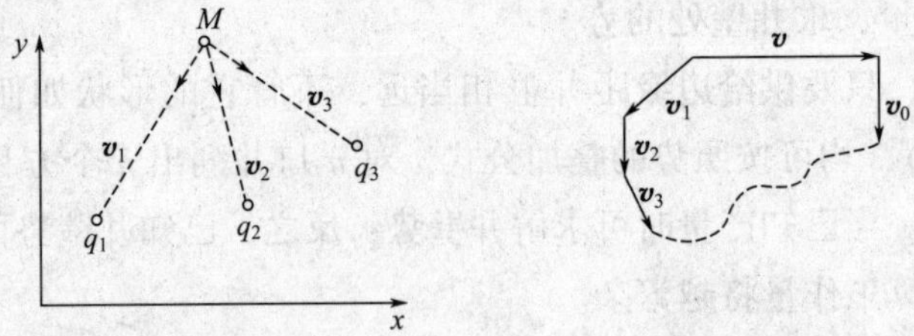

(a) 多井生产各井在M点生产的速度　(b) 用矢量相加法求M点速度示意图

图 2-10　M 点速度的求解方法

（三）势的叠加理论在气藏开发中的典型应用

气藏开发与油藏开发不同，气藏开发一般不进行注水，因此，本书不讨论油藏开发中常进行的等产量一源一汇（一口注水井、一口生产井）的情况，而针对天然气开发只讨论产量两汇（两口井生产）的情况。

假设在无穷大地层中有等产量的两口井生产 A 和 B，两井井距 2δ，由于产量相等，所以两口井的井底势也相等，设为 Φ_w（图 2-11）。等产量两汇的渗流场如图 2-12 所示。由图可以看出，y 轴具有分流性质，它将其两侧的液流分开，液流不会穿越分流线流动，通常将具有这种性质的流线称为分流线（中流线）。

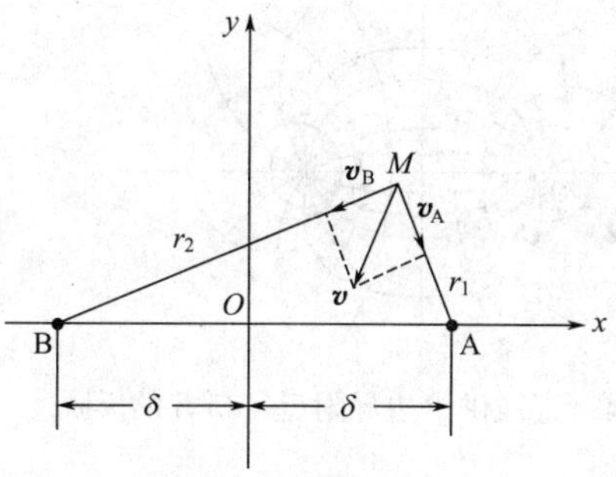

图 2-11　等产量两汇

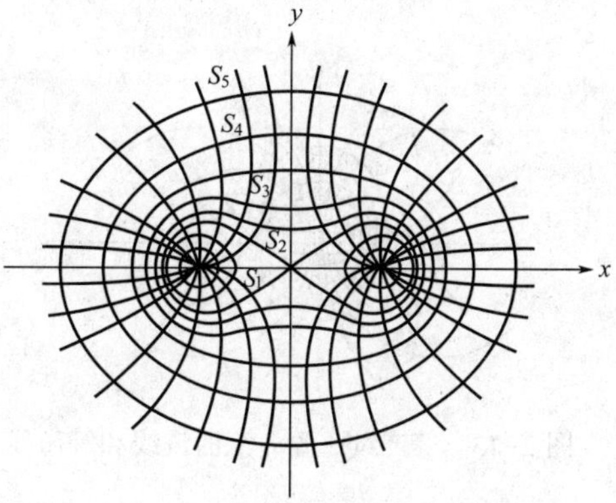

图 2-12　等产量两汇的流线和等压线

对于地层内任一点 N 而言，当两井同时生产时，N 点的速度应是气井单独生产时速度的矢量和。当 N 点为平衡点时，其处的速度为 0，当两口井产量相等时，根据式(2-28)，N 点距两口井距离相等。也就是说，当两汇产量相等时，平衡点应当在两井连线的中点，在这点处气体流动速度为 0，称为死气点。两汇同时生产必然出现平衡点，平衡点附近形成死气区。死气区平衡点的位置随两汇各自产量比值而改变，改变两口井的产量使其不相等，就可以使平衡点位置移动，这样可以提高气藏采收率。

八、镜像反映理论和边界效应

势的叠加原理是建立在无限大地层的基础之上，但在实际油气田中，在生产井或注水井的附近往往存在着各种边界（如等势边界和不渗透边界）。这些边界的存在对渗流场的等势线分布、流线分布和井的产量都会产生影响，通常称这种影响为边界效应。边界对渗流场的影响可以应用镜像反映理论来解决。借助于镜像反映可以把位于边界附近井的问题转化为无限地层多井同时作用的问题，然后用势的叠加原理求解。

（一）直线供给边缘附近一口生产井的反映——汇源反映法

设距直线供给边缘为 a 的点处有一口生产井（点汇），其单位地层厚度的产量为 q。直线供给边缘本身为一条等势线，其处压力为常数，液流从此出发流向生产井。等产量一源一汇的水动力场对 y 轴是完全对称的（图 2-13），y 轴是一条等势线（即等压线）。从 y 轴右边看，y 轴可以认为是一条直线供给边缘。当直线供给边缘附近存在一口生产井工作时，其渗流场图如图 2-14 实线所示，直线供给边缘本身和井壁都是等势线，这个渗流场图正好是图 2-13 所示无穷地层等产量一源一汇渗流场图的一半。因此当研究直线供给边缘附近在坐标（a，0）处存在一口生产井的渗流时，可以设想以直线供给边缘（选作 y 轴）为镜面，在其对称的位置（$-a$，0）处反映出一口等产量的注入井在作用，用这口虚拟的注入井和原生产井进行势的叠加，把问题归结为无穷地层存在等产量一源一汇的解，这样所形成的渗流场图的右半部与供给边缘附近一口井的渗流场图完全一样。从而用一个“异号像”的作用来代替直线供给边缘的作用，这种方法称为汇源反映法。

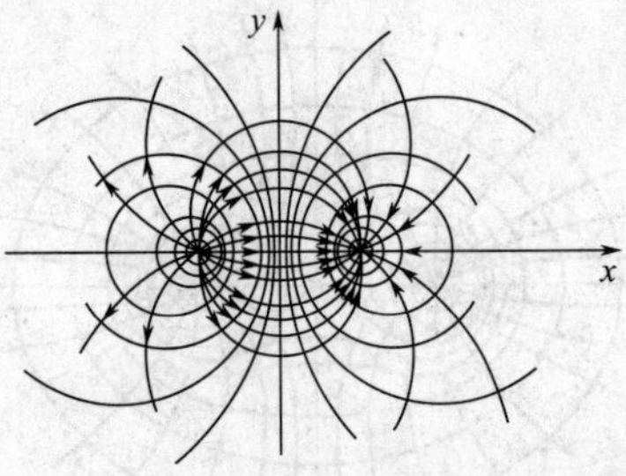

图 2-13　等产量一源一汇的流线和等压线

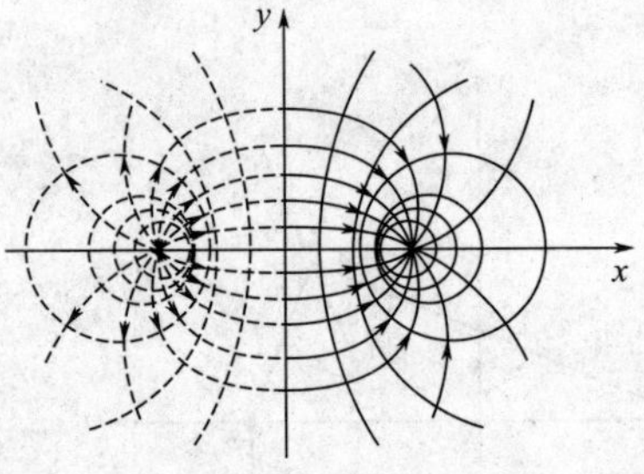

图 2-14　直线供给边界附近一口井的反映

（二）直线不渗透边界附近一口生产井的反映——汇点反映法

设距直线不渗透边界距离为 a 处有一口生产井（点汇），其单位地层厚度上的产量为 q。

实际油气层内部常存在局部断层，流体受这些不渗透边界的遮挡，当井位于断层附近时，其产量和压力分别受到断层的影响。由于断层为一不渗透边界，流体只能沿断层流动而不能穿越断层，即沿断层的法向渗流速度为零。所以断层相当于一条流线。

从等产量的两汇的渗流场看出，y 轴具有分流性质，它将该线两侧的液流分开，分别流向各井。液流不会穿越 y 轴，它和断层的性质完全相似，这样我们可以设想，沿分流线从上到下，地层中存在一个垂直的不渗透平面壁，将液流隔开，使左右成为一个独立的渗流场。而断层附近一口生产井的渗流场正好是其一半。利用等产量两汇水动力场相对于 y 轴对称这一特点，当研究直线断层附近存在一口生产井的渗流场时，可以将断层作为镜面，在其另一侧的对称位置上反映出一口等强度的虚拟生产井。从而把位于断层附近的井的解归结为无穷地层等产量两汇的解，这种方法称为“汇点反映法”。而位于断层附近一口生产井的渗流场图就是两汇的渗流场图的一半，如图 2-15 所示。

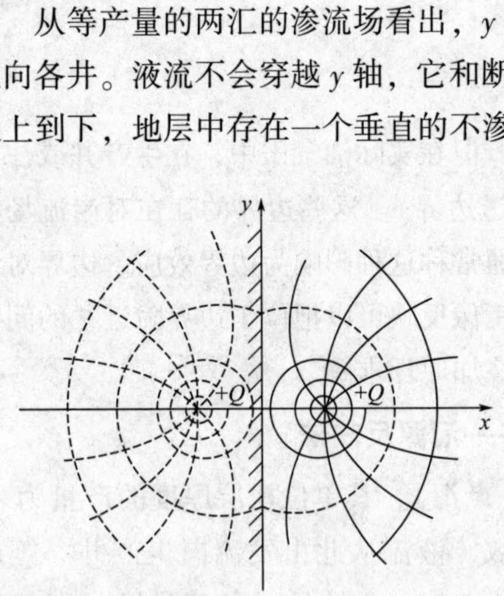

图 2-15　直线不渗透边界附近一口井的反映

归纳以上两种情况可见：

(1) 边界时渗流场和井产量的影响可以看成是：以边界为镜面，在实际井的对称位置上，存在着另外一个虚拟的“井像”在起作用，将实际井和虚拟井像进行势的叠加，这时形成的渗流场和边界对井的影响形成的渗流场完全相同，因此，解决边界效应对渗流场的影响可以应用汇点反映法或汇源反映法，把问题归结为求无穷地层中多源多汇的解。

（2）镜像反映法的基本原则是：不渗透边界是“同号”等产量反映，反映后不渗透边界保持为分流线；供给边界是“异号”等产量反映，反映后供给边界必须保持为等势线。

（三）复杂断层的反映

上面叙述了直线型单一边界对渗流场及井的产量的影响。但是，在实际油气田中还会遇到更为复杂的边界问题。复杂形状的断层通常有：两个相互垂直的断层、任意角度的断层、平行断层等，如图 2-16 所示。

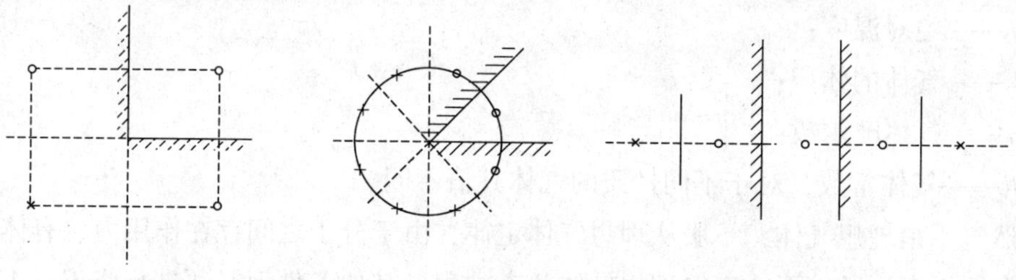

(a) 直角断层　(b) 45° 夹角断层　(c) 平行断层

图 2-16　复杂断层示意图

镜像反映法的基本要求，就是要取消边界后，真实井与虚拟井同时工作时，仍保证原渗流边界性质不变。对多个边界问题，要求：

（1）对井有影响的边界都必须进行映射。

（2）对其中一个边界映射时，必须把井和其他边界一同映射到边界的另一侧。

（3）有时需要多次映射才能取消边界，甚至需要无穷多次。

第三节　天然气的渗流规律

同微可压缩液体渗流数学模型一样，气体不稳定渗流数学模型也由渗流微分方程加上适当的边界条件和初始条件构成。渗流微分方程由一定假设条件下的三个基本方程，即状态方程、运动方程和连续性方程建立。

一、基本假设条件

（1）地层为均质、等厚，储层渗透率和孔隙度均与压力无关且各向同性。

（2）介质中的流体为单相气体。

（3）等温渗流，忽略重力的影响。

在上述假设条件下，将气体状态方程、运动方程代入连续性方程即可获得气体的渗流微分方程。

二、状态方程

（一）气体的状态方程

由于气体的可压缩性，表现为气体体积和密度明显受到压力和温度等因素的影响，气体的这一特性可由气体状态方程来描述。表示气体体积或密度随压力和温度变化的关系式称为气体的状态方程。

理想气体（气体分子无体积、气体分子之间无作用力）的状态方程可用波义耳-盖吕萨克定律来表示。

$$pV=nRT \tag{2-31}$$

式中 p——气体的绝对压力；

T——绝对温度；

V——气体的体积；

n——气体摩尔数；

R——气体常数，对于不同性质的气体其值不同。

天然气不是理想气体，不服从理想气体定律，由于分子之间存在作用力、有体积，因此只有在低压高温条件下才遵循理想气体状态方程。其他条件下必须进行修正，工程上修正的方法是引入天然气压缩因子 Z。天然气的状态方程为：

$$pV=ZnRT \tag{2-32}$$

（二）岩石的状态方程

岩石的压缩性对渗流过程有两个方面的影响，一是压力变化会引起孔隙大小的变化，表现为孔隙度是压力的函数；另一方面则是由于孔隙大小变化引起渗透率的变化。由此可以得到岩石的状态方程：

$$\phi=\phi_0+C_f(p-p_0) \tag{2-33}$$

式中 p_0——初始压力；

ϕ——孔隙度；

ϕ_0——初始压力下岩石的孔隙度；

C_f——岩石压缩系数。

三、气体运动方程

（一）线性渗流

与液体渗流相似，当气体渗流过程处于层流状态时，其流动规律仍可由达西定律表示，在三维空间中，对于均质地层，广义达西定律可写成如下形式：

$$\boldsymbol{v}=-\frac{K}{\mu}\nabla p \tag{2-34}$$

（二）非线性渗流

1. 二项式

与液体渗流相似，当气体的渗流速度增加到一定程度以后，紊流和惯性的影响明显增强，此时气体渗流速度与压力梯度之间不再呈线性关系，即渗流不满足达西渗流定律。对于水平地层，压力梯度与渗流速度之间符合以下关系：

$$\frac{\mathrm{d}p}{\mathrm{d}x}=-\left(\frac{K}{\mu}v+\beta\rho v^2\right) \tag{2-35}$$

式中 β——影响紊流和惯性阻力的孔隙结构特征参数；

ρ——气体密度。

在高速流动下，岩石孔隙结构及表面粗糙程度对紊流和惯性的影响是可以忽略的。式(2-35）为气体渗流过程中有紊流和惯性阻力存在时的动力学规律，称为非线性二项式运动方程。

2. 指数式

气体在渗流过程中，非线性渗流规律还可以用另一种形式来表达，即当渗流速度超过某一临界速度后，渗流速度和压力梯度之间的非线性关系用指数形式来表示，对于一维水平渗流，运动方程表示为：

$$v=C\left(\frac{\mathrm{d}p}{\mathrm{d}x}\right)^n \tag{2-36}$$

式中 C——渗流系数，取决于气体及岩石孔隙性质；

n——渗流指数，$1\leqslant n\leqslant 1$，n 随渗流速度不同而变化。

四、连续性方程

气体的连续性方程建立与原油渗流连续性方程的建立方法完全相同，利用质量守恒原理，对于单向流体渗流，连续性方程的广义形式为：

$$\nabla\cdot(\vec{\rho}v)=-\frac{\partial(\phi\rho)}{\partial t} \tag{2-37}$$

式(2-37）展开为偏微分形式：

$$\frac{\partial(\rho v_x)}{\partial x}+\frac{\partial(\rho v_y)}{\partial y}+\frac{\partial(\rho v_z)}{\partial z}=-\frac{\partial(\phi\rho)}{\partial t} \tag{2-38}$$

式中 ϕ——孔隙度；

t——时间。

从式(2-38）可以看出，在不稳定渗流状态下，气体渗流的连续性方程表征了气体渗流过程中各运动要素（渗流速度、气体密度等）随空间位置坐标和时间坐标的变化关系。

习　题

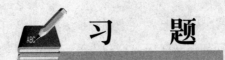

1. 什么是渗流？它的特点是什么？
2. 什么是达西定律？为什么说它是线性渗流定律？
3. 一般的渗流形式有哪些？
4. 在什么情况下会产生非线性渗流？
5. 两相流体同时渗流时会产生哪些阻力？
6. 简述气体状态方程。
7. 简述气体运动方程。
8. 简述气体连续性方程。
9. 气体渗流与液体渗流有何异同点？

第三章 井筒流体力学

天然气在井筒中的流动是气井生产动态分析首先要研究的重要问题，其目的是建立井底压力、井口压力和产气量之间的关系。主要内容包括单相流（气流）、气液两相流、油管流动与环形空间流动。

第一节　天然气在井筒中的流动规律

一、气相管流基本方程

将气相管流考虑为稳定的一维问题。在管流中取一控制体（图 3-1），以管子轴线为坐标轴 z，规定坐标轴正向与流向一致。定义管斜角 θ 为坐标轴 z 与水平方向的夹角。

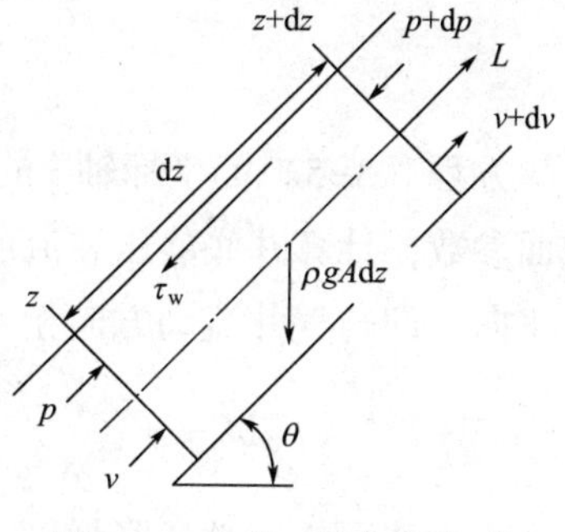

图 3-1　稳定一维气相流动

（一）连续性方程

假设无流体通过管壁流出和流入，由质量守恒得连续性方程：

$$\frac{\mathrm{d}(\rho vA)}{\mathrm{d}z}=0 \tag{3-1}$$

即：

$$G=\rho vA \tag{3-2}$$

上式表示任意管子截面 z 上气体质量流量均保持不变。

式中 ρ——气体密度，$\mathrm{kg/m^3}$；

v——气体流速，m/s；

A——管子流通截面积$=\dfrac{\pi D^2}{4}$，$\mathrm{m^2}$；

D——管子内径，m；

G——气体质量流量，kg/s；

ρv——流过单位截面积的气体质量流量，对于等径油管，ρv 为常数，$\mathrm{kg/(m^2 \cdot s)}$。

（二）动量方程

作用于控制体的外力应等于流体的动量变化，即：

$$\sum F_z=\rho A\mathrm{d}z\frac{\mathrm{d}v}{\mathrm{d}t} \tag{3-3}$$

作用于控制体的外力$\sum F_z$包括：质量力（重力）沿 z 轴的分力$-\rho gA\mathrm{d}z\sin\theta$；压力$pA-(p+\mathrm{d}p)A$；管壁摩擦阻力（与气体流向相反）$-\tau_w\pi D\mathrm{d}z$。

将上述三项外力代入式(3-3) 得：

$$\frac{\mathrm{d}p}{\mathrm{d}z}=-\rho g\sin\theta-\frac{\tau_{\mathrm{w}}\pi D}{A}-\rho v\frac{\mathrm{d}v}{\mathrm{d}z} \tag{3-4}$$

式中 τ_{w}——流体与管壁的摩擦应力（单位面积上的摩擦力），Pa；

πD——控制体的周界长，m；

p——压力，Pa；

g——重力加速度，9.81m/s^2；

θ——管斜角，即油管与水平方向的夹角，(°)。

实验表明，管壁摩擦应力与单位体积流体所具有的动能成正比。引入摩阻系数f，即：

$$\tau_{\mathrm{w}}=\frac{f}{4}\frac{\rho v^2}{2}$$

式(3-4) 中的摩阻项可表示为：

$$\frac{\tau_{\mathrm{w}}\pi D}{A}=\frac{4\tau_{\mathrm{w}}\pi D}{\pi D^2}=\frac{4\tau_{\mathrm{w}}}{D}=f\frac{\rho v^2}{2D}$$

动量方程（3-3）即为压力梯度方程，即：

$$\frac{\mathrm{d}p}{\mathrm{d}z}=-\rho g\sin\theta-f\frac{\rho v^2}{2D}-\rho v\frac{\mathrm{d}v}{\mathrm{d}z} \tag{3-5}$$

方程（3-5）的坐标轴 z 的正向与流体流动方向一致。在气井管流计算时往往是已知地面参数，计算井底静压和流压，习惯上是以井口作为计算起点（$z=0$），沿井身向下为 z 的正向，即与气井流动方向相反。此时，压力梯度取“+”号。

$$\frac{\mathrm{d}p}{\mathrm{d}z}=\rho g\sin\theta+f\frac{\rho v^2}{2D}+\rho v\frac{\mathrm{d}v}{\mathrm{d}z} \tag{3-6}$$

由上式可知，总压降梯度可用下式表示为三个分量之和，即重力、摩阻和动能压降梯度（分别用下标 g、f 和 a 表示）。其中动能项较前两项甚小，在工程计算中往往可忽略不计。

$$\frac{\mathrm{d}p}{\mathrm{d}z}=\left(\frac{\mathrm{d}p}{\mathrm{d}z}\right)_{\mathrm{g}}+\left(\frac{\mathrm{d}p}{\mathrm{d}z}\right)_{\mathrm{f}}+\left(\frac{\mathrm{d}p}{\mathrm{d}z}\right)_{\mathrm{a}} \tag{3-7}$$

二、单相管流摩阻系数

在单相流动的情况下，不可逆损失主要是摩擦损失，此项损失包括由于流体黏滞性产生的内部损失和管壁形成的外部损失。除层流外，实际的能量损失无法由理论计算确定，而是采用实验的方法和相关分析确定摩阻系数f。摩阻系数是一无因次量，它反映了管壁剪切应力对摩阻压降的影响程度。摩阻系数是雷诺数 Re 和相对粗糙度 e/D 的函数。图 3-2是常用的 Moody 摩阻系数图，摩阻系数f与 Re 为双对数关系。

雷诺数表示流体惯性力与黏滞剪切力之比，它是判别层流与紊流的重要参数。其定

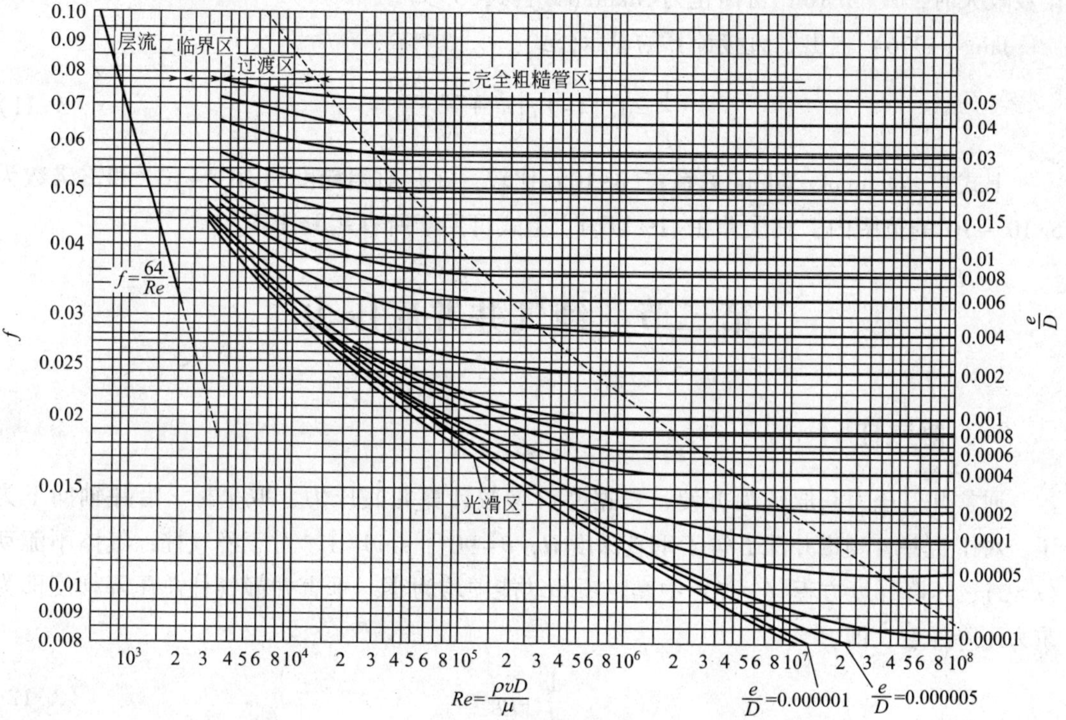

图 3-2 Moody 摩阻系数

义为：

$$Re=\frac{\rho vD}{\mu} \tag{3-8}$$

式中 μ——流体黏度，Pa·s。

实际管子内壁一般是不光滑的，其粗糙度与管子材质、制造方法以及腐蚀和结垢等情况有关。管壁绝对粗糙度 e 定义为：按比例均匀分布和筛选过的紧密压实的砂粒平均突出的高度，由这种砂粒层可得到与管壁相似的压力梯度特性。绝对粗糙度 e 与管子内径 D 的比值称为相对粗糙度，即 e/D。管壁粗糙度的取值往往比较困难，因为其值不是可直接测量的参数。而是根据测试的压力梯度计算其摩阻系数，由 Moody 图反求有效的 e/D 值。对于新油管推荐 $e=0.016$mm（0.0006in）。

单相流体在层流和紊流两种极端状况之间划分为四个不同的流动区域。由图 3-2 可看出，在完全粗糙管区域，当雷诺数较大时，f 趋于平行横轴，主要受相对粗糙度的影响。这种情况下可利用 Nikuradse 的摩阻系数关系式计算：

$$\frac{1}{\sqrt{f}}=1.74-2\lg\frac{2e}{D} \tag{3-9}$$

Colebrook 和 White（1939）根据 Moody 图提出了比较完善的关系式：

$$\frac{1}{\sqrt{f}}=1.74-2\lg\left(\frac{2e}{D}+\frac{18.7}{Re\sqrt{f}}\right) \tag{3-10}$$

上式为隐函数，可用迭代法计算。可用于紊流的光滑管、过渡区及完全粗糙区。当雷诺数较大时，式(3-10) 可简化为 Nikuradse 公式(3-9)。

Jain（1976）提出了直接计算的显示公式：

$$\frac{1}{\sqrt{f}}=1.14-2\lg\left(\frac{e}{D}+\frac{21.25}{Re^{0.9}}\right) \tag{3-11}$$

上式与 Colebrook-White 关系式(3-10) 比较，在相对粗糙度为 $10^{-6}\sim10^{-2}$ 和雷诺数为 $5\times10^3\sim10^8$ 的范围内，其误差在±1%以内。上式可用于所有紊流计算。

第二节　纯气井井底压力

一、静气柱

通常井口压力获取较为方便，根据井口参数计算井底压力，取坐标 z 沿井轴向下为正。对于直井，测量井深 L 等于垂直深度 H，$\theta=90°$，$\sin\theta=1$。对于静气柱，气体不流动 ($v=0$)，压降梯度方程（3-7）中摩阻项和动能项均为零。垂直井静气柱总压降梯度即为重力压降梯度，即：

$$\frac{\mathrm{d}p}{\mathrm{d}z}=\rho g \tag{3-12}$$

式(3-8) 中，气体密度可用状态方程表示为：

$$\rho=\frac{M_g p}{RTZ}=\frac{28.97\gamma_g p}{RTZ}$$

式中 ρ——气体密度，kg/m³；

M_g——天然气视相对分子质量，取值为 28.97kg/kmol；

γ_g——天然气相对密度；

R——通用气体常数，取值为 8315Pa·m³/(kmol·K)；

p——压力，Pa；

T——温度，K；

Z——气体偏差系数。

将上式代入式(3-12) 得：

$$\frac{\mathrm{d}p}{\mathrm{d}z}=\frac{M_g pg}{RTZ}=\frac{28.97\gamma_g pg}{RTZ} \tag{3-13}$$

分离变量并积分：

$$\int_{p_{wh}}^{p_{ws}}\frac{\mathrm{d}p}{p}=\int_0^H\frac{28.97\gamma_g g}{RTZ}\mathrm{d}z \tag{3-14}$$

由于 T，p，Z 是沿井深变化的，为了便于直接积分，通常采用井筒平均温度和平均压力计算平均 Z 值，积分得：

$$\ln\frac{p_{ws}}{p_{wh}}=\frac{28.97\gamma_g gH}{\overline{T}R\overline{Z}}$$

即：
$$\frac{p_{ws}}{p_{wh}}=e^{s}$$

式中　p_{ws}、p_{wh}——气井井底、井口静压，Pa；

H——井口到气层中部深度，m。

$\overline{T}$——井筒气柱平均温度，$\overline{T}=(T_{wh}+T_{ws})/2$，K；

$\overline{Z}$——井筒气柱平均偏差系数；

s——指数。

$$s=\frac{28.97\gamma_{g}gH}{R\overline{T}\overline{Z}}=\frac{28.97\gamma_{g}\times 9.81H}{8315\overline{T}\overline{Z}}=\frac{0.03418\gamma_{g}H}{\overline{T}\overline{Z}} \tag{3-15}$$

所以，井底静压为：

$$p_{ws}=p_{wh}e^{s}=p_{wh}e^{0.03418\gamma_{g}H/(\overline{T}\overline{Z})} \tag{3-16}$$

由于偏差系数 Z 中隐含所求井底静压 p_{ws}，故无法显式表示静压，需要采用迭代法求解。其计算步骤如下：

（1）取 p_{ws} 的迭代初值 p_{ws0}，此值与井口压力 p_{wh} 和井深 H 有关，建议取 $p_{ws0}=p_{wh}(1+0.00008H)$。

（2）计算平均参数 $\overline{T}$，$\overline{p}=\frac{p_{ws}^{0}+p_{wh}}{2}$，$\overline{Z}(\overline{T},\ \overline{p})$。

（3）按式(3-15)、式(3-16) 计算 p_{ws}。

（4）若 $|p_{ws}-p_{ws0}|/p_{ws}\leqslant\varepsilon$（给定误差），则 p_{ws} 为所求值，计算结束；否则取 $p_{ws0}=p_{ws}$，重复（2）~（4）步迭代计算，直到满足精度要求为止。

二、动气柱

（一）油管生产

以井口为计算起点，沿井深向下为 z 的正向，与气体流动方向相反。忽略动能压降梯度，垂直气井的压力梯度方程为：

$$\frac{dp}{dz}=\rho g+f\frac{\rho v^{2}}{2D} \tag{3-17}$$

任意流动状态（p，T）下的气体流速可表示为：

$$v=v_{sc}B_{g}=\frac{q_{sc}B_{g}}{A}=\left(\frac{q_{sc}}{86400}\right)\left(\frac{T}{293}\right)\left(\frac{0.101}{p}\right)\left(\frac{Z}{1}\right)\left(\frac{4}{\pi}\right)\left(\frac{1}{D^{2}}\right) \tag{3-18}$$

式中　v_{sc}——标准状态下气井流速，m/s；

v——任意位置处流动状态下的气体流速，m/s；

p_{sc}、T_{sc}——标准状况的压力，温度，取 $p_{sc}=0.101$MPa、$T_{sc}=293$K；

q_{sc}——气井日产气量（标准状态），m^{3}/d。

将气体密度公式和上式代入压降方程（3-13）得：

$$\frac{dp}{dz}=\frac{0.03418\gamma_g p}{\overline{T}\,\overline{Z}}+1.32\times10^{-6}\frac{f}{D}\frac{0.03418\gamma_g p}{\overline{T}\,\overline{Z}}\left(\frac{\overline{T}\,\overline{Z}q_{sc}}{pD^2}\right)^2 \tag{3-19}$$

分离变量积分：

$$\int_{p_{wh}}^{p_{ws}}\frac{p}{1+1.32\times10^{-6}f(q_{sc}\overline{T}\,\overline{Z})^2/(p^2D^5)}dp=\int_0^H\frac{0.03418\gamma_g}{\overline{T}\,\overline{Z}}dz \tag{3-20}$$

井底流压为：

$$p_{wf}=\sqrt{p_{wh}^2e^{2s}+1.324\times10^{-18}f(q_{sc}\overline{T}\,\overline{Z})^2(e^{2s}-1)/D^5} \tag{3-21}$$

式中 p_{wf}、p_{wh}——气井井底、井口流压，MPa；

f——T、p 下的摩阻系数，由式(3-11) 计算；

$\overline{T}$——井筒或（井段）平均温度，K；

$\overline{Z}$——井筒或（井段）气体的平均偏差系数；

q_{sc}——标准状态下天然气体积流量，m^3/d；

D——油管内径，m。

s 为式(3-15) 表示的无因次量。其他符号及其单位与静压计算公式相同。上述流压计算仍采用迭代法，其基本计算步骤和程序结构与上述静压计算相同。

（二）套管生产

以采用平均温度和平均偏差系数计算方法为例，变换后的公式为：

$$p_{wf}=\left[p_{tf}^2e^{2s}+\frac{1.324\times10^{-18}f(\overline{T}\,\overline{Z}q_{sc})^2(e^{2s}-1)}{(D_2-D_1)^3(D_2+D_1)^2}\right]^{1/2} \tag{3-22}$$

$$\frac{1}{\sqrt{f}}=1.14-2\lg\left(\frac{e}{D_2-D_1}+\frac{21.25}{Re^{0.9}}\right) \tag{3-23}$$

$$Re=1.766\times10^{-2}\frac{q_{sc}\gamma_g}{\mu_g(D_2+D_1)} \tag{3-24}$$

式中 D_1——油管外径，m；

D_2——套管内径，m。

（三）斜井

平均温度和平均气体偏差系数计算方法：

$$p_{wf}=\left[p_{tf}^2e^{2s}+\frac{1.324\times10^{-18}(\overline{T}\,\overline{Z}q_{sc})^2(e^{2s}-1)}{D^5}\left(\frac{L}{H}\right)\right]^{1/2} \tag{3-25}$$

式中 L——斜井实测管长，m；

H——斜井垂向井深，m。

（四）气嘴

自喷井常在井口安装节流装置—油嘴，用于控制气井的产量，通过调节油嘴的大小控制井口压力以满足地面设备的耐压要求或防止生成水化物。

节流部件种类很多，包括井口油嘴或针形阀、安装在油管鞋附近的井下油嘴、油管上部的井下安全阀（SSSV），当气流通过这些流通截面突缩部件时，其流动规律基本一致，可概括为嘴流。

根据热力学原理，临界压力比为：

$$\frac{p_c}{p_1}=\left(\frac{2}{k+1}\right)^{\frac{k}{k-1}} \tag{3-26}$$

式中　k——气体绝热指数。

当$\frac{p_2}{p_1}<\left(\frac{2}{k+1}\right)^{\frac{k}{k-1}}$时，为临界流；否则为亚临界流。

亚临界流：

$$q_{sc}=\frac{4.066\times10^3 p_1 d^2}{\sqrt{\gamma_g T_1 Z_1}}\sqrt{\left(\frac{k}{k-1}\right)\left[\left(\frac{p_2}{p_1}\right)^{\frac{2}{k}}-\left(\frac{p_2}{p_1}\right)^{\frac{k+1}{k}}\right]} \tag{3-27}$$

临界流：

$$q_{max}=\frac{4.066\times10^3 p_1 d^2}{\sqrt{\gamma_g T_1 Z_1}}\sqrt{\left(\frac{k}{k-1}\right)\left[\left(\frac{2}{k+1}\right)^{\frac{2}{k-1}}-\left(\frac{2}{k+1}\right)^{\frac{k+1}{k-1}}\right]} \tag{3-28}$$

式中　q_{sc}——通过气嘴的气体流量，m^3/d；

q_{max}——通过气嘴的最大气体流量，m^3/d；

p_1——气嘴入口端面上的压力，MPa；

p_2——气嘴出口端面上的压力，MPa；

p_c——临界状态下的p_2，MPa；

d——气嘴开孔直径，mm；

T_1——气嘴上流温度，K；

Z_1——在气嘴入口状态下的偏差系数；

γ_g——天然气的相对密度；

k——天然气的绝热指数。

气流经过井下安全阀（亚临界）所产生的压降的计算式为：

$$\begin{cases} p_1-p_2=\dfrac{1.5\gamma_g p_1}{Z_1 T_1}(1-\beta^4)\left[\dfrac{17.6447 Z_1 T_1 q_{sc}}{p_1 d_{sssv}^2 C_d Y}\right] \\ Y=1-[0.41+0.35\beta^4]\left(\dfrac{p_1-p_2}{kp_1}\right) \end{cases} \tag{3-29}$$

$$\beta=d_{sssv}/d$$

式中　d——油管内径，mm；

d_{sssv}——井下安全阀嘴子直径，mm；

C_d——流量系数，建议$C_d=0.9$

k——绝热指数；

Y——膨胀系数。

因 $Y=f(\Delta p)$，式(3-29)中 Δp 为未知数，应用迭代法求解。通常，$Y=0.67\sim1.0$，近似计算建议取 $Y=0.85$。

第三节 气液两相流井底压力

对于存在底水或边水的气藏，在开采过程中，液气比将逐渐增高，油管内存在气液两相流。在气液两相管流中，气液各相分布状况多种多样，存在不同流型，气液界面又很复杂和多变，寻求实用的、严格的数学解是很困难的。对于采气工程中的气液两相管流，其核心问题是探讨沿程的压力损失及其影响因素。

一、两相管流参数

(一) 质量流量、体积流量和体积含液率

单位时间内流过管子横截面的流体质量称为质量流量。总的质量流量为两相的质量流量之和，即：

$$G_m=G_L+G_G \tag{3-30}$$

式中 G_m——气液混合物质量流量，kg/s；

G_L、G_G——液相、气相质量流量，kg/s。

单位时间内流过管子截面的气液混合物总体积称为气液两相体积流量：

$$q_m=q_L+q_G \tag{3-31}$$

式中 q_m——气液两相体积流量，m^3/s；

q_L、q_G——液相、气相体积流量，m^3/s。

体积含液率 λ_L 表示管流截面上液相体积流量与气液混合物总体积流量的比值，又称为无滑脱持液率，即：

$$\lambda_L=\frac{q_L}{q_m}=\frac{q_L}{q_L+q_G} \tag{3-32}$$

有时也用体积含气率（无滑脱持气率）为：

$$\lambda_G=1-\lambda_L=\frac{q_G}{q_L+q_G} \tag{3-33}$$

(二) 气相速度、液相速度、折算速度及两相混合物速度

设 A_G 和 A_L 分别表示气相和液相占管子的横截面积，即：

气相速度 $v_G=q_G/A_G$ 液相速度 $v_L=q_L/A_L$

上述速度实质上是气液相在各自所占流通面积上的局部速度的平均值，常称为气、液相的真实速度。因为 A_G、A_L 不便测定，故 v_L、v_G 也很难计算得到。

为了便于研究，常采用表观速度。假定管子全部截面 A 只被两相混合物中的某一相单独占据时的流速，即：气相表观速度 $v_{SG}=q_G/A$；液相表观速度 $v_{SL}=q_L/A$。

显然，表观速度必小于相应各相的真实速度，即：$v_{SG}<v_G$，$v_{SL}<v_L$。

两相混合物速度表示气液两相混合物总体积流量与流通截面积之比，即：

$$v_m=(q_G+q_L)/A$$

由表观速度的定义可知：

$$v_m=v_{SG}+v_{SL} \tag{3-34}$$

虽然混合物速度 v_m 和表观速度都是实际上并不存在的假想速度，引入这些参数将为两相流的计算和数据处理提供方便。

（三）持液率

持液率 H_L 表示在气液两相流动中，液体所占单位管段容积的份额，即：

$$H_L=\frac{A_L}{A} \tag{3-35}$$

由上式可见，H_L 实质是指在两相流动的过流断面上，液相面积占过流断面总面积的份额，又称为截面含液率、真实含液率或液相存容比。

持气率 H_G（又称空隙率、真实含气率、截面含气率或气相存容比）为：

$$H_G=1-H_L=\frac{A_G}{A} \tag{3-36}$$

若 $H_L=0$，表示单相气流；若 $0<H_L<1$，表示气液两相流；若 $H_L=1$，表示单相液流。

H_L 是表示气液相管流混合物密度的特性的重要参数。一般采用实验和因次分析的方法确定，以便描述复杂的相间滑脱现象即液相的滞留效应。

（四）气液混合物的密度和流动密度

在管道某流通断面上取微小流段 ΔL，此流段中气液两相混合物的密度定义为此微小流段中两相质量与体积之比，即：

$$\rho_m=\frac{\rho_G(1-H_L)A\Delta L+\rho_L H_L A\Delta L}{A\Delta L} \tag{3-37}$$

两相混合物密度：

$$\rho_m=\rho_L H_L+\rho_G(1-H_L) \tag{3-38}$$

单位时间内流过截面的两相混合物的质量与体积之比称为气液混合物流动密度，也称无滑脱混合物密度，即：

$$\rho_{ns}=\frac{G_m}{q_m} \tag{3-39}$$

故：

$$\rho_{ns}=\rho_L\lambda_L+\rho_G(1-\lambda_L) \tag{3-40}$$

在气液两相管流中，由于两相间密度差会产生气相超越液相的相对流动现象，即滑脱现象。滑脱现象将增大气液混合物密度，从而增大混合物的重力消耗。因滑脱而产生的附加压力损失称为滑脱损失。通常用存在滑脱时混合物的密度与不考虑滑脱时的混合物流动密度之差来表示单位管段上的滑脱损失，即：

$$\Delta\rho=\rho_m-\rho_{ns} \tag{3-41}$$

二、基本计算方法

在气液两相管流的计算中，一般是以单相流体一维稳定管流压力梯度基本方程为基础。根据井口压力计算井底流压，常取坐标 z 的正向与流动方向相反，管斜角 θ 定义为油管与水平方向的夹角。其压力梯度方程为：

$$\frac{\mathrm{d}p}{\mathrm{d}z}=\rho_{\mathrm{m}}g\sin\theta+f_{\mathrm{m}}\frac{\rho_{\mathrm{fr}}v_{\mathrm{m}}^{2}}{2D}+\rho v_{\mathrm{m}}\frac{\mathrm{d}v_{\mathrm{m}}}{\mathrm{d}z} \tag{3-42}$$

式中，重力、摩阻和动能压降梯度项的密度为两相流混合物密度 ρ_{m}。

由于压力梯度方程（3-42）的右边包含了流体物性、运动参数及其有关的无因次变量，无法求其解析解。因此，对于气液两相管流习惯采用迭代法（也称试错法），可分为按管段长度或压力两种。这里重点介绍按管长增量迭代法的求解步骤。

将压力梯度方程（3-43）写成管长增量的形式：

$$\Delta z_i=\Delta p/\left(\frac{\mathrm{d}p}{\mathrm{d}z}\right)_i \tag{3-43}$$

式中，$(\mathrm{d}p/\mathrm{d}z)_i$ 为压力梯度方程（3-43）的右函数值。

解法的基本思路：给定上式中的压力增量 Δp，先估计出此 Δp 对应的管段长度增量的初值 Δz^0，由此确定相应管长的平均温度 $\overline{T}$ 和平均压力 $\overline{p}$，并计算该条件下的压力梯度 $(\mathrm{d}p/\mathrm{d}z)_i$，再由上式计算出 $\Delta \mathrm{z_i}$，若计算值 Δz_i 与初值 Δz^0 接近，则计算值 Δz_i 即为给定 Δp 对应的解，否则将计算值作为初值进行迭代直到收敛。逐个节点重复上述过程直到或超过预计终点为止。

上式中的压力增量值 Δp 的大小控制了计算节点的数目，将直接影响计算的误差和速度。一般选 Δp 为 0.3~1.0MPa，低压条件下应取得小一些，而高压条件下则应取得大一些。这样既能减小计算误差又能提高计算速度。现以根据井口条件计算油管下部终点压力为例。已知井口（$z_0=0$）压力 $p_0=p_{\mathrm{wh}}$ 沿油管的压力分布计算步骤如下：

（1）记计算节点序号 $i=1$，选取压力增量 Δp 和对应的管长初值 Δz_0。

（2）计算第 i 节点位置 z_i 及其温度：

$$z_i=z_{i-1}+\Delta z_0$$

考虑流体温度沿井深线性变化，节点处的温度为：

$$T_i=T(z_i)=T_0+g_T z_i$$

（3）计算 Δz_0 段的平均温度和平均压力：

$$\overline{T}=(T_{i-1}+T_i)/2;\quad \overline{p}=p_{i-1}+\Delta p/2$$

（4）计算 $\overline{T}$、$\overline{p}$ 条件下的有关物性参数。

（5）计算各相体积流量 q_{g}、q_{L}，表观流速 v_{SG}、v_{SL} 以及混合物流速 v_{m}。

（6）计算有关无因次量，判别流型。

（7）计算相应流型下的持液率、混合物密度、摩阻系数和压力梯度 $(\mathrm{d}p/\mathrm{d}z)_i$。

（8）按式(3-43) 计算 Δz_i。

若 $|\Delta z_i-\Delta z_0|/\Delta z_i \leqslant \varepsilon$（给定误差），则转向计算步骤⑩，否则令 $\Delta z_0=\Delta z_i$，转向计算步骤（2）。

（9）计算输出第 i 节点位置和相应压力：

$$z_i=z_{i+1}+\Delta z_i \qquad p_i=p_0+i\Delta p$$

（10）若 $z_i \geqslant H$（内插确定 H 处的压力值）计算结束；否则 $\Delta z_0=\Delta z_i$，$i=i+1$ 转向（2）。

若按压力增量迭代求解，则将压力梯度写成压力增量形式：$\Delta p_i=\Delta z\ (\mathrm{d}p/\mathrm{d}z)_i$，其中 Δz 为给定管长增量，先假设 Δz 对应的压力增量初值 Δp_0，按上述类似的迭代方法逐段计算，直到预计井深为止。

三、其他方法

自 1994 年 Davsi 和 Weidner 在实验室研究气液两相流始，众多研究人员已针对石油矿场气液两相流发表了很多计算方法。例如 Hagedorn 和 Brown 法、Orkiswski 法、Aziz 法、Beggs 和 Brill 法等。西南石油大学李颖川教授根据国外气田 144 井次和四川盆地 14 井次现场测试数据，对上述主要方法的多相管流模型进行了评价，评价表明 Hagedorn-Brown 法优于其他模型，本节主要就该方法进行研究。

对垂直管气液两相流，Hagedorn-Brown 法用压力梯度表示的基本公式为（忽略动能项）：

$$\frac{\Delta p}{\Delta H}=10^{-6}\left(\rho_{\mathrm{m}}g+\frac{f_{\mathrm{m}}q_{\mathrm{L}}^2M_{\mathrm{t}}^2}{9.21\times10^9\rho_{\mathrm{m}}d^5}\right) \tag{3-44}$$

四个重要的无因次参数：

$$N_{\mathrm{lv}}=3.1775v_{\mathrm{sl}}(\rho_{\mathrm{l}}/\sigma)^{0.25} \tag{3-45}$$

$$N_{\mathrm{gv}}=3.1775v_{\mathrm{sg}}(\rho_{\mathrm{l}}/\sigma)^{0.25} \tag{3-46}$$

$$N_{\mathrm{d}}=399.045d\ (\rho_{\mathrm{l}}/\sigma)^{0.5} \tag{3-47}$$

$$N_{\mu}=0.3147_{\mu_{\mathrm{l}}}[1/(\rho_{\mathrm{l}}\sigma^3)]^{0.25} \tag{3-48}$$

计算气液混合物密度：

$$\rho_{\mathrm{m}}=\rho_{\mathrm{L}}H_{\mathrm{L}}+\rho_{\mathrm{g}}(1-H_{\mathrm{L}})$$

计算两相摩阻系数仍用 Jain 公式。雷诺数的定义式为：

$$Re=\frac{\rho_{\mathrm{n}}V_{\mathrm{m}}d}{\mu_{\mathrm{m}}}=\frac{1.474\times10^{-2}q_{\mathrm{l}}M_{\mathrm{t}}}{d\mu_{\mathrm{m}}} \tag{3-49}$$

式中 ΔH——垂直管深度增量，m；

Δp——ΔH 上的压力增量，MPa；

ρ_{m}——气液混合物密度，kg/m³；

g——重力加速度，m/s²；

f_{m}——两相摩阻系数，可用 Jain 公式［详见式(3-11)］计算；

q_{L}——地面产液量，m³/d；

M_t——地面标准条件下，每产 1m^{3}液体伴生油、气、水的总质量，kg/m^3；

d——油管内径，m；

ρ_g——气体密度，kg/m^3；

H_l——持液率；

v_m——气液混合物速度，m/s，$v_m=v_{sg}+v_{sl}$；

v_{sg}——气体表观速度，m/s，$v_{sg}=q_g/A$；

v_{sl}——液体表观速度，m/s，$v_{sl}=q_l/A$，$A=\dfrac{\pi}{4}d^2$；

ρ_n——无滑脱气液混合物密度，$\rho_n=\rho_l\lambda_1+\rho_g(1-\lambda_1)$；

λ_1——无滑脱持液率，$\lambda_1=v_{sl}/v_m$，$\mu_m=\mu_l^{H}+\mu_g^{(1-H_L)}$；

μ_l——液体黏度，mPa·s；

μ_g——气体黏度，mPa·s；

N_{lv}——液体速度数；

N_{gv}——气体速度数；

N_d——管道直径数；

N_μ——液体黏度数；

σ——表面张力，mN/m。

以长度叠加法为例，确定沿管长的流动压力分布和井底流动压力。

在 Δp 和 ΔH 两相关变量中，对 Δp 赋一定值，计算 ΔH，然后，逐段计算到 $\sum\Delta H\geqslant H$（井深）。具体步骤如下：

（1）如已知井压力 p_1，取 Δp 为一定值，计算 ΔH 上的平均压力：

$$\bar{p}=p_1+\Delta p/2$$

（2）产生压降 Δp 的管段 ΔH 是未知数，先赋一初值，用符号 $\Delta H^{(0)}$ 表示。

（3）根据 $\Delta H^{(0)}$，已知井口温度 T_1 和地温梯度 a，确定管段 ΔH 上的平均温度 $\bar{T}$：

$$\bar{T}=T_1+[H_1+\Delta H^{(0)}/2]a$$

（4）对 ΔH 管段，计算在 $\bar{p}$、$\bar{T}$ 条件下的全部参数。

（5）确定 H_l、f_m。

（6）利用式(3-43)，计算 ΔH。比较 ΔH 与 $\Delta H^{(0)}$ 之差是否满足所规定的精度；否则，返回步骤（3），重复计算，直到满足精度要求，则：

$$H_1=H_1+\Delta H$$

$$p_1=p_1+\Delta p$$

返回步骤（1），迭代到 $H_1>H$（井深）。

习　题

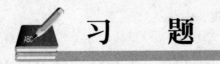

1. 某井参数如下：井深 $h=4500$m，关井最大井口压力 $p_{ts}=9.401$MPa，临界压力

$p_{pc}=4.801\text{MPa}$，临界温度 $T_{pc}=192.4\text{K}$，天然气相对密度 $\gamma_g=0.570$，井口温度 $T_{ts}=20.0℃$，井底温度 $T_{ws}=105.0℃$，试计算该井井底压力。

2. 已知某井参数如下：井深 $h=4700\text{m}$，日产气 $q_g=10.0\times10^4\text{m}^3/\text{d}$，不产水，井口压力 $p_{tf}=13.456\text{MPa}$，临界压力 $p_{pc}=4.801\text{MPa}$，临界温度 $T_{pc}=192.4\text{K}$，天然气相对密度 $\gamma_g=0.570$，井口温度 $T_{ts}=31.0℃$，井底温度 $T_{ws}=105.0℃$，$\mu_g=0.0167\text{MPa}\cdot\text{s}$，$e=0.00001524\text{m}$，用平均温度、平均天然气偏差系数法计算井底压力。

第四章 气井试井

试井是油气藏动态描述及动态监测的重要手段之一，已成为油气勘探开发工作的重要组成部分。本章主要介绍试井的基本概念、试井设计方法、试井测试流程及试井基本解释方法。

第一节 试井类型及测试方法

一、试井的概念及分类

（一）试井概念

试井有广义和狭义之分。广义试井包括压力、温度的测量，取高压物性样品，不同工作制度下的油、气、水流量的测量，探测砂面以及了解出砂情况等。狭义试井仅指对井底压力或井口压力的测量和分析，以及为了进行压力校正而进行的温度测量和为了分析压力动态而进行的产量计量。

本书讨论的试井，主要指狭义试井。它是以油气渗流力学为理论基础，以压力、温度和产量测试为手段，研究油气藏地质和油气井工程参数的一种方法。试井是研究井及地层特性的一种矿场试验，包括试井测试和试井解释。试井测试就是通过一定的测试工艺和测试手段对气井或水井进行测试，其内容包括产量、压力、温度和取样等；试井解释就是以渗流力学理论为基础，通过对气、水井测试信息（p-t、q-t、q-p）的研究，确定反映测试井和地层特性的各种物理参数、生产能力，以及气、水层之间及井与井之间连通关系的方法。

（二）试井分类

试井依据不同标准，其分类也不同，如图 4-1 所示，按流态可分为稳定与不稳定试井；按流体类型可分为油井、气井、水井试井；按生产可分为压降、压恢、探边试井；按时间可分为 DST 测试、生产试井；按目的可分为干扰试井、单井试井等。现场常常根据研究的目对试井分为两大类，即产能试井和不稳定试井。

- 试井
  - 产能试井
    - 一点法试井
    - 回压试井
    - 等时试井
    - 修正等时试井
  - 不稳定试井
    - 单井试井
      - 压力降落试井
      - 压力恢复试井
    - 多井试井
      - 干扰试井
      - 脉冲试井

图 4-1　试井的分类

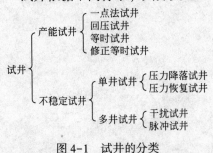

产能试井是指改变若干次测试试井的工作制度，测量在各个不同工作制度下井的稳定产量及相

应的井底压力，利用稳定试井分析理论研究测试井生产能力的一种动态方法。

不稳定试井是指改变测试井的产量，并测量由此引起的井底压力随时间的变化，利用不稳定试井理论研究测试层和测试井特征参数的一种动态方法。

（三）试井用途

产能试井的主要用途主要表现在：确定试井的产能及单井动态预测等。

不稳定试井的主要用途主要表现在：（1）估算测试井的完井效率、井底污染情况，由此判断是否需要采取增产措施（如酸化、压裂），以及分析增产措施的效果；（2）估算测试井的控制储量、地层参数、地层压力；（3）探测测试井附近的边界和井间连通情况；（4）对测试井周围的储层情况进行分析和评价，评价储层的孔隙结果性质等。

二、试井的历史与发展

（一）测试方法的发展历史

（1）美国在1867年出现了第一台地层测试器。

（2）1970年出现机械压力计，1975年出现了电子压力计，1980年出现了地面直读式电子压力计，1983年则可以同时在地面和井下测试产量和压力。

（二）试井解释的发展历史

（1）20世纪30—40年代利用稳定试井法确定单井生产能力及生产是否正常。

（2）20世纪50—70年代利用不稳定试井法的半对数分析，确定试井用途所列各项内容，发展了赫诺法、MBH法、MDH法、探边测试法、多流量试井、干扰试井及多井试井等多种试井方法。

（3）20世纪70—90年代发展了现代试井法：研制了各种油藏标准曲线图版，通过双对数拟合进行试井解释，同时改善了传统半对数分析法。

（4）20世纪90年代后，计算机和试井软件广泛使用，研制更多类型的油藏标准曲线图版，并发展了数字模拟试井方法。

试井解释必须建立在实际气藏开发的基础上，由于气藏及其中流体的复杂性，目前许多复杂流体流动和复杂介质的试井分析方法还没有很好解决，因此，试井解释随着试井理论和方法的不断发展而发展，主要表现在以下两个方面：

（1）试井解释技术本身的发展：①随着常规试井解释解析解模型不断发展，也可以解释较复杂油藏的试井曲线，如目前已推出平面具有各向异性的模型分析、斜井模型分析、储层尖灭模型、未完全断开断层模型分析等解析模型；②数值试井解释技术的不断发展可以解决更加复杂的问题，数值试井分析方法实际上是精细化的单井数值模拟，在单井数值模拟基础上，产生了数值试井分析的概念。与通常的单井数值模拟技术比较，数值试井模拟时步更短，在开关井早期模拟时步短到几秒，同时对测试压力的灵敏度要求更高。数值试井技术的出现，弥补了常规试井解释的不足，二者互相依存。同时数值试井也在不断地发展。

（2）与其他技术的紧密结合。例如，由于生产任务重，关井困难，进行压力恢复测试不可避免地要耽误生产。目前利用现代试井技术的双对数分析方法，从解析解模型到数值解模型，综合考虑压力变化、地质模型进行非线性拟合，同样可以得到类似于试井解释的参数结果，最终可以进行准确地储量计算和生产分析。

三、试井测试方法

虽然试井种类有很多，但现场使用较广泛的只有几种，因此，本书只对现场使用较广泛的试井测试方法进行介绍。

（一）一点法测试

一点法测试是只测试一个工作制度下的稳定压力，其测试时的产量及井底流动压力变化，如图 4-2 所示。

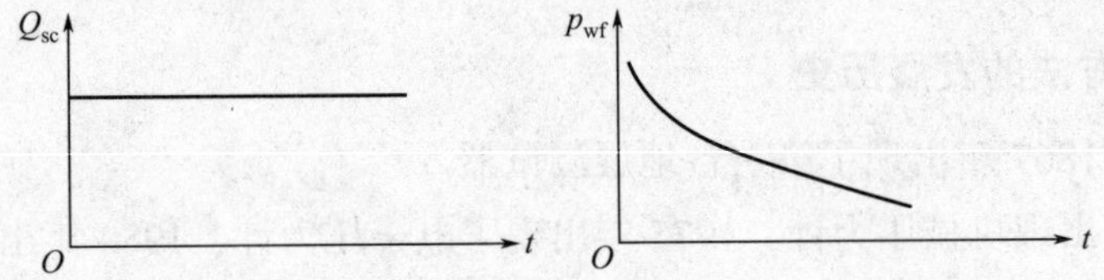

图 4-2　一点法测试产量及井底流动压力变化示意图

（二）回压试井测试

回压试井又称系统试井，也称多点测试方法，是气井在以多个产量生产的情况下，测取相应的稳定井底流压。其测试方法为：以一个较小的产量生产稳定后，测取相应的稳定井底流压，然后再增大产量，再测取相应的稳定井底流压，如此改变 4~5 个工作制度，并测得气藏静止地层压力，如图 4-3 所示。

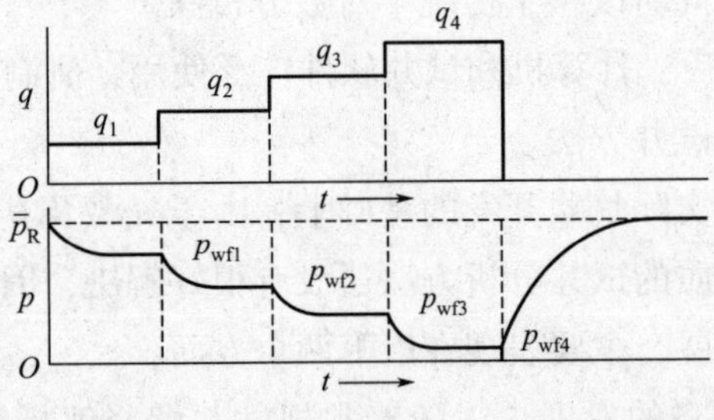

图 4-3　常规回压试井产量及井底流动压力变化示意图

（三）等时试井测试

如果气藏渗透性较差，采用回压试井需要很长的时间，此时可使用等时试井确定气井的产能。等时试井采用若干个（一般 4 个）不同的产量生产相同的时间，在每一产量生产后均关井一段时间，使井底压力恢复到（或非常接近）气层静止压力，最后再以某一定产量生产一段较长的时间，直至井底流压达到稳定。其优点是大大缩短了测试时间，降低了测试成本。其测试产量及井底流动压力变化如图 4-4 所示。

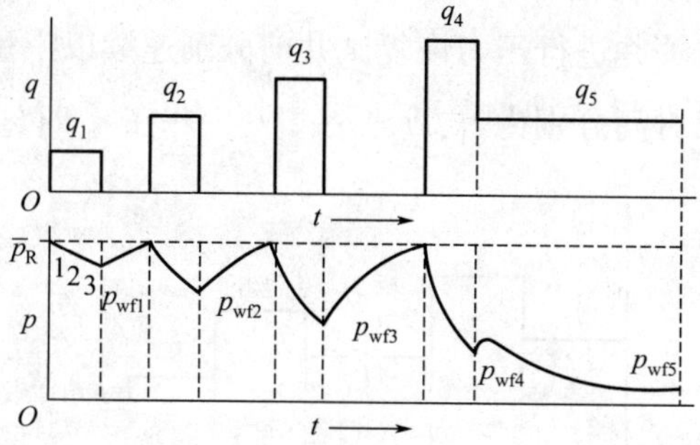

图 4-4　气井等时试井产量及井底流动压力变化示意图

(四) 修正等时试井测试

修正等时试井是对等时试井作进一步的简化。在等时试井中，各次生产之间的关井时间要求足够长，以使压力恢复到气藏静压，各次关井时间一般是不相等的。在修正等时试井中，各次关井时间相同，最后也以某一稳定产量生产较长时间，直至井底流压达到稳定。其测试产量及井底流动压力变化如图 4-5 所示。

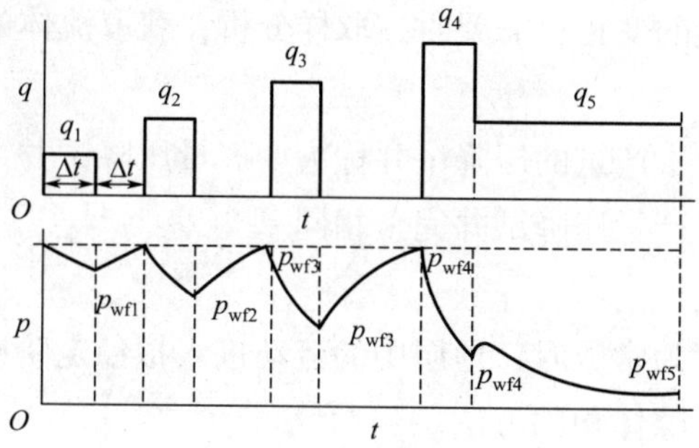

图 4-5　气井修正等时试井产量及井底流动压力变化示意图

(五) 压力恢复试井测试

压力恢复试井是将井从稳定的生产状态转入关井状态，并测量关井后井底压力随时间的变化，由此研究测试井和地层参数的试井方法，主要包括定产量和变产量压力恢复试井。

1. 定产量压力恢复试井方法

气井以恒定产量生产至井底流动压力稳定，将压力计下入井内预订位置，测量井底压力，关井并由压力计自动记录井底压力随时间的变化。其测试产量及井底流动压力变化如图 4-6 所示。

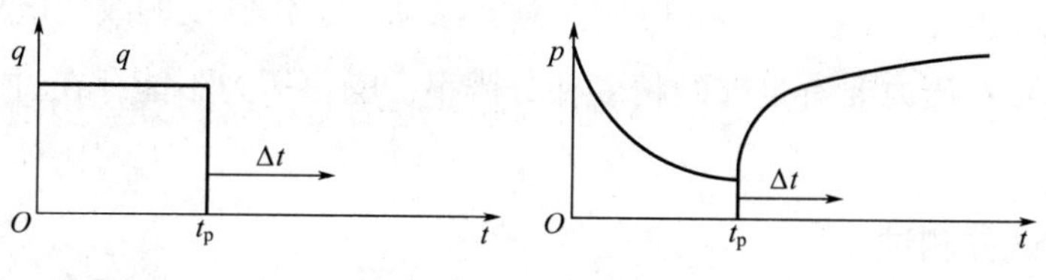

图 4-6　定产量压力恢复试井产量压力变化示意图

2. 变产量压力恢复试井方法

无限气藏一口井，在关井进行压力恢复试井前分别连续以产量 q_1，q_2，…，q_n进行生产，每个产量的生产结束时间分别为 t_1，t_2，…，t_n，并在 t_n 时刻关井，如图 4-7 所示。

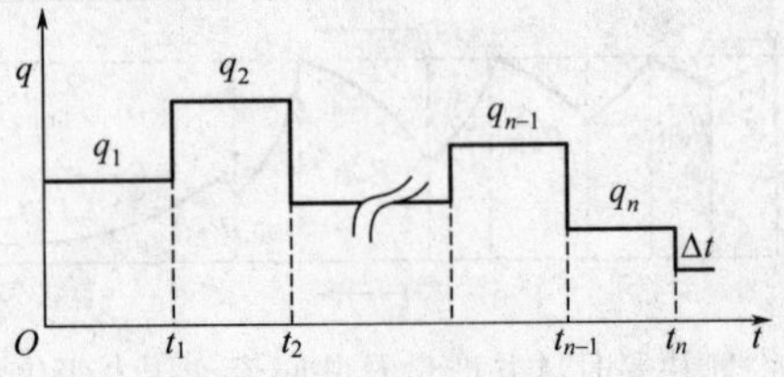

图 4-7　变产量压力恢复试井产量变化示意图

（六）压力降落试井测试

压力降落试井是将关闭的井开井生产，测量产量和井底流压随时间变化及相关资料的一种现场试验方法。压降试井主要包括定产量压降试井、变产量压降试井和探边测试。

1. 定产量压降试井

将压力计下入气藏中部，获取稳定的气层静压，再以恒定产量开井生产，用压力计记录井底流压、稳定随时间的变化；需要时，取样分析，获取流体的物性参数。

2. 变产量压降试井

测试过程中改变若干次产量的压降试井称为变产量压降试井。除了在测试过程中改变产量外，其测试方法与定产量压降试井完全相同。

3. 探边试井

当气藏中的压降速度为常数时，地层中的流动进入拟稳定阶段，利用该阶段的试井资料求单井控制的气藏孔孔隙体积的方法。

（七）干扰试井测试

在进行矿场测试时，干扰试井一般在一口井（或数口井）改变工作制度，使气层中压力发生变化，在另一口井中下入高精度压力计测量井底压力变化，如图 4-8 所示，前者称为激动井，后者称为观察井。激励信号引起的压力变化，在观察井中有一个滞后现象，其滞后时间的长短与井间距离、岩石和流体性质有关。

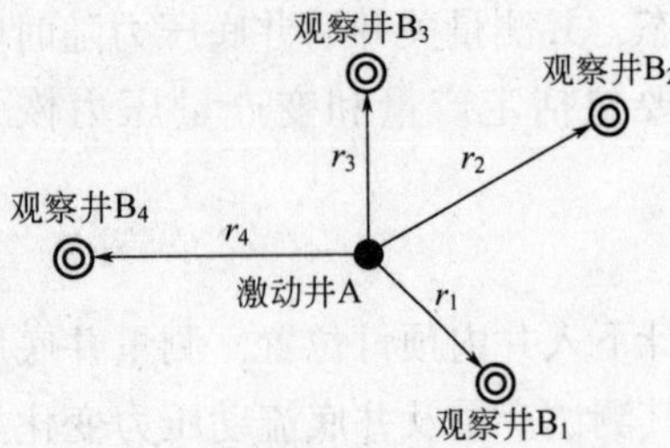

图 4-8　多井参与的干扰试井示意图

在井间连通的情况下，激动井的激励信号传播到观察井后的量值一般非常小，因此，在进行干扰测试时应注意：激动井工作制度的改变应使观察井能接受到尽可能大的信号；压力要有足够的精度和分辨率；噪声压力不能存在过量的波动；观察时间要足够长。

（八）脉冲试井测试

脉冲试井由干扰试井派生而来，实质仍是一种干扰试井，其功能也等同于干扰试井。

脉冲试井是在激动井上进行一系列小流量短期的脉冲激动，一般是以交替开井生产和关井停产造成脉冲，每个生产周期的流量是相同的，同时在观察井中用高精度电子压力计测试压力的变化。该种试井方法在现场使用很少，本书不作进一步论述。

第二节 试井设计

试井设计是现场试井前的必须程序，它是根据勘探、开发工作的实际需要，由生产管理部门下达试井目的，油藏工程师依据其目的设计完成。试井设计是编制试井工艺设计及进行现场施工的依据。一般来说，试井设计应遵循以下几个原则：

（1）以最经济的方式取得最完善的试井数据，执行设计确定的试井方式、试井时间和适宜的测试仪表性能。

（2）提供实际可行的测试方法和工艺技术。

一、产能试井设计

产能试井的目的是确定井的产能，其主要内容包括试井类型、测试时间及测试工作制度3个方面。

（一）试井类型的选择

在矿场产能试井中，使用最多的是回压试井和修正等时试井。一点法试井可靠性较差，一般不采用，而是直接利用稳定的生产数据进行分析；等时试井因测试时间长，测试成本高，矿场使用也较少。

对于中、高渗性地层中的气井，产能试井类型选择具有较大的灵活性。可选择常规的回压试井，也可选择非常规的等时和修正等时试井。

对于低渗透地层中的气井，则应选择最短试井周期的测试类型，如等时或修正等时试井。主要根据地层中流体达到拟稳定流动时间的长短和现场排放的可能条件进行选择。

（二）测试时间的确定

1. 一点法试井

严格来说，进行一点法测试时，储集层中的流动状态必须进入拟稳定期。因此，在产量稳定后，流动时间应达到稳定流动时间 t_s，可用类比法和下式计算稳定流动时间：

$$t_s = \frac{\phi \mu C_t r_e^2}{14.4K} \tag{4-1}$$

式中 t_s——（拟）稳定流开始时间，h；

ϕ——岩石孔隙度，小数；

μ——流体黏度，mPa·s；

C_t——储层的综合弹性压缩系数，MPa^{-1}；

r_e——泄流半径，m；

K——有效渗透率，μm^2。

实际上，真正的稳定状态是不可能达到的，而且压力也不可能为常数。在实际测试中，当产量稳定后，压力随时间不再有明显的变化时，就说明压力已稳定。目前，一点法试井的稳定条件没有行业规范，因此，在实际试井中往往采用经验法，即如果一个气田上有多口井，则可以总结出一个经验值来应用于其他井。如四川东部地区，在产量稳定的情况下，渗透率大于 1mD 的气井，一般情况 10~20h；渗透率小于 1mD 的气井，一般情况 20~30h。

2. 回压试井

回压试井要求每一个工作制度的生产必须达到稳定（即产量和井底流压均要求稳定），因此，每一个工作制度的流动时间应达到稳定流动时间 t_s，也可用类比法和式(4-1）计算稳定流动时间。

在实际现场测试中，回压试井一般适用于 $t_s<10h$ 的地层；如果 $t_s>10h$，一般选择等时或修正等时试井进行产能测试。

3. 等时和修正等时试井

1）等时流动时间

确定等时试井开井流动时间应遵循的原则为：①开井流动生产时间必须大于井筒储集效应的结束时间；②开井流动过程中，探测半径必须达到井距 30m 的范围，以便在开井流动期能够反映出地层的特性。

可用 Ramey（雷米）提出的计算井筒储集效应结束时间 t_{ws}：

$$t_{ws}>\frac{2.654\mu C}{Kh} \tag{4-2}$$

$$t_{ws}>\frac{\mu C}{Kh}(2.654+0.156S) \tag{4-3}$$

式中 t_{ws}——(拟）稳定流开始时间，h；

C——井筒储集系数，m^3/MPa；

h——产层厚度，m；

S——表皮系数。

可用下式计算等时试井流动时间 t_p：

$$t_p=62.5\frac{\phi\mu C_t}{K} \tag{4-4}$$

如果用式(4-4）计算的流动时间小于井筒储集效应结束时间，则实际测试时间必须大于井筒储集效应结束时间。

2）每一工作制度的关井时间

对于等时试井，在每一工作制度生产后，都要求关井井底压力恢复到原始地层压力，才能进行下一工作制度的测试。因此，等时试井关井时间的确定可在测试过程中掌握。

对于修正等时试井，其关井时间也要求大于井筒储集小于的结束时间。因此，修正等时试井关井时间一般等于或约大于其开井流动试井。

3）延长开井测试时间

在等时或修正等时试井中，需要进行延时开井以进行稳定点的测试，该点时间的确定直接影响结果的可靠性。其方法参照一点法测试时间确定。

（三）测试工作制度

测试工作制度的选择决定于测试系统的流体和岩石特征，主要包括最小和最大工作制度和测试产量序列 3 个方面。

1. 最小工作制度

最小产量至少应大于或等于最小携液流量；最小产量应足以使井口温度保持在水合物生成点以上；生产压差大于 0.05MPa。

2. 最大工作制度

（1）最大产量应结合井下测试工具受力分析、砂岩储层保证井底不大量出砂或井壁坍塌、油管冲蚀速度、凝析气藏露点压力等因素确定最大测试产量；

（2）避免气藏边底水进到井内；

（3）生产压差低于地层压力的 20%。

3. 工作制度选择

对于一点法试井则主要是确定合理的测试产量。根据国内外文献研究，在进行一点法试井时，测试产量 $q_g>0.36q_{AOF}$。

对于回压试井、等时以及修正等时试井，选择 4～5 个开井工作制度进行测试，均匀分布于最小和最大产量之间，一般来说测试产量由小到达递增。主要应遵循以下原则：

（1）对于修正等时试井，必须采取产量递增序列，回压试井可采取产量递减序列，主要针对井底有积液的气井。（2）对于等时或修正等时试井的延时产量测试，在最后安排一个中等产量的工作制度进行。（3）对于井内可能形成水合物的气井，宜采用较高的产量进行测试，使井筒内温度处于较高水平，从而减少水合物的形成。气井稳定试井设计见表 4-1。

表 4-1 气井稳定试井设计参考指南

	气井
产能方程	$\Delta p^2=Aq+Bq^2$；$q=C(\Delta p^2)^n$
测点数	大于等于 4
测试类型	$t_s<10h$，回压试井；$t_s>10h$，等时或修正等时试井
最小产量	大于最小携液量或 $p_{wf}=5\%p_R$ 或 $q=10\%q_{AOF}$
最大产量	$p_{wf}=25\%p_R$ 或 $q=50\%q_{AOF}$ 或不发生地层出砂

（四）产能试井基本要求

1. 回压试井基本要求

（1）底水气藏和凝析气藏开采初期应避免生产压差过大，凝析气藏稳定试井选择工作制度时应考虑凝析气油比的稳定条件。

（2）各稳定生产阶段产量变化小于5%。

（3）测量每一个工作制度下的气、水和凝析油产量，同时测量井口压力、气流温度，采用井下测试工艺时按一定的数据采样密度连续测量井底压力、温度。

（4）稳定测试阶段取气、水样分析，砂岩储层应测定产出流体的含砂量。

（5）判别纯气井达到稳定流动状态的经验性方法是稳定生产时间超过试井曲线出现径向流特征的时间，并且预计未来 8h 内气井井底流压变化量不超过当前井底稳定流压的0.5%。

（6）稳定试井之前或之后应做压力恢复试井，准确计算地层压力。

2. 修正等时试井基本要求

（1）等时的开关井期间各自达到径向流阶段，延长开井期间达到稳定状态。

（2）水产量较大或今天积液严重的气井通常不采用修正等时试井，而选择回压试井。

二、不稳定试井设计

不稳定试井设计的主要内容包括试井目的、试井方式选择、设计计算、实施要求和数据采集要求等。

（一）试井目的

根据勘探开发的不同阶段，为求取有价值的地层参数，提出不同的试井目的。例如对气藏进行动态评价、对增产措施进行效果评价、对边界的特征进行评价以及对井间连通情况进行评价。

（二）试井方式

根据试井的目的和现有技术、设备及测试工艺条件确定试井方式。为使一次试井方案的实施更具有实际效益，应选择能采集尽可能多的有效数据的试井方式。根据测试井的主客观条件，试井方式主要有：单井试井，包括压力恢复和压力降落（含变产量）试井，见表4-2；多井试井，包括干扰和脉冲试井，见表4-3；地层测试，包括钻柱地层测试（DST）和电缆地层测试（RFT），见表4-4。

表4-2　单井试井的性能和特点

试井方式	压力恢复试井	压力降落试井
适用条件	长期稳定生产，邻井压力不变	测试期产量稳定，邻井压力不变
求解参数	渗透率、表皮系数、弹性储容比、窜流系数、外推压力、断层性质和距离、裂缝半长及导流能力	渗透率、表皮系数、弹性储容比、窜流系数、外推压力、断层性质和距离、裂缝半长及导流能力
资料录取	关井前一个月流量数据、关井后完整的井底压力与关井时间数据	开井关井历史，开井口完整的井底压力与时间、产量与时间数据
优点	易于实施	分析交易进行
缺点	停产、损失产量，分析方法受流动期影响	不易控制稳定流量，流量不准会影响资料的可靠性或造成分析结果无效

表 4-3 多井试井的性能和特点

试井方式	干扰试井	脉冲试井
适用条件	邻井工作制度稳定，激动井稳定流量生产或关井，观察井关井或稳定流量生产	邻井工作制度稳定，激动井脉冲流量不变，观察井关井或稳定流量生产
求解参数	储层性质及连通性	储层性质及连通性
优点	压力传播范围大	测试时间短
缺点	测试时间长	压力计性能要求高

表 4-4 地层测试的性能和特点

试井方式	钻柱测试	电缆测试
测试条件	裸眼井、下套管井	裸眼井
求解参数	渗透率、表皮系数、外推压力、堵塞比、产能等	纵向流动剖面、渗透率、流体分布剖面和压力系数等
优点	使用条件宽，采集地层流体样品	评价纵向渗透性和连通剖面，可采集地层流体样品，评估钻井液悬浮性能
缺点	测试工艺复杂	评价产层径向参数能力低，适用范围较窄

在选择试井方式时主要遵循以下几个原则：（1）生产井优选压力恢复试井，关停井可选择压降试井；（2）对一般性地层参数评价，优选压力恢复试井；（3）压降试井不影响生产，可进行长时间测试。因此，对于边界性质的评价优选压降试井。

根据目前的技术、设备和工艺条件，通常选择脉冲试井评价产层压力波动范围内渗透率的非均质情况；但当储层渗透率较低或井距较大时，仍采用干扰试井方法为宜。探井的地层测试，则采用 DST 和 RFT 进行综合测试为好，即在测井之后随即进行电缆地层测试，在进行钻柱地层测试。它们的测试成果和所取得的资料可相互补充，能更有效地描述产层特征。

（三）测试井基本情况

测试井的基本情况是进行施工设计的必须资料，也是近视试井解释不可缺少的基础数据，主要包括以下内容：

（1）地理位置和地面条件：地理位置、交通条件、气候环境及食宿条件等。

（2）地质情况：地质构造特征、储层类型、气藏类型及气水关系等。

（3）完井资料：井号、井位、层位、井深、完井方式、射孔井段、产量、井下管柱结构、井史（事故处理或作业状况）及井网井距等。

（4）地面流程：井口产量检测条件（流程图）及计量技术规格等。

（5）流体性质：流体体积系数、黏度、压缩系数、密度及气体组分等。

（6）储层性质：地层渗透率、地层厚度、孔隙度、岩石压缩率及气水饱和度等。

（7）其他资料：对于新井，应了解钻井工艺的储层造成损害的程度；对于开发生产井，还应掌握开采的历史动态资料。

（四）设计计算

一次成功的试井应具有以下条件：合适的测试时间、有效的测试资料、完善的试井解释。这在很大程度上与试井设计有关。试井设计计算至少要提供给测试部门两相数据：测试时间和压力计性能的要求（表4-5、表4-6）。

表4-5 计算测试时间的步骤和公式

计算步骤	计算公式
井筒储集系数 C，m^2/MPa	$C=VC_g$
中期径向流直线段开始时间 t_b，h	恢复：$t_b=2.21C_e^{0.14S}(kh/\mu)^{-1}$ 压降：$t_b=(2.654+0.156S)C(kh/\mu)^{-1}$
最少测试时间 Δt_{d1}，h	$\Delta t_{d1}>3t_b$
中期径向流直线结束时间 Δt_{we}，h	$t_{we}=\dfrac{\phi\mu C_t A}{3.6K}(\Delta t_{DA})_{esl}$ $(\Delta t_{DA})_{esl}$为中期径向流直线段结束的无因次时间
拟稳态流开始时间 t_{pss}，h	$t_{pss}=\dfrac{\phi\mu C_t A}{3.6K}(\Delta t_{DA})_{pss}$ $(\Delta t_{DA})_{pss}$为拟稳态流开始的无因次时间
最少探边测试时间 Δt_{d2}，h	$\Delta t_{d2}>10t_{pss}$

表4-6 压力计性能选择

性能	计算公式
量程 p_m，MPa	恢复：$p_m=1.2p_m=1.2(p_{1h}+m\lg\Delta t_{d1})$ 压降：$p_m=1.2p_R$
分辨率 δ_p，MPa	常规分析：$\delta_p=0.046m$ 导数诊断、拟合：$\delta_p=0.0046m$
精度	一般取最大绝对误差 $\Delta X<10\delta_p$
钟机	走时长度=1.2（Δt_d+下井时间）

对于初试井设计，对渗透率、表皮系数进行估算。对于其他参数可从井史、流体分析、测井、完井报告、上次试井报告及其他研究报告获得。

表4-5中的 Δt_{d1} 为求一般地层参数的试井设计时间；Δt_{d2} 为探边测试的试井设计时间。两者皆为合理的测试时间，实际测试时宁多勿少。

使用表4-5时应注意：

（1）若 $\Delta t_{d1}>\Delta t_{we}$，则测试资料在分析图中难以形成准确斜率的直线；

（2）当 $\Delta t_{we}<\Delta t_{d1}<1.5\Delta t_{we}$，则分析图形成的直线斜率可能达到10%的误差；

（3）若 $\Delta t_b>\Delta t_{we}$，则不能形成分析图中的中期区直线，即使延长测试时间也无济于事。此时，为取得有效的测试资料，只有用井下开关工具试井。

选择压力计类型的一般准则：以半对数分析中期径向流直线段斜率0.01MPa/cycle为界，小于0.01应选精度在0.05%以内的高精度电子压力计，大于0.01可选机械压力计或低精度电子压力计。

表4-6中 m 为确定地层渗透率 K（估计值）中期直线斜率，由下式计算：

$$m=\frac{2.12\times10^{-3}qB\mu}{Kh} \tag{4-5}$$

p_{1h}为测试时间 1h 的理论压力，用下式计算：

$$p_{1h}=p_{wf}(\Delta t=0)+m\left[\lg\left(\frac{K}{\phi\mu C_t r_w^2}\right)+0.908+0.87S\right] \tag{4-6}$$

式中 p_{wf}（$\Delta t=0$）——恢复试井开始瞬时流压；

Δt_d——为试井设计时间，一般性试井取 Δt_{d1}，探边试井取 Δt_{d2}。

目前，利用试井设计软件，也可根据已知或计算的地层参数 K、h、d、p_i、ϕ、μ、C_t、C、S 等计算压力史、压降及压力导数曲线。在此基础上对流动特征及边界特征进行分析，从而确定正确的测试时间。

（五）不稳定试井基本要求

1. 总体要求

采用人工读取井口压力表、真重仪方式录取数据时，要求每对数周期数据点不少于 10 个；采用电子压力—温度计录取数据时，要求每对数周期数据点不少于 50 个。

2. 压力恢复试井基本要求

（1）气井关井测试前应保持产量稳定，产量变化幅度不超过 5%；

（2）测试从关井时刻开始，记录关井时间以及关井前流动状态和关井后的压力、温度变化数据；

（3）井口测试或井下直读测试时，根据试井设计和试井数据实时诊断分析图，判定是否结束压力恢复试井。

3. 压力降落试井基本要求

1）定产量压力降落试井

（1）测试从开井时刻开始，记录开井时间以及开井前静止状态和开井后的压力、温度变缓数据；

（2）确定测试产量需要考虑的因素与产能试井考虑的因素相似；

（3）保持连续稳定生产，产量变化不超过 5%；

（4）井口测试或井下直读测试时，根据试井设计和试井数据实时诊断分析图，判定是否结束压力降落试井。

2）变产量压力降落试井

测试过程中，在自然递减状态下，不刻意为保持产量稳定而频繁东操作调节，但应连续计量产量变化值。其他要求与定产量压力降落试井相同。

4. 干扰试井基本要求

（1）设计激动井产量合理，根据激动井与观测井的距离、地层渗透率等参数，计算激动井生产在观测井处产生的压力变化，判断其能否被仪器准确识别，论证干扰试井方案的可行性；

（2）观测井测压应选高精度、高灵敏度压力计，一般采用井底测压方式；

（3）试井前激动井与观测井都要关井至平稳状态；

（4）相邻的其他井在测试期间保持关井或稳定生产状态；

（5）测试期间激动井保持连续生产，产量变化不超过5%；

（6）根据试井设计和试井数据实时诊断分析图，判定是否结束干扰试井。

5. 脉冲试井基本要求

（1）地层渗透率较高（高于10mD）、井间距较小（小于1km）、激动井产量较高（高于$20\times10^4m^3/d$）时，可考虑采用脉冲试井；

（2）设计激动井合理产量和开关井脉冲周期，根据激动井与观测井的距离、地层渗透率等参数，计算激动井在观测井处产生的脉冲压力变化，判断其能否被仪器准确识别，论证脉冲试井方案的可行性；

（3）观测井测压应选高精度、高灵敏度压力计，一般采用井底测压方式。

6. DST 试井基本要求

采用二开二关测试流程，初流动期时间长短的确定以排除井底口袋中的钻井液为原则，初关井期时间长短的确定以初流动后压力恢复基本稳定为原则；终流动期时间长短的确定原则是地面产出地层流体，近井区地层中流体以径向流方式向井流动。

7. 探边试井基本要求

探边测试的开井及关井时间要足够长，至少要保证压力扰动传播到边界。对于以计算单井供给区域形状系数及计算单井控制储量为目的的探边测试，要求对应的压降和恢复过程达到拟稳定流动阶段。

三、其他特殊井试井基本要求

（一）产水气井试井基本要求

产水气井试井应采用井下压力计测试方式。如果井筒内有积液，压力计应下至产层中部测试。

（二）凝析气井试井基本要求

凝析气井试井应采用井下压力计测试方式，压力计应下至产层中部测试。凝析气藏勘探和开发初期气井试井时，应尽量避免井底流压低于露点压力，试井的同时因井下井流物取样。

（三）高含硫气井试井基本要求

高含硫气藏勘探和开发初期气井试井应采用井下压力计测试方式，并同时作井口对比测试。试井的同时应井下井流物取样，作天然气组分、有机硫含量分析。

（四）水平井气井试井基本要求

水平井井下测压试井时，压力计应尽量下至接近水平段起点。

（五）大产量气井试井基本要求

确保试井期间的最小产量和产量变化引起的压力扰动能被压力计识别，并不易被产量自然波动因素干扰淹没；最大产量条件下能保证井内测试仪器和地面集输系统的安全，静态类气流速度低于油管冲蚀速度。

第三节 试井实施及要求

一、测试仪器性能指标要求

流量计精度不低于1%。稳定试井、修正等时试井采用的压力计精度不低于0.5%，不稳定试井压力计精度不低于0.2%。干扰试井、低渗透地层试井或探边测试应选用高灵敏度的压力计，其有效分辨率不得低于0.005MPa。

二、试井实施及资料录取要求

为确保试井工艺的成功，保证资料的完整和有效，取得较好的分析成果，在试井实施过程中需达到以下基本要求：

（1）准备工作。

落实试井工作人员岗位责任和安全措施，安排值班计划，将相关情况告知生产管理部门。标校、检查测试仪表，检查井口、管线及井场供电情况，准备消耗材料和用品。通井，标校电缆或钢丝深度计数器，计算所需加重杆重量并配备加重杆。完成压力—温度计采点编程。

（2）入井压力计的使用量程要求。

采用井下测试方式时，如井压力计的使用量程应低于额定量程的80%。

（3）施工工程操作要求。

关井测试应做到瞬间关井，从关闸门到完全关闭，时间不超过1min。井下测试出现仪器遇阻不能起下时，应判断遇阻部位及分析原因，切忌强行上提。

（4）记录资料要求。

按试井设计要求记录压力、温度数据。做好值班记录，包括记录开关井时刻、动操作情况和试井过程中出现的异常情况。在稳定试井、等时试井、变流量压降试井时，应准确取得与产量计量时刻对应的压力、温度数据。各项记录数据表可参照中石油行业标准SY/T 5440—2009。

三、测试报告要求

测试报告应具备以下基本内容：

（1）试井的目的和内容。

（2）测试井的基本情况：井号、层位、井段、中部井深、测试深度和测试日期等；测试井类型和生产方式；井身结构图和测试井周围构造图；地层流体性质；地面流程及其说明。

（3）试井施工单位。

（4）压力计型号、规格和校验情况。

（5）原始测试数据及说明：压力—时间数据、流量—时间数据以及温度—时间数据。

（6）施工情况。

（7）测试负责人、审核人、测试人员。

第四节 气井产能试井解释

气井的产能是气藏工程的重要参数，当气田（气藏）投入开发时，就需要对气田（气藏）的产能进行了解，而对气田（气藏）产能的了解是通过气井试井来完成的，因此测试和分析气井的产能具有重要意义。气井的产能是通过现场测试并依据一定的分析理论而获得的，前一过程称为气井的产能试井，后一过程称为气井的产能试井分析。

气井的稳定试井包括回压试井、等时试井、修正等时试井和一点法试井等，其中最常用的是回压试井。气井的稳定试井分析方法主要有拟压力分析法和压力平方分析方法。

一、拟压力

（一）拟压力的定义

$$\psi = 2\int_{p_0}^{p} \frac{p}{\mu Z}\mathrm{d}p \tag{4-7}$$

式中 ψ——真实气体拟压力（对应于压力 p），MPa/(mPa·s)；

p_0——任意选定的某一参考压力，MPa；

p——压力，MPa；

μ——气体黏度，mPa·s；

Z——气体偏差因子。

（二）拟压力的简化

拟压力与压力、压力平方之间存在一定的转换关系，它是由 μZ 随压力的变化关系而得到的。对于多数天然气烃类体系，地层温度下的 μZ 与压力 p 的关系曲线，通常具有图 4-9 所示的形态。

从图中可以看出，在低压范围内，μZ 近似为一个常数，因此，拟压力可表示为：

$$\psi = 2\int_{p_0}^{p} \frac{p}{\mu Z}\mathrm{d}p = \frac{1}{\mu Z}p^2 \tag{4-8}$$

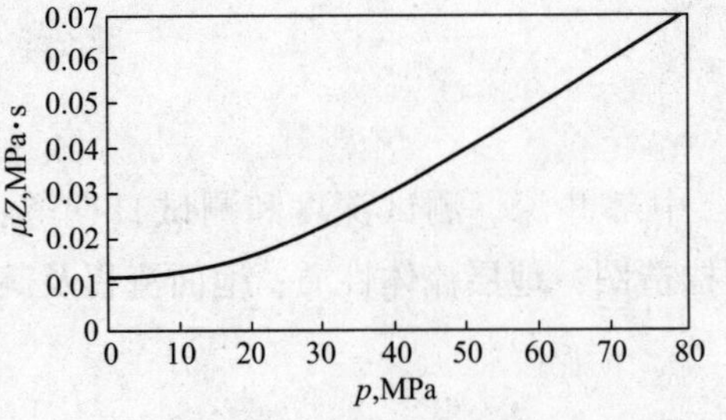

图 4-9 μZ-p 关系曲线

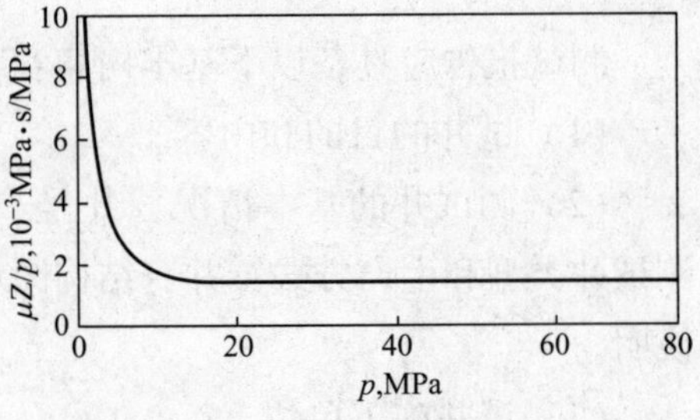

图 4-10 $\mu Z/p$-p 关系曲线

当压力较高时，$\mu Z/p$ 不随压力发生变化，如图 4-10 所示，即 $\mu Z/p$ 为常数，则拟压力可表示为：

$$\psi = 2\int_{p_0}^{p} \frac{p}{\mu Z}\mathrm{d}p = \left(\frac{2p}{\mu Z}\right)_i p \tag{4-9}$$

由上述分析看出，由于天然气性质受压力影响较大，到底使用拟压力还是压力平方或是压力方法进行分析，可以通过绘制 μZ（或 $\mu Z/p$）随压力变化的关系曲线来确定。

（三）拟压力的计算

梯形法计算拟压力的表达式为：

$$\psi(p) = \int_{p_0}^{p} \frac{2p}{\mu Z}\mathrm{d}p = \sum_{j=1}^{n} \frac{1}{2}\left[\left(\frac{2p}{\mu Z}\right)_j + \left(\frac{2p}{\mu Z}\right)_{j-1}\right](p_j - p_{j-1}) \tag{4-10}$$

对于实际气藏，应先作出其拟压力图，即 $\psi(p)-p$ 关系曲线，如图 4-11 所示，以便进行压力和拟压力的相互转换。

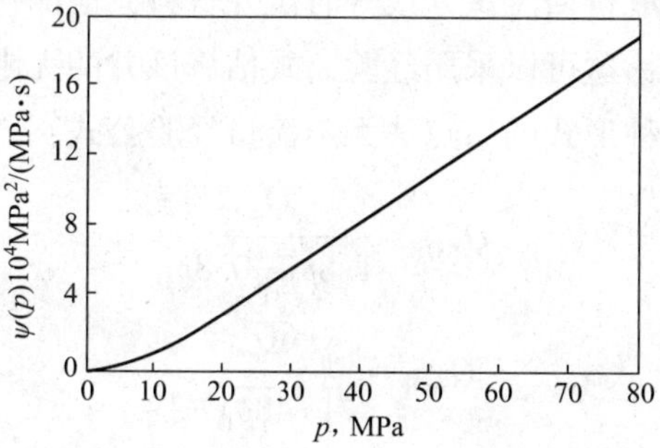

图 4-11　$\psi(p)-p$ 关系曲线

二、气井产能试井分析方法

（一）一点法试井

一点法试井是气井产能试井的方法之一，其目的是快速求取气井无阻流量，具体方法为当气井以某一工作制度生产达到稳定状态时，测取产量、稳定井底流压以及地层压力，利用相关经验公式计算气井的无阻流量。一点法试井的特点是工艺简单，测试时间短，成本低，资源浪费少。

一点法试井的经验公式是建立在已经获得可靠的气井产能方程基础之上的。因此，一个气藏系统试井资料越丰富，由此建立起来的一点法产量方程也越可靠，利用一点法所求气井产能方程就越可靠。对于系统试井资料不丰富的气藏，在使用一点法产能方程时要谨慎。

1. 产能曲线

如果气井已经进行过回压试井，获得了稳定的产能曲线，则可在原来二项式或指数式产能曲线图上，画出一点法试井测得的数据点 $D(q_{sc},\ (p_R^2-p_{wf}^2)/q_{sc})$ 或 $D(q_{sc},\ p_R^2-p_{wf}^2)$，再过这一点作原产能曲线的平行线，这就是一点法试井的产能曲线，如图 4-12 所示。由此可以确定气井当前的产能方程，估算气井的无阻流量，也可以预测一定生产条件下的气井产量。

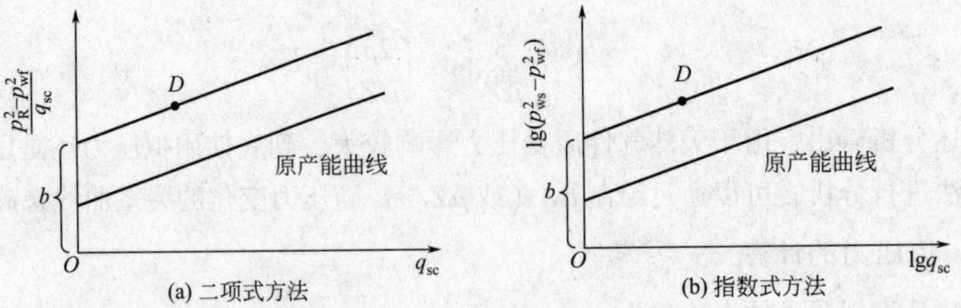

(a) 二项式方法　(b) 指数式方法

图 4-12　一点法试井产能分析曲线

2. 一点法试井无阻流量经验公式

如果在一个气田进行过一批井的产能试井，取得了相当多的资料，则可以得出该气田的产能和压力变化的统计规律，即无阻流量的经验公式。此后，在该气田或相邻地区的新井进行测试时，如果没有取得回压试井或等时试井资料，但测得了一个稳定产量及相应的稳定井底流压和地层压力，这可以采用经验公式估算该井的无阻流量。

陈元千教授提出了三种形式的一点法无阻流量经验公式：

$$Q_{AOF}=\frac{Q_{sc}}{1.8p_D-0.8p_D^2} \tag{4-11}$$

$$Q_{AOF}=\frac{6Q_{sc}}{\sqrt{1+48p_D}-1} \tag{4-12}$$

$$Q_{AOF}=\frac{Q_{sc}}{1.0434p_D^{0.6594}} \tag{4-13}$$

$$p_D=\frac{p_R^2-p_{wf}^2}{p_R^2}=1-\left(\frac{p_{wf}}{p_R}\right)^2 \tag{4-14}$$

式中　Q_{AOF}——气井绝对无阻流量，$10^4m^3/d$；

Q_{sc}——气井产量，$10^4m^3/d$；

p_R——地层压力，MPa；

p_{wf}——井底流压，MPa。

上述一点法无阻流量经验公式是根据 16 口井的多点系统试井资料统计分析得到。如果某气藏获得了较多的可靠的回压试井、等时试井等试井资料，就可据此建立适合本气藏的一点法无阻流量经验公式。

将一点法产能公式带入二项式或指数式产能方程中求解，即可获得二项式产能方程的系数 A、B，指数式产能方程的系数 C、n，由此可建立二项式和指数式产能方程。

$$A=\frac{p_R^2-p_{wf}^2}{Q_{sc}}-BQ_{sc} \tag{4-15}$$

$$B=\frac{p_R^2-0.101^2-\frac{p_R^2-p_{wf}^2}{Q_{sc}}Q_{AOF}}{Q_{AOF}^2-Q_{sc}Q_{AOF}} \tag{4-16}$$

$$C=\frac{Q_{\mathrm{AOF}}}{(p_{\mathrm{R}}^{2}-0.101^{2})^{n}} \tag{4-17}$$

$$n=\frac{\lg(Q_{\mathrm{sc}}/Q_{\mathrm{AOF}})}{\lg[1-(p_{\mathrm{wf}}/p_{\mathrm{R}})^{2}]} \tag{4-18}$$

式中　A、B——描述达西流动（或层流）及非达西流动（或紊流）的系数。

C——渗流系数，与气藏和气体的性质有关；

n——渗流指数，流动特征常数。

在层流时，$n=1$；在紊流时，$n=0.5$；当流动从层流向紊流过渡时，$0.5<n<1$。

（二）回压试井

1. 二项式分析方法

气井的二项式产能方程有拟压力法和压力平方法两种描述形式。

拟压力法形式

$$\psi(p_{\mathrm{R}})-\psi(p_{\mathrm{wf}})=Aq_{\mathrm{sc}}+Bq_{\mathrm{sc}}^{2} \tag{4-19}$$

压力平方法形式

$$p_{\mathrm{R}}^{2}-p_{\mathrm{wf}}^{2}=Aq_{\mathrm{sc}}+Bq_{\mathrm{sc}}^{2} \tag{4-20}$$

二项式产能方程确定方法。

将式(4-19)、式(4-20) 两端同除以 q_{sc}，获得拟压力法和压力平方法形式的二项式特征方程。

拟压力法形式

$$\frac{\psi(p_{\mathrm{R}})-\psi(p_{\mathrm{wf}})}{q_{\mathrm{sc}}}=A+Bq_{\mathrm{sc}} \tag{4-21}$$

压力平方法形式

$$\frac{p_{\mathrm{R}}^{2}-p_{\mathrm{wf}}^{2}}{q_{\mathrm{sc}}}=A+Bq_{\mathrm{sc}} \tag{4-22}$$

利用测试数据，在直角坐标系中，作出$[\psi(p_{\mathrm{R}})-\psi(p_{\mathrm{wf}})]/q_{\mathrm{sc}}$或$(p_{\mathrm{R}}^{2}-p_{\mathrm{wf}}^{2})/q_{\mathrm{sc}}$与$q_{\mathrm{sc}}$的关系曲线，将测试点回归成一条直线（直线的斜率为 B，截距为 A），该直线称为二项式产能分析曲线，如图 4-13 所示。

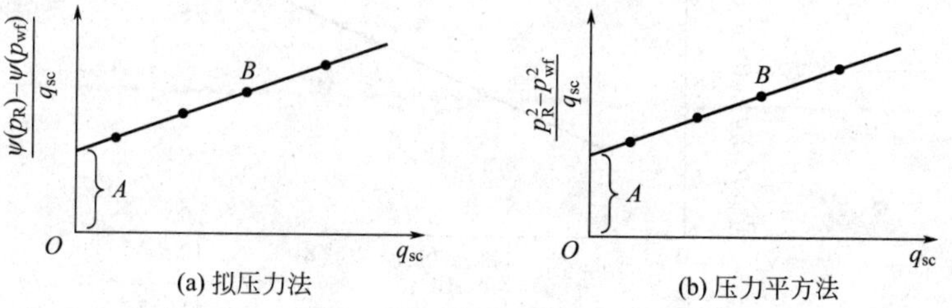

图 4-13　二项式产能分析曲线

二项式产能方程用途如下：

（1）计算无阻流量。

拟压力法

$$q_{\mathrm{AOF}}=\frac{\sqrt{A^{2}+4B[\psi(p_{\mathrm{R}})-\psi(0.101)]}-A}{2B} \tag{4-23}$$

压力平方法
$$q_{AOF}=\frac{\sqrt{A^2+4B[p_R^2-0.101^2]}-A}{2B} \tag{4-24}$$

（2）预测产量。

当气藏压力由 p_R 下降到 p_{R1}，井底流压为 p_{wf} 时，可用拟压力和压力平方法来预测气井的产量 q_{sc}。

拟压力法
$$q_{sc}=\frac{\sqrt{A^2+4B[\psi(p_R)-\psi(p_{wf})]}-A}{2B} \tag{4-25}$$

压力平方法
$$q_{sc}=\frac{\sqrt{A^2+4B[p_R^2-p_{wf}^2]}-A}{2B} \tag{4-26}$$

（3）应用实例。

某气井进行了回压试井，数据见表4-7。已知地层压力为21.86635MPa，求压力平方形式的二项式产能方程和气井无阻流量。

表4-7　某气井回压试井数据

序号	p_{wf}，MPa	q_{sc}，$10^4m^3/d$	$p_R^2-p_{wf}^2$，MPa^2	$(p_R^2-p_{wf}^2)/q_{sc}$，$MPa^2/(10^4m^3/d)$
1	21.39896	3.1811	20.22177324	6.356849279
2	20.97312	5.2864	38.26549979	7.238479833
3	20.48809	7.1392	58.37543047	8.176746761
4	19.95749	8.8523	79.83585522	9.018656758

在直角坐标系中作 $(p_R^2-p_{wf}^2)/q_{sc}-q_{sc}$ 关系曲线，将测试数据点回归成一条直线，如图4-14所示。直线的斜率和截距分别为：$B=0.4721$，$A=4.8107$。这气井二项式产能方程为：

$$p_R^2-p_{wf}^2=4.8107q_{sc}+0.4721q_{sc}^2$$

将 A、B 值带入式(4-26)，计算得到气井无阻流量为 $27.13\times10^4m^3/d$。

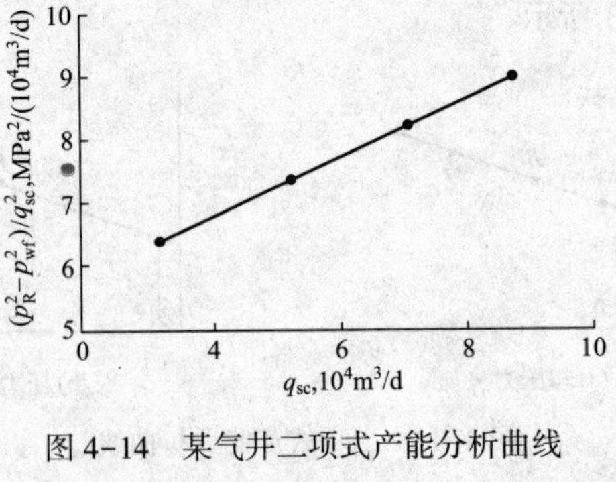

图4-14　某气井二项式产能分析曲线

2. 指数式分析方法

气井的指数式产能方程也有拟压力法和压力平方法两种描述形式。

拟压力法形式
$$q_{sc}=C[\psi(p_R)-\psi(p_{wf})]^n \tag{4-27}$$

压力平方法形式
$$q_{sc}=C(p_R^2-p_{wf}^2)^n \tag{4-28}$$

对式(4-27)、式(4-28)两端取对数得：

拟压力法形式
$$\lg q_{sc}=n\lg[\psi(p_R)-\psi(p_{wf})]+\lg C \tag{4-29}$$

压力平方法形式
$$\lg q_{sc}=n\lg(p_R^2-p_{wf}^2)+\lg C \tag{4-30}$$

指数式产能方程确定方法。

由式(4-29)、式(4-30)可知，利用测试数据，在双对数坐标系中作$[\psi(p_R)-\psi(p_{wf})]$或$(p_R^2-p_{wf}^2)$与q_{sc}的关系曲线，将测试点回归成一条直线（直线的斜率为m，截距为b），该直线称为指数式产能分析曲线，如图4-15所示。

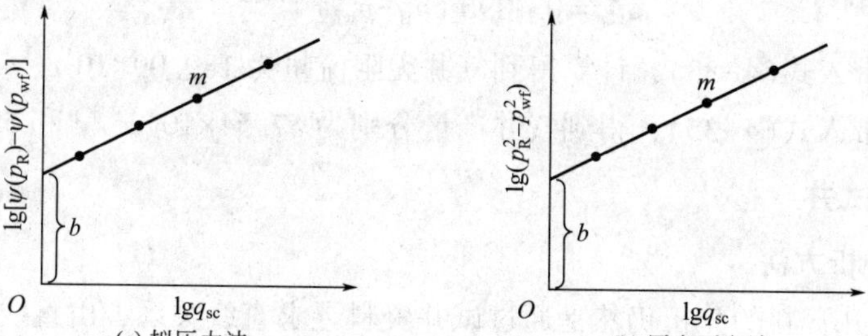

(a) 拟压力法　　(b) 压力平方法

图4-15　指数式产能分析曲线

直线斜率m的倒数即为渗流指数n，而截距b则等于$-\lg C/n$，由此可计算指数式产能方程的系数C和指数n：

$$n=1/m \qquad C=10^{-nb} \tag{4-31}$$

指数式产能方程用途如下：

（1）计算无阻流量。

拟压力法
$$q_{AOF}=C[\psi(p_R)-\psi(0.101)]^n \tag{4-32}$$

压力平方法
$$q_{AOF}=C(p_R^2-0.101^2)^n \tag{4-33}$$

（2）预测产量。

当气藏压力由p_R下降到p_{R1}，井底流压为p_{wf}时，可用拟压力和压力平方法来预测气井的产量q_{sc}。

拟压力法
$$q_{sc}=C[\psi(p_R)-\psi(p_{wf})]^n \tag{4-34}$$

压力平方法
$$q_{sc}=C(p_R^2-p_{wf}^2)^n \tag{4-35}$$

（3）应用实例。

某气井进行了回压试井，其数据见表4-8。已知地层压力为39.21MPa。

① 求压力平方形式的指数式产能方程和气井无阻流量；

② 计算当气藏保持地层压力并以井底流压35MPa进行生产时的气井产量；

③ 计算当地层压力降到35MPa，井底流压为30MPa时的气井产量。

表4-8　某气井回压试井数据

序号	p_{wf}，MPa	q_{sc}，$10^4m^3/d$	$p_R^2-p_{wf}^2$，MPa^2
1	38.93	7.77	21.8792
2	38.25	20.35	74.3616

续表

序号	p_{wf}，MPa	q_{sc}，$10^4m^3/d$	$p_R^2-p_{wf}^2$，MPa^2
3	37.73	27.45	113.8712
4	36.39	42.05	213.192

在双对数坐标系中作（$p_R^2-p_{wf}^2$）$-q_{sc}$关系曲线，将测试数据点回归成一条直线，如图4-16所示。直线的斜率和截距分别为：$m=1.3394$，$b=0.1374$，由式(4-31)得：$n=0.7466$，$C=0.7896$。因此该气井指数式产能方程为：

$$q_{sc}=0.7896\,(p_R^2-p_{wf}^2)^{0.7466}$$

将n、C值带入式(4-33)，计算得到气井无阻流量为$189.09\times10^4m^3/d$。

将n、C值带入式(4-35)，得到气井产量分别为$57.54\times10^4m^3/d$和$59.26\times10^4m^3/d$。

(三) 等时试井

1. 二项式分析方法

气井等时试井资料的分析仍然是通过试井资料寻求直线关系，由直线的斜率和截距求取二项式产能方程的系数A和B，其分析步骤为：

(1) 利用测试数据，在直角坐标系中，做出$[\psi(p_R)-\psi(p_{wf})]/q_{sc}$或（$p_R^2-p_{wf}^2$）$/q_{sc}$与$q_{sc}$的关系曲线。对于等时测试点，将得到一条斜率为$B$的直线。该直线称为二项式不稳定产能分析曲线，如图4-16所示。

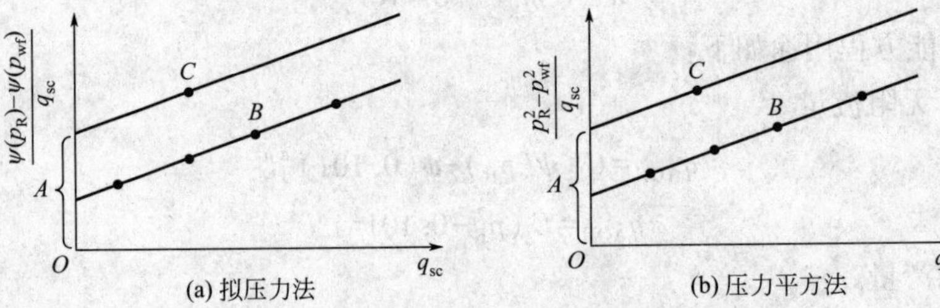

图4-16　等时试井二项式产能分析曲线

(2) 通过稳定点C，作不稳定产能曲线的平行线，其截距就是二项式产能方程的系数A。此外，也可直接将稳定点$C(q_{sc5},p_{wf5})$的值带入二项式产能方程计算系数A。

拟压力法形式

$$A=\frac{\psi(p_R)-\psi(p_{wf5})-Bq_{sc5}^2}{q_{sc5}} \tag{4-36}$$

压力平方法形式

$$A=\frac{p_R^2-p_{wf5}^2-Bq_{sc5}^2}{q_{sc5}} \tag{4-37}$$

在求得二项式产能方程的系数A和B后，同样可按式(4-23)~式(4-26)求得气井无阻流量并预测某一井底流压下的气井产量。

2. 指数式分析方法

(1) 利用测试数据，在双对数坐标系中作$[\psi(p_R)-\psi(p_{wf})]$或（$p_R^2-p_{wf}^2$）与q_{sc}的关

系曲线。对于等时测试点，将得到一条斜率为 m 直线，该直线称为指数式不稳定产能分析曲线，如图 4-17 所示。斜率的倒数就是渗流指数 n。

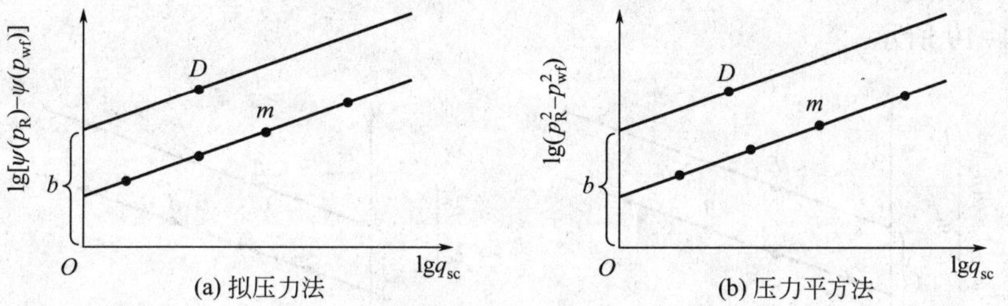

图 4-17　等时试井指数式产能分析曲线

（2）通过稳定点 D，作不稳定产能曲线的平行线，其截距为 b，则指数式产能方程的系数 $C=10-nb$。此外，也可直接将稳定点 $C(q_{sc5}, p_{wf5})$ 的值带入指数式产能方程计算系数 C。

拟压力法形式

$$C=\frac{q_{sc5}}{[\psi(p_R)-\psi(p_{wf5})]^n} \tag{4-38}$$

压力平方法形式

$$C=\frac{q_{sc5}}{(p_R^2-p_{wf5}^2)^n} \tag{4-39}$$

在求得二项式产能方程的系数 A 和 B 后，同样可按式(4-23)~式(4-26) 求得气井无阻流量并预测某一井底流压下的气井产量。

(四) 修正等时试井

1. 二项式分析方法

气井修正等时试井资料的分析仍然是通过试井资料寻求直线关系，由直线的斜率和截距求取二项式产能方程的系数 A 和 B，其分析步骤与等时试井类似，只是在绘制产能曲线时，以 $[\psi(p_{ws})-\psi(p_{wf})]/q_{sc}$ 代替等时试井 $[\psi(p_R)-\psi(p_{wf})]/q_{sc}$，以 $(p_{ws}^2-p_{wf}^2)/q_{sc}$ 代替等时试井 $(p_R^2-p_{wf}^2)/q_{sc}$。此外，产能方程的确定方法均与等时试井完全相同，如图 4-18 所示。

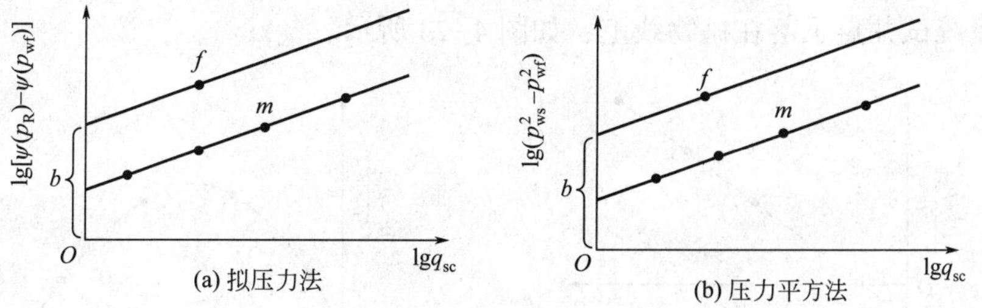

图 4-18　修正等时试井二项式产能分析曲线

2. 指数式分析方法

修正等时试井指数式分析方法也仅需将等时试井的纵坐标由 $\psi(p_R)-\psi(p_{wf})$、($p_R^2-p_{wf}^2$ 分别替换为 $\psi(p_{ws})-\psi(p_{wf})$、$p_{ws}^2-p_{wf}^2$，此外，产能方程的确定方法均与等时试井完全相同，如图 4-19 所示。

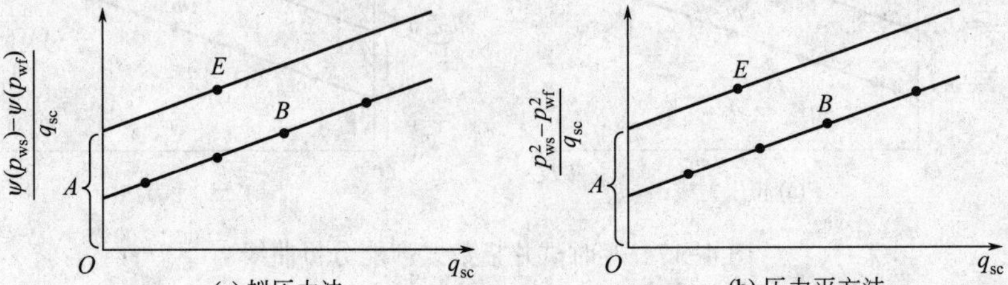

(a) 拟压力法　　(b) 压力平方法

图 4-19　修正等时试井指数式产能分析曲线

三、系统试井资料的异常及分析处理

(一) 异常系统试井资料的种类分析

根据现场应用实践，出现异常试井资料的种类有如下几种（主要以二项式处理为例）：

（1）在二项式压力平方处理时，表现为一向上凹的曲线，而不是直线，如图 4-20 所示，此时，计算结果随意性很大，得出的结论可能是错误的。

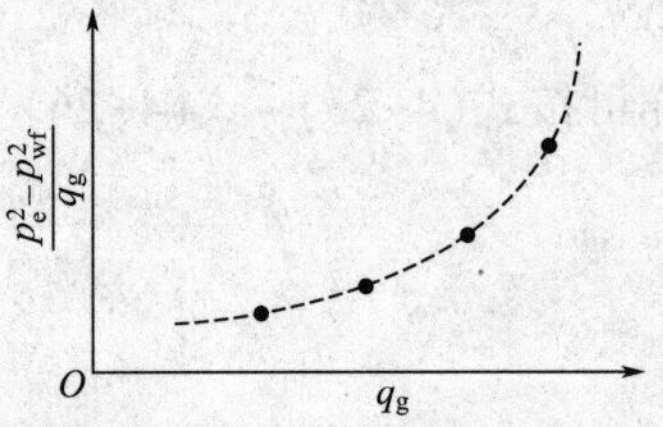

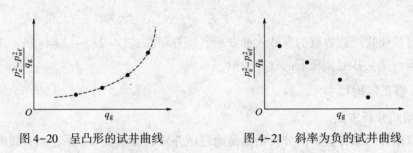

图 4-20　呈凸形的试井曲线

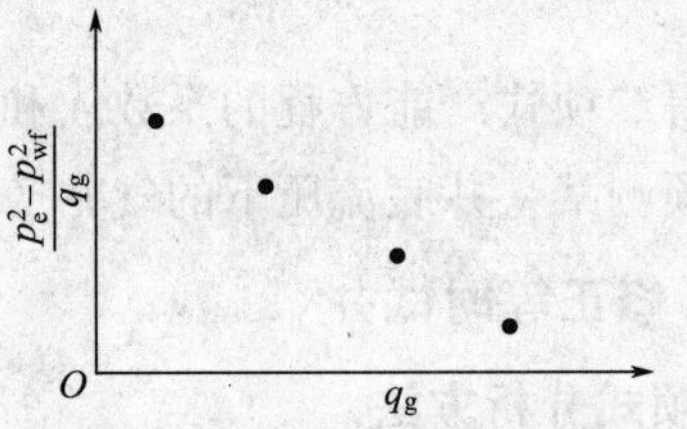

图 4-21　斜率为负的试井曲线

（2）在二项式压力平方处理时，表现为斜率为负的直线，如图 4-21 所示，此时，按常规分析，则求出的二项式系数 B 为负值，无物理意义。

（3）曲线的斜率正常，但外推得到的截距为负值（图 4-22）。按常规分析，求出的二项式系数 A 为负值，如果用指数式方程，求出的 n 大于 1，结果无物理意义。

（4）系统试井点子落在抛物线上，如图 4-23 所示。

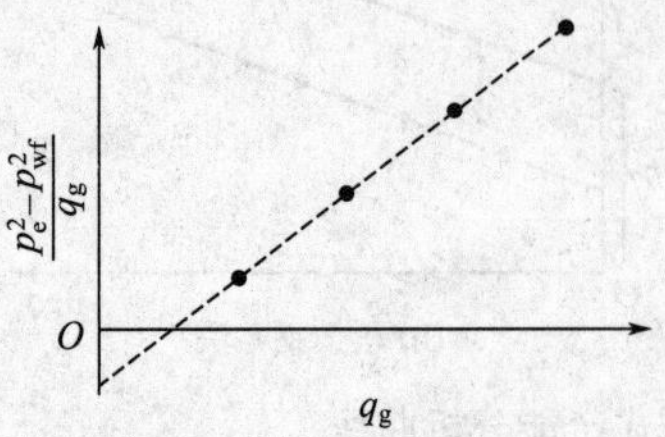

图 4-22　截距呈负值的试井曲线

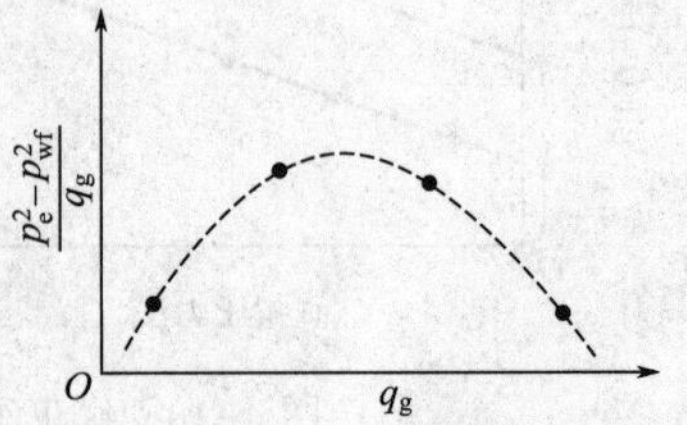

图 4-23　呈抛物线的试井曲线

（5）系统试井点子落在凹线上，如图 4-24 所示。

（6）系统试井点子落后期变陡，如图 4-25 所示。

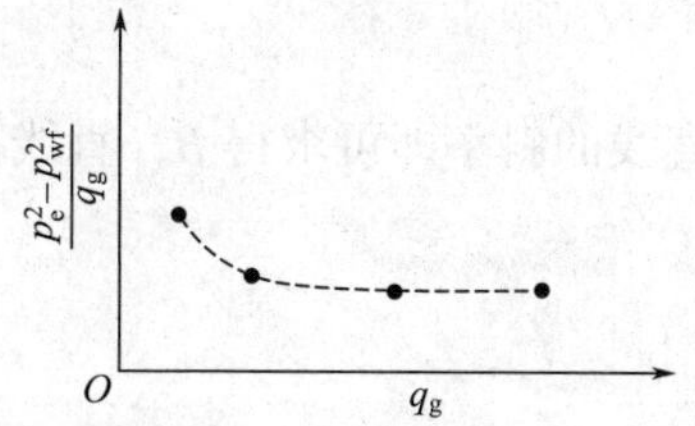

图 4-24 呈凹形的试井曲线

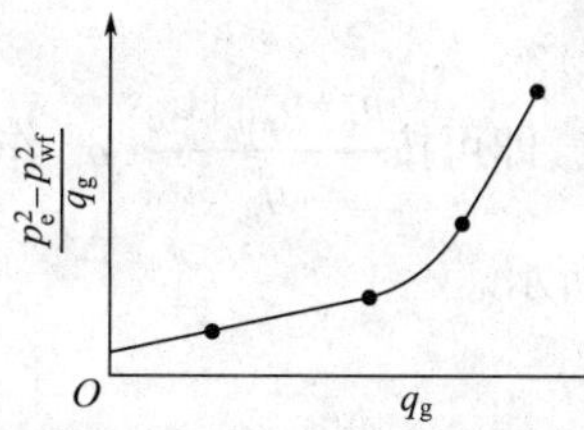

图 4-25 后期点子上翘的试井曲线

（二）出现异常系统试井资料的原因分析及处理方法

异常系统试井曲线的原因有很多，主要有以下几种：

（1）测试资料不够准确。

（2）测试时间不够长，井底压力未达到稳定。

（3）井底有积液。

（4）钻井液浸泡或井底有堵塞物。

（5）凝析油含量的变化。

（6）层间干扰。

（7）地层的渗流规律发生变化等。

对于某一口井的异常系统试井资料，既可能是一个因素引起的，也可能是多个因素的综合影响。

（三）异常系统试井资料求产能方程的方法

（1）地层压力未达到完全恢复时造成的系统试井资料异常。由于测试前关井时间不够长，地层压力未完全恢复，此时测得的地层静压比真实地层压力小，实际得到的二项式处理的曲线为凸形曲线。

分析处理方法为：若设实测的地层压力 p_e 与真实的地层压力 p'_e 之差为 σ_p，那么有：

$$p_e = p'_e + \sigma_p \tag{4-40}$$

将式(4-40) 代入二项式产能方程中，则有：

$$(p'_e+\sigma_p)^2 - p_{wfi}^2 = Aq_g + Bq_g^2 \tag{4-41}$$

整理上式，得：

$$p_e'^2 - p_{wfi}^2 = Aq_g - Bq_g^2 - (2p'_e\sigma_p + \sigma_p^2) \tag{4-42}$$

设：

$$C_d = 2p'_e\sigma_p + \sigma_p^2$$

则式(4-42) 变成：

$$p'^2_e - p_{wfi}^2 + C_d = Aq_g + Bq_g^2 \tag{4-43}$$

由式(4-43) 可知，原来的 $p'^2_e - p_{wfi}^2$ 并不满足二项式关系，需要加上 C_d，方可满足二项式关系。

C_d的求法如下：

作$p_e'^2-p_{wfi}^2$与q_g的关系曲线，如图4-26所示，趋势外推，曲线与纵轴的交点的纵坐标值即为C_d值。

有了C_d值，即可按$\frac{p_e^2-p_{wfi}^2+C_d}{q_g}-q_g$作曲线，由直线的斜率即可求得$B$，直线截距可求得$A$，如图4-27所示。

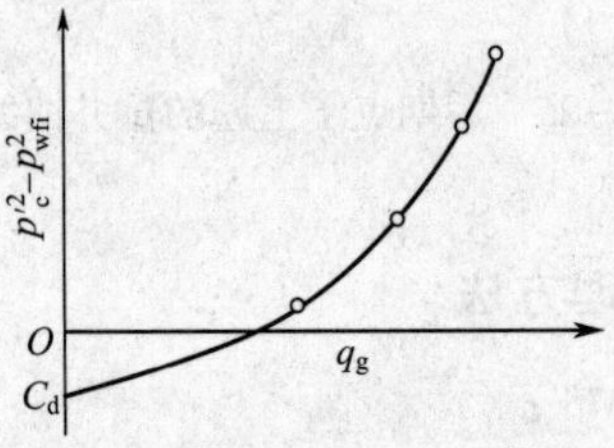

图4-26　生产压差与气量关系曲线

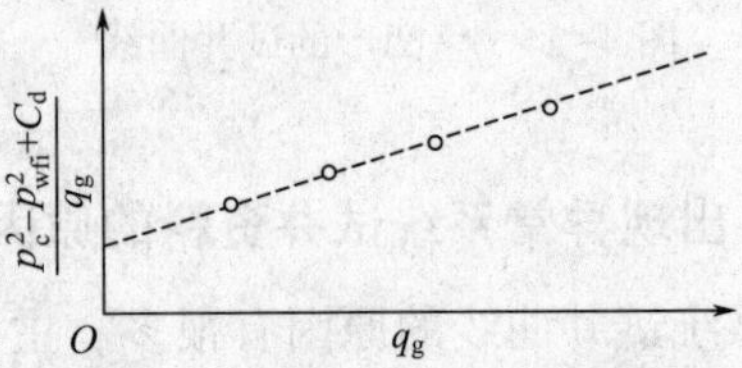

图4-27　校正后的二项式曲线

（2）开井测试过程中，井底有液柱，而关井后，液柱回到地层。该问题对于井底测试，不是问题，但对井口测压，则是一个比较大的问题。因为在用井口测压时，须通过井口压力，计算得到井底压力。

对于这种情况，根据井口最大关井压力确定的地层压力是准确的，然而，在生产过程，由于有井底积液，通过井口压力计算得到的井底压力值p'_{wfi}比实际的井底压力值p_{wfi}小，其误差为：

$$\sigma_i=p_{wfi}-p'_{wfi} \tag{4-44}$$

在采用二项式方程进行分析时，需要的试井的井底压力值，此时有：

$$p_e^2-(p_{wfi}+\sigma_i)^2=Aq_g+Bq_g^2 \tag{4-45}$$

简化式(4-45)后，得：

$$p_e^2-p_{wfi}^2=Aq_g+Bq_g^2+C_i \tag{4-46}$$

其中：

$$C_i=2p'_{wfi}\sigma_i+\sigma_i^2 \tag{4-47}$$

严格说来，对于不同的工作制度，井底的积液高都是不同的，因此，在式(4-46)中，C_i的值在每一点也都不一样，在实际处理时十分困难，为此，这里假设在不同的工作制度下，C_i值是一样的。

为了计算A、B，将式(4-46)整理为：

$$\frac{p_e^2-p_{wfi}'^2-C_i}{q_g}=A+Bq_g \tag{4-48}$$

即$\frac{p_e^2-p'^2_{wfi}-C_i}{q_g}$与$q_g$之间成直线关系，对于实际资料，其处理步骤如下：

① 首先作$p_e^2-p'^2_{wfi}$与q_g的关系曲线，趋势外推得$q_g=0$处C_{i0}之值。

② C_{i0}作初始参数值，作$\frac{p_e^2-p'^2_{wfi}-C_{i0}}{q_g}-q_g$的关系曲线，如果所有点的连线呈直线，

这说明所选择的 C_{i0} 值正确，此时求出直线的截距和斜率，即可得到 A、B。如果曲线上凹，说明 C 值偏大，如果曲线下凹，说明 C 值偏小，只有 C 值正确后，所有点的连线才成为一条直线。

（3）井底附近存在钻井液堵塞物。该情况下，如关井，液柱不能回到地层中，此时，计算的地层压力与井底压力同样存在一个误差 σ，此时有：

$$(p_e'+\sigma)^2-(p_{wfi}'+\sigma_i)^2=Aq_g+Bq_g^2 \tag{4-49}$$

整理后得：

$$p'^2_e-p'^2_{wfi}=Aq_g+Bq_g^2-2\sigma(p_e'-p_{wfi}') \tag{4-50}$$

由式(4-50)可知，此时 $(p_e'^2-p'^2_{wfi})/q_g-q_g$ 坐标图上，通常得到的不是直线而是抛物线。为了能够得到准确计算的结果，气井的产能方程可采用试凑法进行计算，即给定一个 σ 值，作 $[(p_e'+\sigma)^2-(p_{wfi}'+\sigma_i)^2]/q_g-q_g$ 的关系曲线，如果所作的曲线不是直线，则重新给定 σ 值，如此进行，直到成为直线，然后求出直线的斜率和截距，从而得到气井的产能方程。

第五节 气井不稳定试井解释

在气田勘探和开发中，气井试井是必不可少的手段。由于气体与轻微压缩液体之间，就其压缩性来说，有着明显的差别，两者的渗流微分方程也有本质的不同，前者为非线性微分方程，后者为线性微分方程。但是，气体渗流微分方程经过线性化处理，就可将其转化为线性微分方程，而且可使气体与轻微压缩液体的渗流微分方程及渗流数学模型在形式上完全相同，因而轻微压缩液体的渗流微分方程以及渗流数学模型的推导方法，不同边界条件的求解结果以及一些主要结论及其分析方法均可推广到气体渗流当中，当然，也应该注意两者之间在公式的形式上和物理意义上的差别。本教材主要针对现场技术人员，因此，试井解释中涉及的方程原则上均不作理论推导，只给出主要方程的结果，详细推导可参阅有关专业的试井解释理论书籍。

一、试井分析理论基础

试井资料的解释是建立在不同类型的油气藏及井模型的基础上，应用流体在多孔介质中的渗流理论，通过一定的数学方法，求得有关地层及井的参数信息。这实际上是信号分析问题，属于最优匹配的故障查寻系统。

对一个已知的系统 S，施加一个已知的输入信息 I，则系统就会有一个相应的响应，即有一个输出结果 O。这种已知系统的结构和输入信息，求出未知的输出，称为数学上的正问题求解，$I \times S \rightarrow O$。

与此相反，如果系统为未知，而要由已知的输入 I 和已知的输出 O 来反求该系统的结构（特性参数），这称为数学上的反问题求解，$I/O \rightarrow S$。

试井分析的实质就是一个反问题求解。将地层和井看做一个系统 S，对于定产生产，

产量为已知的输入 I，测试的压力为已知的输出 O；对于定压生产的情形，生产压力为已知的输入 I，测试的流量为已知的输出 O，试井分析的目的就是从已知的输入 I（流量/压力）和输出 O（压力/流量变化）以及可能的某些其他信息，决定系统 S 的特性参数（渗透率 K，井筒储存系数 C，表皮系数 S 等）。因此，试井分析的主要任务是确定系统的结构（试井的理论数学模型及其参数识别方法）。

同微可压缩液体渗流数学模型一样，气体不稳定渗流数学模型也由渗流微分方程加上适当的边界条件和初始条件构成。渗流微分方程由一定假设条件下的三个基本方程，即状态方程、运动方程和连续性方程建立（见第二章）。

二、试井解释中一些重要的基本概念

（一）无因次量

度量一个物理量，首先必须引入一定的计量单位系，如我国的法定计量单位制。但也有一些量不具有因次，如体积系数、含气饱和度、孔隙度、表皮系数等，无因次的量值与计量单位制无关。

在试井解释中常常把某些具有因次的物理量无因次化，即引进新的无因次量，用下标 D 表示“无因次”，如 p_D 表示无因次压力，t_D 表示无因次时间。一般来说，引进的无因次物理量是这些物理量与别的一些物理量的组合，组合的结果恰好使其因次为 1，并且无因次量与这些物理量本身成正比。如进行试井解释常用的无因次量中，无因次压力 p_D 与压差 Δp 成正比。

$$p_D = \frac{Kh}{1.842 q\mu B}\Delta p \tag{4-51}$$

式中 K——渗透率，mD；

h——储层有效厚度，m；

q——产气量，$10^4 m^3/d$；

μ——流体黏度，mPa·s；

B——气体地层体积系数；

Δp——油气藏压降，MPa。

无因次方法不是唯一的，往往根据不同的需要，用不同的方法来定义同一个无因次量。例如在不同的场合，使用不同的无因次时间，有用井的半径定义的，有用井的有效半径定义的，有用气藏面积定义的，还有用裂缝半长定义的等。

用无因次量来讨论问题有许多好处，如：

（1）由于有关的因子（物理量）已经包含在无因次量的定义中，因而减少了变量的数目，使关系式变得很简单，易于推导、记忆和应用。

（2）由于使用的是无因次量，所以导出公式时避开了所有的单位，所得结果不受单位制的影响和限制。

（3）可以使得在某种前提下进行的讨论具有普遍意义。

（二）井筒储集系数

气井刚开井或刚关井时，由于气体具有压缩性等多种原因，地面产量 q_{wh} 与井底产量 q_{sf} 并不相等。$q_{sf}=0$（开井情形）或 $q_{sf}=q$（关井情形）的那一段时间，称为"纯井筒储集"阶段，简写作 PWBS（Pure Wellbore Storage）。气井刚开井或刚关井时所出现的这种现象称为"井筒储集效应"或"井筒储存效应"。用"井筒储集系数"来描述井筒储集效应的强弱，即井筒靠其中天然气的压缩等原因储存天然气或靠释放井筒中压缩天然气的弹性能量等原因排出天然气的能力，用 C 表示：

$$C=\frac{\mathrm{d}V}{\mathrm{d}p}\approx\frac{\Delta V}{\Delta p} \tag{4-52}$$

式中，ΔV 是指井筒所储流体体积的变化，Δp 是指井底压力的变化。

井筒储集常数 C 的物理意义：在关井情形，是要使井筒压力升高 1MPa，必须从地层流入井筒 $C(\mathrm{m}^3)$ 的天然气；在开井情形，是当井筒压力降低 1MPa 时，靠井筒中天然气的弹性能量可以排出 C（m^3）天然气。

由井筒储集效应造成的井底产量变化见图 4-28。

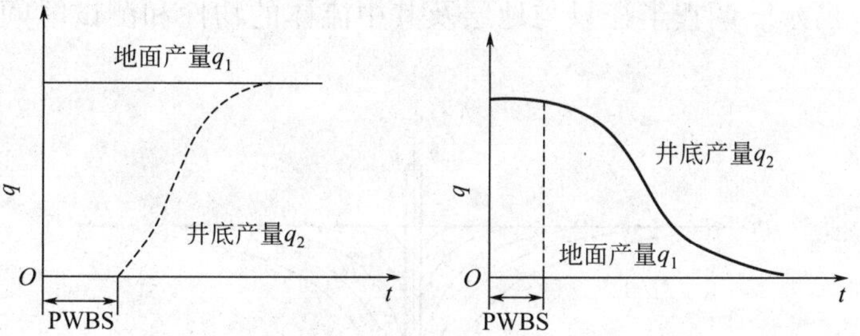

图 4-28 井筒储集效应造成的井底产量变化图

一般情形，井筒储集系数是常数，故称为井筒储集常数。如果在井筒储集效应阶段，井筒中发生相态改变，则井筒储集系数将发生变化。

纯井筒储集阶段的压力变化与测试层的性质毫无关系，不反映测试层任何特性。因此，为了尽量消除或减弱井筒储集效应，于是提出了"井底关井"的方法。

需要说明的是，当井的流动条件发生任何变化（如产量的明显增大或减小）时，都会出现井筒储集效应。

（三）表皮效应与表皮系数

由于种种原因，如在钻井、固井、射孔和增产措施等作业中，导致钻井液和其他物质侵入、射开不完善、酸化、压裂见效等，设想在井筒周围存在一个很小的环状区域，这个半径为 r_s 的小环状区域的渗透率 K_s 与气层渗透率 K 不相同。当天然气从气层流入井筒时，将产生一个附加压力降，这种现象称为表皮效应。

将附加压力降（用 Δp_s 表示）无因次化，得到无因次附加压降，用它表征一口井表皮效应的性质和严重情况，称之为表皮系数，用 S 表示：

$$S=\left(\frac{K}{K_s}-1\right)\ln\frac{r_s}{r_w} \tag{4-53}$$

式中，r_w为气井半径，在均质地层中一口井有 $S=0$、$S>0$、$S<0$ 三种情形的附加压力降，分别表示井未受污染（完善井）、受污染（不完善井）和增产措施见效（超完善井）的情形，而 S 的数值大小则表示污染或增产措施见效的程度。

（四）调查半径

一口井开井生产后，井底流动压力就会逐渐降低，附近地层中的压力也会随着逐渐降低。任何时刻，离井越近的地方（r 值越小），地层中的压力下降越大；任何地方，生产时间越长（t 值越大），地层中的压力也下降越大，从而形成一个不断扩大和不断加深的“压降漏斗”。理论上，地层中即便是在离井很远的地方，从开始生产那一时刻，压力就开始下降。但在某一时刻之前，在离井一定距离之外，压力降低很小，小到根本测不出来，似乎仍然保持着开井前的原始压力。因此，对于每一时刻，存在这么一个距离，在离井比它井的地方，压力已经有所下降，而比它远的地方，压力降还小到可以忽略不计，通常用该井生产影响“波及”到了 r_i远描述。测试时描述为：测试的“调查”范围或“探测”范围扩大到了以井为圆心、以 r_i为半径的圆，将 r_i称为“调查半径”或“探测半径”，如图 4-29 所示。调查半径只与地层及其中流体的物性和测试时间有关，而与产量等参数无关。

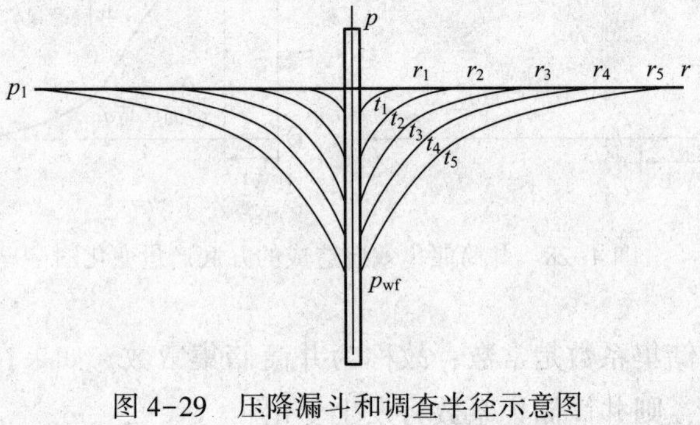

图 4-29　压降漏斗和调查半径示意图

（五）流动阶段

把压力降落或压力恢复的压差数据画在双对数坐标系中，可以得到一条曲线，称作“双对数曲线”。一般来说，完整的试井曲线分为 4 个阶段，如图 4-30 所示。

第一阶段：刚刚开井（压降）或刚刚关井（恢复）的一段短时间，分析这一阶段可以得到井筒储集系数 C。

第二阶段：井筒附近情况，从这一阶段的资料可以得到的参数有裂缝半长 x_f、储能比 ω 和窜流系数 λ 等。

第三阶段：径向流动阶段，计算 K_h、表皮系数 S、地层压力 p^* 等。

第四阶段：边界反映，计算测试井到附近气层边界的距离 L、排泄半径 r_e、控制储量 G、排泄面积 A 和平均地层压力 p 等。

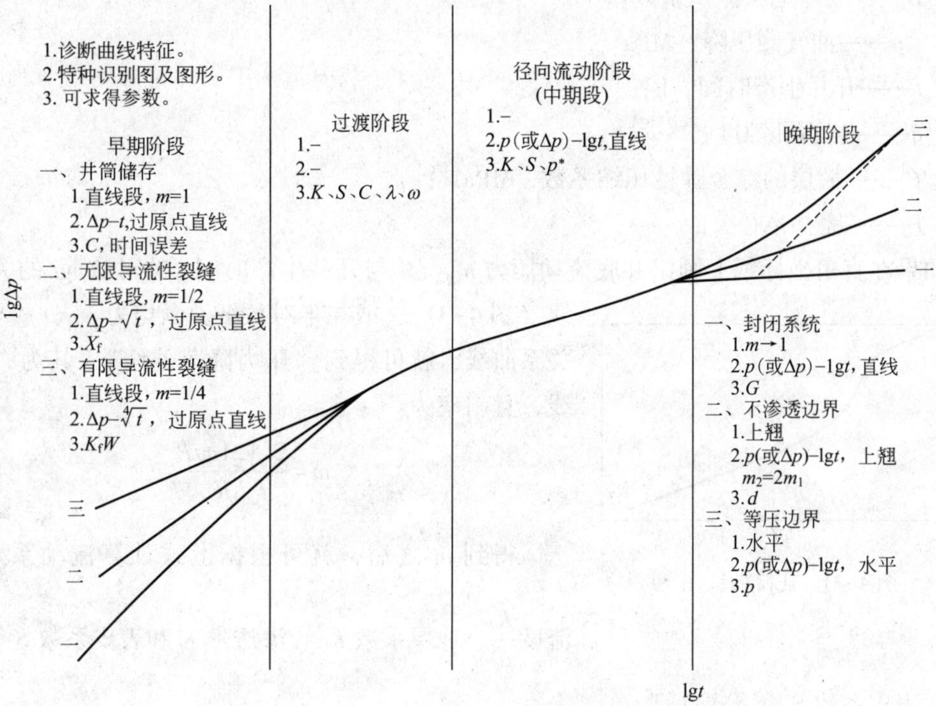

图 4-30　双对数曲线及流动阶段示意图

三、气井的试井解释

目前，试井解释主要有半对数分析法，也就是常说的常规试井解释方法，以及现代试井解释，即曲线拟合法。

（一）常规试井解释方法——半对数分析法

从 20 世纪 50 年代至今，全世界石油试井领域都使用半对数分析方法，这种半对数分析法被称作“常规试井解释方法”。实际目前使用的现代试井解释方法已经成为新的“常规”方法，但“常规试井解释方法”常常仍指半对数分析法。

1. 压力降落分析

对于无限大气藏中的一口井，从 $t=0$ 时刻开井，以稳定产量生产，获得的试井曲线，通过绘制压降曲线，量出其斜率，计算各个参数，即所谓的“压降分析”。该曲线由下式描述：

$$p_{wf}(t)=p_i-\frac{2.121q\mu B}{Kh}\left(\lg\frac{Kt}{\phi\mu C_t r_w^2}-2.0923+0.8686S\right) \tag{4-54}$$

式中　p_{wf}——井底流动压力，MPa；

K——渗透率，mD；

h——储层有效厚度，m；

q——产气量，$10^4 m^3/d$；

μ——流体黏度，mPa·s；

B——气体地层体积系数；

Δp——油气藏压降，MPa

t——开井生产时间，h；

ϕ——岩石孔隙度；

C_t——储层的综合弹性压缩系数，MPa^{-1}；

r_w——完井半径，m。

如果在直角坐标纸上画出井底流动压力 $p_{wf}(t)$ 与开井生产时间 t 的对数 $\lg t$ 的关系曲线（图 4-31），或在半对数纸上画出力 $p_{wf}(t)$ 与 t 的关系曲线，就可得到“压力降落曲线”，其为一条直线，且斜率为：

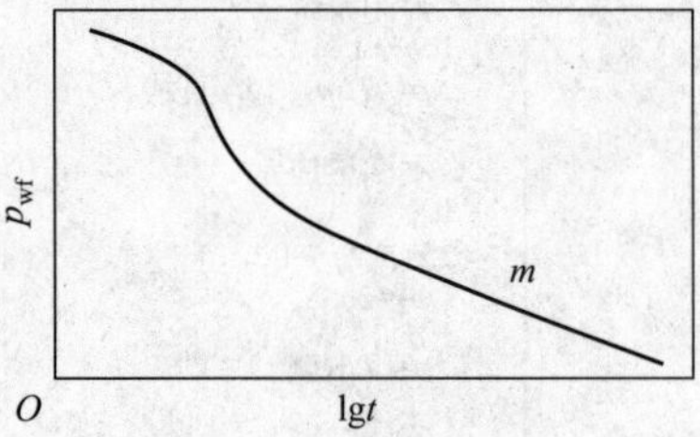

图 4-31　压降曲线图

$$m=\frac{2.121q\mu B}{Kh} \tag{4-55}$$

得到 m 之后，就可根据上式计算流动系数 $\frac{Kh}{\mu}$、流度 $\frac{K}{\mu}$、地层系数 Kh、渗透率 K 和表皮系数 S 等。

其中，表皮系数 S 由下式计算：

$$S=1.1513\left[\frac{p_i-p_{wf}(1h)}{m}-\lg\frac{K}{\phi\mu C_t r_w^2}\right]+2.0923 \tag{4-56}$$

$p_{wf}(1h)$ 表示在半对数直线段或其延长线上对应为 1h 的压力。需要指出的是：并不一定要取 1h，只是为了计算简单一点。

2. 压力恢复分析

实际上，最常进行的是关井压力恢复试井，因为在关井过程中产量恒为 0，最为稳定。假设一口井，以稳定产量生产了 t_p 时间，然后关井进行压力恢复试井，获得试井曲线，该曲线由下式描述：

$$p_{ws}(\Delta t)=p_i-\frac{2.121q\mu B}{Kh}\lg\frac{t_p+\Delta t}{\Delta t} \tag{4-57}$$

$$p_{ws}(\Delta t)=p_i-\frac{2.121q\mu B}{Kh}\lg\frac{\Delta t}{t_p+\Delta t} \tag{4-58}$$

以上称为压力恢复公式，也称赫诺（Horner）公式。如果关井前生产时间 t_p 比最大关井时间 Δt_{max} 长很多，即 $t_p \geqslant \Delta t_{max}$，则：

$$p_{ws}(\Delta t)\approx p_{wf}(t_p)+\frac{2.121q\mu B}{Kh}\left(\lg\frac{Kt}{\phi\mu C_t r_w^2}-2.0923+0.8686S\right) \tag{4-59}$$

式(4-59）在形式上与赫诺公式非常相似，称为 MDH（Miller-Dyes-Hutchinson）公式。

如果在直角坐标纸上画出 $p_{ws}(\Delta t)$ 与 Δt、$\frac{t_p+\Delta t}{\Delta t}$、$\frac{\Delta t}{t_p+\Delta t}$关系曲线，如图 4-32 所示。通过绘制压力恢复曲线，量出其斜率，即可计算各个参数。斜率 m 的计算公式形式上与压降试井［即式(4-55)］一致。其中，表皮系数 S 的计算与压降也基本一致：

$$S=1.1513\left[\frac{p_{ws}(1h)-p_{wf}(t_p)}{m}-\lg\frac{K}{\phi\mu C_t r_w^2}+2.0923\right] \tag{4-60}$$

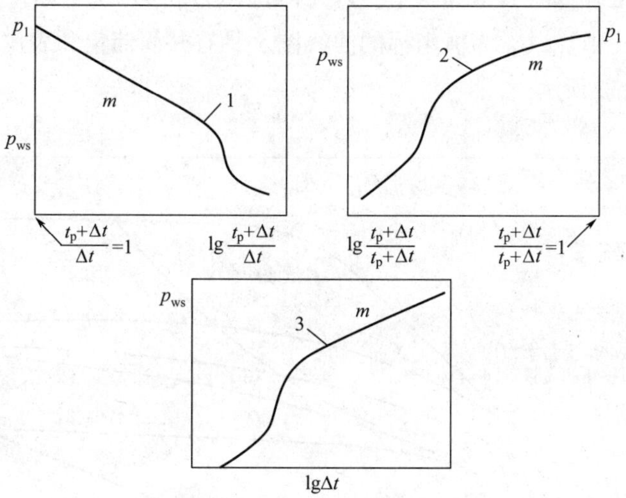

图 4-32 压力恢复曲线图

1,2—Horner 曲线；3—MDH 曲线

此外，由式(4-59)可知，当关井时间 Δt 趋于∞时，$\frac{t_p+\Delta t}{\Delta t}$趋于 1，$\lg\frac{t_p+\Delta t}{\Delta t}$趋于 0，关井压力 $p_{ws}(\Delta t)$ 趋于原始地层压力 p_i。如果把 Horner 压力恢复曲线的直线段延长，让它与$\frac{t_p+\Delta t}{\Delta t}=1$ 相交，交点对应的压力称为“外推压力”，用 p^* 表示。对尚未开发的气藏，它就是原始地层压力；对于已投入开发的气藏，则是气藏的视平均地层压力。

（二）现代试井解释方法

现代试井解释方法重要手段之一是解释图版拟合。通过图版拟合可以得到关于气藏及气井类型、流动阶段等方面的信息，还可以计算有效渗透率、表皮系数和井筒储集系数等参数。

试井解释图版就是在某种坐标系中画好的一组或若干组曲线，即样板曲线。在绘制解释图版时选取的变量不同，得到的图版也不一样。近 30 年，研究人员已发表了许多试井解释图版，如 Agarwal-Ramey（阿格沃尔-雷米）图版、Earlougher（厄洛赫）图版、Mckinley（麦金利）图版、Gringarten（格林加登）压力解释图版和 Bourdet（布德）压力导数图版等，新的试井解释图版还在不断涌现。目前使用较广泛的是 Gringarten 图版和 Bourdet 压力导数图版叠合在一起的复合图版。

现代试井解释均依靠计算机和试井解释软件进行，已没有人再使用试井解释图版进行手工拟合，然后由拟合的结果计算测试层和测试井的参数。但是现代试井解释软件，基本是在计算机上重演手工操作，因此，学习试井解释首先要学会手工解释，这对于透彻地理解程序、指令和操作步骤、自如地运用计算机做出最佳解释，有很大帮助。本教材立足现场试井解释人员，因此，对手工解释进行简单介绍，主要介绍解释的基本过程，各个解释图版请参考专业的试井解释书籍。下面以 Gringarten（格林加登）压力解释图版和 Bourdet（布德）压力导数图版为例介绍试井解释基本步骤。

格林加登图版是在双对数坐标系中，以无因次压力 p_D 为纵坐标，无因次时间和无因次井筒储集常数的比值 t_D/C_D 为横坐标的曲线图，具有井筒储集和表皮效应的均质油藏格林加登图版如图 4-33 所示。

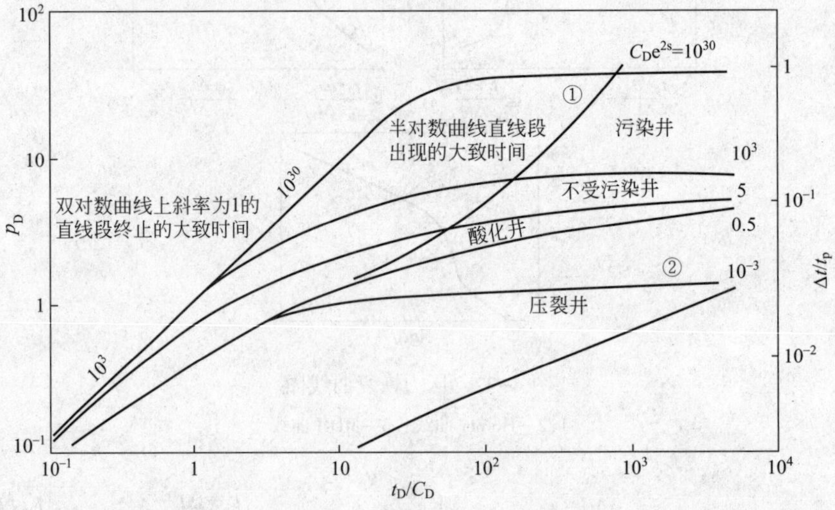

图 4-33　具有井筒储存和表皮效应的均质油藏格林加登图版

以参数团为曲线参数，即可绘制出考虑井筒储集和表皮效应的均质地层格林加登图版，显然，这是表征井筒及其周围情况的无因次量。一般说来：

污染井	$C_De^{2s}>10^3$
不受污染井	$5<C_De^{2s}\leqslant 10^3$
酸化见效井	$0.5<C_De^{2s}\leqslant 5$
压裂见效井	$C_De^{2s}\leqslant 0.5$

图 4-33 中还有两条曲线，它们标出了半对数直线段开始的大致时间。此外，还标出了双对数曲线上斜率为 1 的直线段（45°线）终止的大致时间，即纯井筒储集结束的大致时间。

图版的右边有一列 $\Delta t/t_p$ 数值，用于评价压力恢复分析时所选样版曲线是否正确。

用手工解释分作 3 个步骤：

第一步：初拟合

（1）在尺寸与图版相同的透明双对数纸上画实测曲线（纵坐标为压差 $\Delta p=p_i-p_{wf}$，横坐标为 t），根据实测曲线的形状选用合适模型的图版。

（2）把实测曲线图放在解释图版上，通过上下左右移动，找出一条与实测一条与实测曲线最吻合的样板曲线（称为初拟合），并读出 C_De^{2s} 值。

（3）读出并标出纯井筒储集阶段终止的大致时间和径向流阶段开始的大致时间（称为“划分流动阶段”）。

这一步的主要任务是正确划分流动阶段，以便下一步分析顺利进行。

第二步：特征曲线分析

本步骤的特征识别参见本节第二部分的流动阶段。

（1）早期纯井筒储集阶段的特征分析。

（2）中期径向流阶段的特征分析。由直线段的斜率的绝对值 m，再根据式(4-55) 计算流动系数$\frac{Kh}{\mu}$、流度$\frac{K}{\mu}$、地层系数 Kh、渗透率 K，并根据式(4-56) 或式(4-60) 计算 S。

（3）晚期阶段特征曲线分析。

通过半对数曲线分析的阿斗半对数直线段的斜率的绝对值 m 后，很容易确定压力拟合值。

$$\frac{p_{\mathrm{D}}}{\Delta p}=\frac{Kh}{1.842q\mu B}=\frac{1.151}{\frac{2.121q\mu B}{Kh}}=\frac{1.151}{m} \tag{4-61}$$

即用 1.151 除以半对数直线段斜率的绝对值 m 就可得到压力拟合值，然后用压力拟合值修正初拟合。

第三步：终拟合

压力拟合值已由式(4-61) 确定，接着只需进行时间拟合，即只需要进行左右平移而不需要进行上下平移。同初拟合一样，选择最佳不和曲线。然后，选一个容易读数的点，读出拟合值，即从解释图版上读出拟合点的 p_{D} 和$\frac{t_{\mathrm{D}}}{C_{\mathrm{D}}}$值，从实测曲线上读出该点的 Δp 和 t 值，再从拟合的样板曲线上读出 $C_{\mathrm{D}}\mathrm{e}^{2s}$值。同样称$\frac{p_{\mathrm{D}}}{\Delta p}$为压力拟合值，$\frac{t_{\mathrm{D}}/C_{\mathrm{D}}}{t}$为时间拟合值，$C_{\mathrm{D}}\mathrm{e}^{2s}$为曲线拟合值。由所得到的 3 种拟合值，计算流动系数等参数。

由压力拟合值计算流动系数、流度、地层系数、渗透率：

$$\frac{Kh}{\mu}=1.842qB\left(\frac{p_{\mathrm{D}}}{\Delta p}\right)_M \tag{4-62}$$

$$Kh=1.842q\mu B\left(\frac{p_{\mathrm{D}}}{\Delta p}\right)_M \tag{4-63}$$

$$\frac{K}{\mu}=1.842\,\frac{qB}{h}\left(\frac{p_{\mathrm{D}}}{\Delta p}\right)_M \tag{4-64}$$

$$K=1.842\,\frac{q\mu B}{h}\left(\frac{p_{\mathrm{D}}}{\Delta p}\right)_M \tag{4-65}$$

由时间拟合值计算井筒储集系数：

$$C=7.2\times10^{-3}\pi\frac{Kh}{\mu}\frac{1}{\left(\frac{t_{\mathrm{D}}/C_{\mathrm{D}}}{t}\right)_M} \tag{4-66}$$

由曲线拟合值计算表皮系数：

$$S=\frac{1}{2}\ln\frac{(C_{\mathrm{D}}\mathrm{e}^{2s})_M}{C_{\mathrm{D}}} \tag{4-67}$$

其中：

$$C_D = \frac{C}{2\pi\phi C_t h r_w^2}$$

在第二步和第三步，常用不同的方法算出 K、S 和 C 的数值，但是必须彼此相符，如果用手工操作，K、C 值相差不超过 10%，S 值相差不超过 2，否则须重新计算。

如果采用手工解释，解释工作即已完成，但如果采用计算机解释，还需要进行下列步骤：

第一步：双对数曲线拟合检验。用所选用模型、所得参数和实测产量计算压力、压力导数曲线与实测压力曲线进行拟合。如果拟合效果不佳，则表明前面选择模型、计算参数等解释过程中的步骤存在问题，必须重新检查。

第二步：半对数曲线拟合检验。用所选用模型、算得的参数计算的半对数曲线与实测半对数曲线进行拟合。同样，如果选用了正确的模型，解释无误，应该得到较好的拟合结果。

第三步：压力史拟合检验。用解释的结果和实际生产过程进行数值模拟，计算的压力变化过程与实测压力变化拟合。如果解释结果正确，则它们应能很好拟合，否则需要重新检查。

（三）试井解释过程

整个试井解释过程可用图 4-34 表示。这个解释过程具有一边解释一边检验的特点，于是，每一步都要求做到扎实可靠，从而保证整个解释的准确可靠。

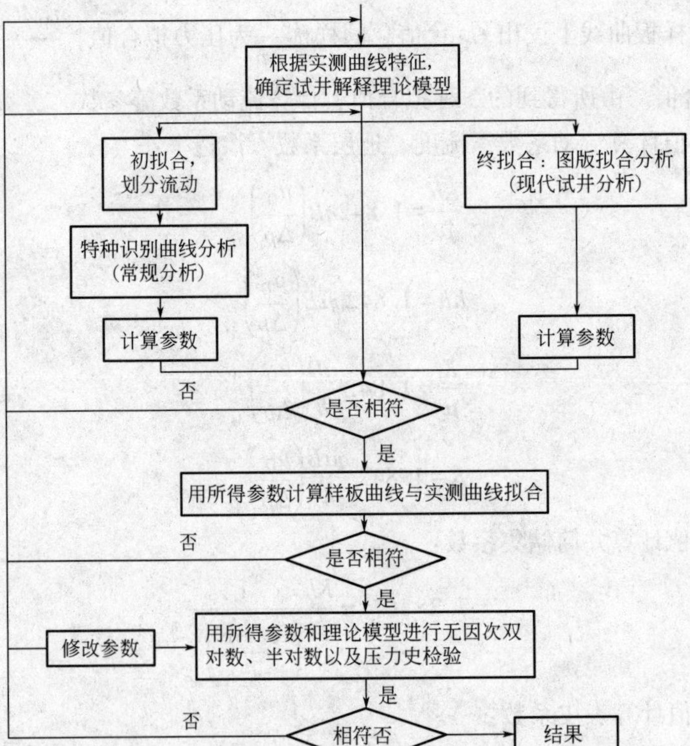

图 4-34　试井解释过程框图

四、流动阶段的识别

前面对不稳定试井解释方法和过程进行了介绍，解释中一个重要的环节就是流动阶段的识别。

在双对数压差曲线和导数曲线上，各种不同类型的气藏，它们在各个不同的流动阶段，均有各不相同的形状。因此，可以通过双对数曲线分析来判断某些气藏类型，并且区分各个不同的流动阶段。

每一个不同的情形或不同的流动阶段，都有其独特的特性，因此也具有其独特的曲线特征图。这种某一情形或某一流动阶段在某种坐标系下的独特的曲线，称为“特种识别曲线图”。依据诊断曲线和特种识别曲线，可以比较准确地识别不同情形和不同的流动阶段，并可求取相应的地层及井参数。利用特征曲线图识别流动阶段，以及由其直线段的斜率和截距计算有关参数，称为“特征曲线分析”。

在许多情形，用两种诊断曲线（压差曲线和压力导数曲线）组合成“复合曲线”，再结合特征曲线，可以形成更具有特征的曲线组合，由此可以更加有效地识别不同的情形和不同的流动阶段。

试井解释是通过辨别实测资料包含了哪些流动阶段的哪些流动情形，来判断构成了什么样的模型，据此选择合适的解释模型进行解释。因此，必须十分清楚地认识和熟悉不同流动阶段、不同情形的诊断曲线及其特征曲线。下面就试井解释中的主要流动阶段及特征进行介绍。

（一）井筒储集阶段

井筒储集阶段发生在不稳定试井早期。

在纯井筒储存阶段，有：

压差
$$\lg\Delta p=\lg t+\lg\frac{qB}{24C} \tag{4-68}$$

导数
$$\lg\Delta p'=\lg t+\lg\frac{qB}{24C} \tag{4-69}$$

对于纯井筒储集，在双对数坐标系中，Δp、$\Delta p'$和 t 成直线（图 4-35）。因此，在纯井筒储集阶段，双对数压差与压力导数呈斜率为 1 的直线，常称为45°线，两条线重合。

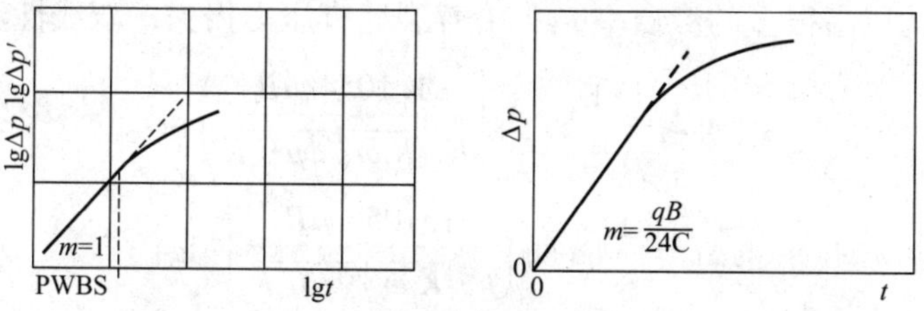

图 4-35　井筒储存的诊断曲线和特征曲线

在纯井筒储集阶段，Δp 和 t 成正比。所以在直角坐标系中，Δp 和 t 的关系曲线为一条过原点的直线，这就是井筒储集阶段的特征曲线。由它的斜率 m 就可算出井筒储集系

数 C：

$$C=\frac{qB}{24m} \tag{4-70}$$

（二）线性流动阶段

所谓线性流动，是指在某一区域内，流体流动方向相同，流线为互相平行的直线。“无限导流性垂直裂缝”，是指具有一条垂直裂缝的模型，这条裂缝的宽度为0，沿着裂缝没有任何压力损失，即具有∞的渗透率。在这一情形，早期将出现线性流动。线性流动的特征方程：

压差
$$\lg\Delta p=\frac{1}{2}\lg t+\lg\left(\frac{0.1959qB}{hx_{\mathrm{f}}}\sqrt{\frac{\mu}{\phi C_{\mathrm{t}}K}}\right) \tag{4-71}$$

导数
$$\lg\Delta p'=\frac{1}{2}\lg t+\lg\left(\frac{0.1959qB}{2hx_{\mathrm{f}}}\sqrt{\frac{\mu}{\phi C_{\mathrm{t}}K}}\right) \tag{4-72}$$

对于线性流，早期双对数压差和导数曲线呈现斜率为1/2的直线，压差和导数曲线互相平行，在纵坐标方向上差距为lg2（图4-36）。特种识别曲线则是直角坐标系中 Δp 与$\sqrt{t}$的过原点的直线。当计算出 k 后，由特种识别曲线直线段斜率 m 可求取裂缝的有效半长 x_{f}。

$$x_{\mathrm{f}}=\frac{0.1959qB}{hm}\sqrt{\frac{\mu}{\phi C_{\mathrm{t}}K}} \tag{4-73}$$

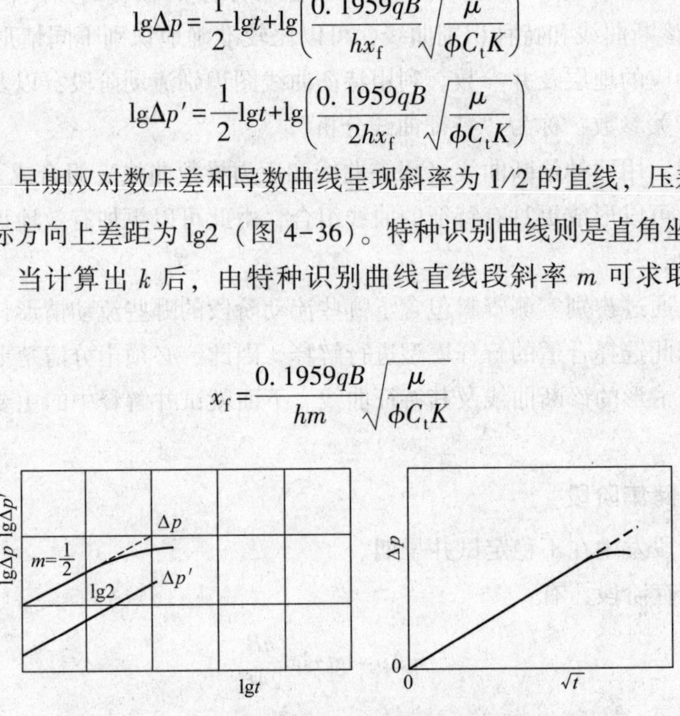

图4-36　无限导流性垂直裂缝的诊断曲线和特征曲线

（三）双线性流动阶段

“有限导流性垂直裂缝”，指的是具有一条垂直裂缝的模型，这条裂缝有一定宽度 ω（ω>0），具有比地层高很多的渗透率 K_{f}，沿着裂缝有压力损失。双线性流动的特征方程：

压差
$$\lg\Delta p=\frac{1}{4}\lg t+\lg\left(\frac{1.1054q\mu B}{h\sqrt{K_{\mathrm{f}}\omega}\sqrt[4]{\phi\mu C_{\mathrm{t}}K}}\right) \tag{4-74}$$

导数
$$\lg\Delta p'=\frac{1}{4}\lg t+\lg\left(\frac{1.1054q\mu B}{h\sqrt{K_{\mathrm{f}}\omega}\sqrt[4]{\phi\mu C_{\mathrm{t}}K}}\right)-\lg 4 \tag{4-75}$$

对于双线性流，早期双对数压力和导数曲线呈现斜率为1/4的直线，压差和导数曲线互相平行，在纵坐标方向上差距为lg4（图4-37）。特征曲线则是 Δp 与$\sqrt[4]{t}$的关系曲线。由特征曲线的斜率可以计算出裂缝导流率 $K_{\mathrm{f}}\omega$：

$$K_f\omega=\frac{1.2219}{\sqrt{\phi\mu C_t K}}\left(\frac{q\mu B}{hm}\right)^2 \tag{4-76}$$

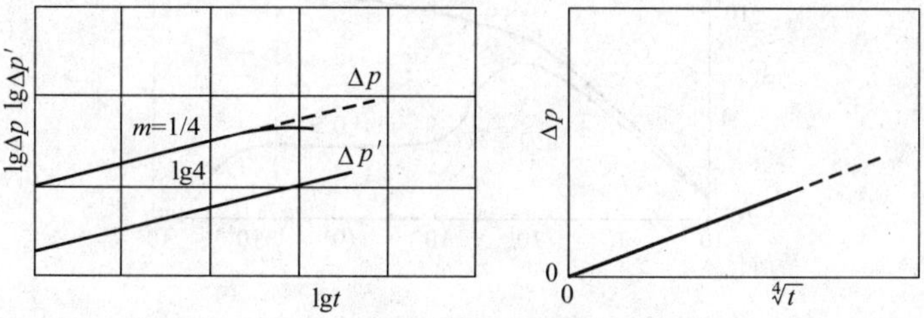

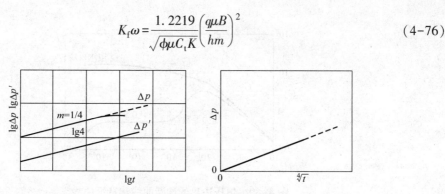

图 4-37 有限导流性垂直裂缝的诊断曲线和特征曲线

(四) 径向流阶段

径向流动阶段主要发生在测试中期阶段，流动状态与无限大油藏中的一口井生产时一致，此时探测半径小于气藏外边界半径 r_e，如图 4-38 所示，也就是半对数呈直线的阶段。在此阶段，边界对测试井井底压力的影响还非常小，可以忽略，流动状态与无限大地层径向流动几乎一样，所以称作“无限作用径向流动阶段”，简称“径向流动阶段”。

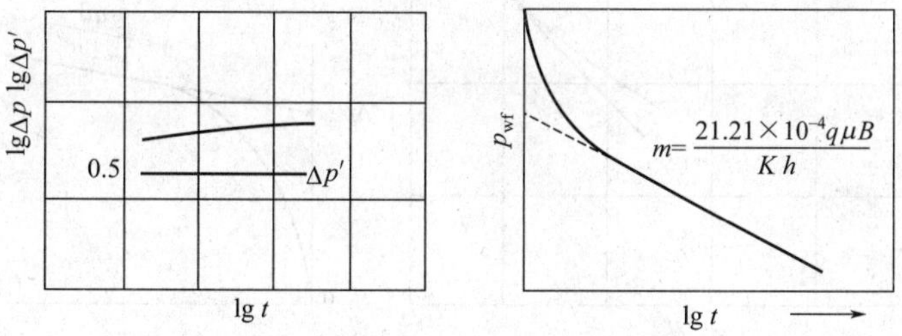

图 4-38 径向流的诊断曲线和特征曲线

在径向流作用阶段，导数在双对数曲线上为一条水平直线段，在无因次情形则为 0.5 的水平直线段，导数已成为径向流阶段主要诊断工具；其特征曲线为 Δp 与生产时间 t 的半对数直线关系，由该直线的斜率 m 和截距 b 可求取地层渗透率 k 及视表皮系数 S'。

导数：

$$\lg\Delta p'=\lg\frac{0.9211q\mu B}{Kh} \tag{4-77}$$

压差曲线计算各参数见常规试井分析方法。导数曲线拟合方法与压差曲线拟合法基本一致，参见现代试井解释方法，参数计算公式也一致［见式(4-62)～式(4-65)］，只是将方程中的$\left(\frac{p_D}{\Delta p}\right)_M$改为$\left(\frac{p_D'}{\Delta p'}\right)_M$。

(五) 稳定流动阶段

测试井附近若在恒压边界情形，到了后期，流动将达到稳定状态。压差曲线在双对数和半对数曲线上，都出现一条水平直线段，即 Δp 为常数，而导数曲线将向下迅速滑落，这就是恒压边界的诊断曲线和特征曲线（图 4-39）。

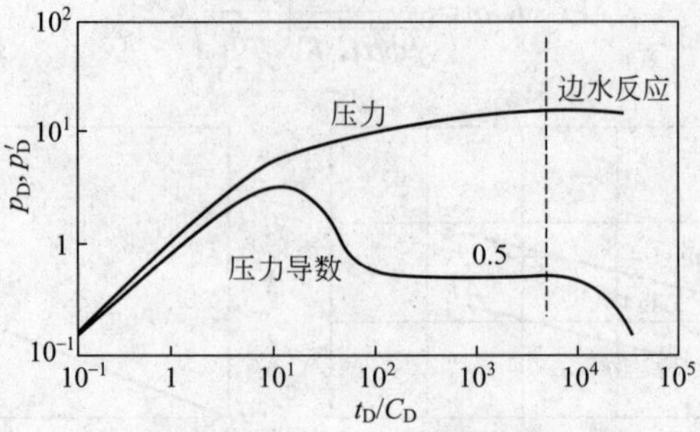

图 4-39 恒压边界的诊断曲线和特征曲线

（六）拟稳定流动阶段

由不渗透边界围城的气藏称为封闭系统。在压降测试过程中，当所有不渗透边界的影响都到达井筒后，气藏中的压力（或压差）随时间的变化率将固定不变，但不为零，即达到了所谓的“拟稳定流动状态”（图 4-40）。

$$\frac{\partial p}{\partial t}=\text{常数}(\neq 0)$$

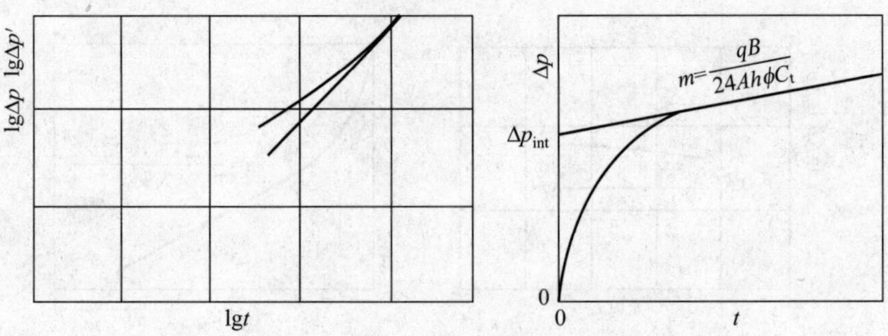

图 4-40 封闭系统的诊断曲线和特种识别曲线

压差
$$\Delta p_{wf}=\frac{qB}{24Ah\phi C_t}t+\Delta p_{int} \tag{4-78}$$

导数
$$\lg\frac{d\Delta p_{wf}}{d\ln t}=\lg t+\lg\frac{qB}{24Ah\phi C_t} \tag{4-79}$$

在封闭系统中进行的压降试井测试晚期，将出现拟稳定流动。式(4-79）中 A 为封闭系统的面积。可以看到，对于压差曲线，在直角坐标系中，Δp_{wf}与 t 呈直线，其斜率$m^*=\frac{qB}{24Ah\phi C_t}$，$\Delta p_{int}$为直线的纵截距。在这种流动阶段，在压降试井中，压差曲线越来越接近斜率为 1 的直线，导数曲线渐近线，即不断地向导数曲线靠拢；在压力恢复试井中导数迅速下滑，此时与稳定流动阶段不同的是压差曲线不是一条水平线。

为了求出一个封闭系统的储量而专门进行的压降试井，称为“油（气）藏探边测试”（Reservoir Limit Testing，RLT）。对于任何封闭系统，用探边测试均可得到比较准确的储量，特别是对于很难确定含气面积、有效厚度和孔隙度的裂缝性气藏，其计算公式为：

$$G=V_{p}S_{g}=\frac{qBS_{g}}{24m^{*}C_{t}} \tag{4-80}$$

需要指出的是：

（1）“油（气）藏探边测试”不只是探测测试井附近的边界，还包括断层之类的不渗透边界、气水界面的恒压边界等。

（2）封闭系统的压力恢复的变化特征与压降完全不同。

事实上，在封闭系统中的井，其关井压力恢复的速度将逐渐减缓，并趋于平衡而最终达到静止地层压力，根本不存在“拟稳定流动”阶段。

（七）几种外边界在压力导数曲线上的反映

1）单一断层

如果测试有一条断层，其半对数呈两条直线段，第一和第二直线段的斜率之比为1∶2；导数曲线将从0.5线上升一个台阶而变成1（图4-41）。

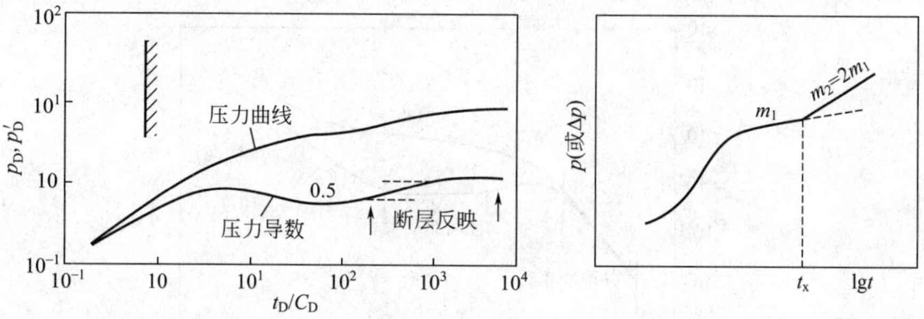

图4-41　单一断层对压力及导数曲线形态的影响

2）直角断层

如果测试存在直角断层，其半对数呈两条直线段，第一和第二直线段的斜率之比为1∶4；导数曲线将从0.5线上升一个台阶而变成2（图4-42）。

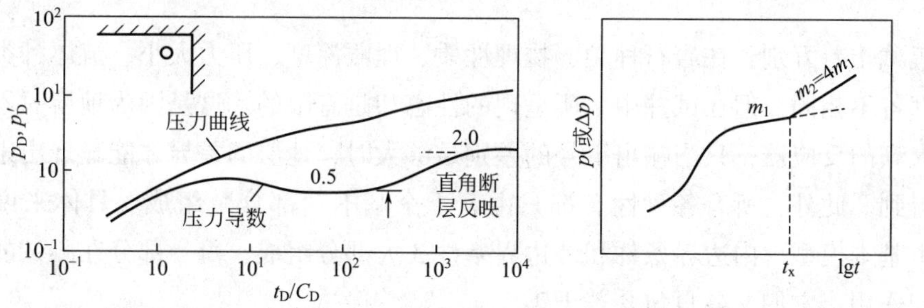

图4-42　存在直角断层时压力及导数曲线形态的影响

3）两条夹角断层

如果两条不渗透边界相交，其夹角为θ，则半对数也呈两条直线段，第一和第二直线段的斜率之比为1∶360/θ；导数曲线将从0.5水平线上升到180/θ水平线，井在夹角内位置不同（图4-43中井A和井B），曲线上升的“路径”会有所不同。

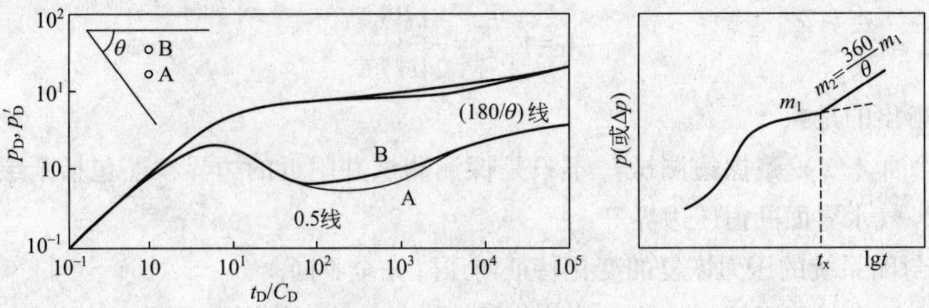

图 4-43　夹角为 θ 的两条不渗透边界压力及导数曲线形态

4）两条平行断层

如果两条不渗透边界平行，在后期其导数曲线将成为一条斜率为 1/2 的直线，径向流动阶段的水平直线段的长短取决于两条平行不渗透边界之间距离的大小。图 4-44 为井离两条平行不渗透边界的距离相等的情形，如果不相等，在径向流动和线性流动之间，曲线还会出现一条不渗透边界的反映，出现一个依稀模糊的 1 线小台阶。

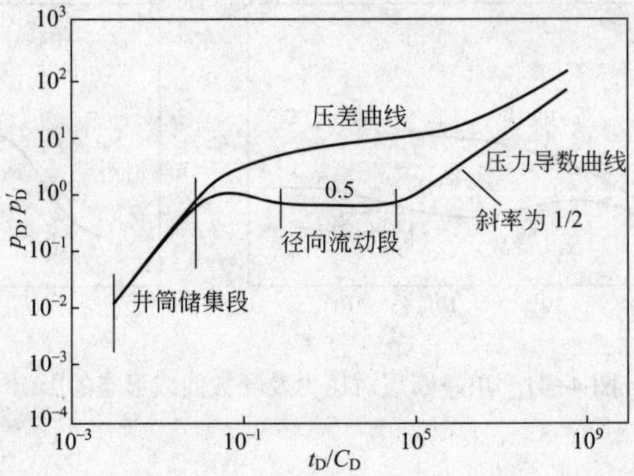

图 4-44　具有两条互相平行直线不渗透边界情形的上对数曲线

五、试井解释模型

油气藏千差万别，在岩石种类、物理性质、埋藏深度、压力大小、流体种类和组分等方面，都各不相同。但在试井中，所呈现的性态却是有限的。这是因为地层只不过像一个精度不太高的反应器，只当输出讯号的差别足够大时，地层的差异才能显现出来，试井才能探测得到。此外，所有各种性态都只由若干个基本“部分”组成。具体来说，试井解释模型由基本模型、内边界条件和外边界条件 3 大部分组成，每一部分在测试的不同时间起着支配作用，它们又各自包含若干类。

（一）基本模型

基本模型反映气藏的基本特性，即有几种具有不同流动系数或储能系数的多孔介质及流体系统参与流动。对于不同类型的气藏，其特性各不相同；而对于同一类型气藏，其特性井井相同，并在测试的中期段显现出来。基本模型可分为两大类：

（1）均质气藏。即整个气藏具有相同的性质，也就是气藏中只有一种流动系数、储能系数的多孔介质及流体参与流动，说得更严格些，就是在整个气藏中，流动系数、储能系数的变化很小，小到试井资料无法区分出来。

（2）非均质气藏。即有两种或更多种具有不同流动系数、储能系数的多孔介质及流体参与流动，这些多孔介质或流体在气藏中或均匀分布，或分块分布；其流动系数、储能系数的数值相差悬殊。可分为若干种，最简单和最常用的有双重孔隙介质气藏、双重渗透率介质气藏、复合气藏等。

① 双重孔隙介质气藏，简称双孔气藏。气藏中的每个单元，均由渗透率不同、孔隙度不同的两个系统组成，其中只有高渗透介质中的流体能流入井筒，而低渗透介质只能起到给高渗透介质补给流体的作用，其早期基本特性由高渗透系统的流动系数和储能系数控制，而后期则由高渗透的流动系数和整个系统的储能系数所控制。

② 双重渗透率介质气藏，简称双渗气藏。它也由渗透率不同、孔隙度不同的两个系统组成，但与双孔气藏不同，在双渗气藏，两种介质中的流体都能直接流入井筒。最常见的双渗气藏是渗透率不同的双层气藏。

③ 复合气藏，由多个（至少两个）具有不同流动系数或储能系数的区域组成，其成因可能是储层厚度或孔隙度发生变化，也可能是流体相态发生变化。常见的有径向复合气藏和线性复合气藏。

不论是哪一类气藏，一般都做如下假定：

① 气层在平面上是无限的；

② 气层上、下均具有不渗透隔层；

③ 开井生产前整个气藏具有相同的初始压力（初始条件）。

（二）内边界条件

内边界条件是指井筒及其附近的情况。其特征井井不同，显现在测试的早期，通常考虑的因素有：

（1）井筒储集效应；

（2）表皮效应；

（3）无限导流模型；

（4）有限导流模型；

（5）井以稳定产量生产；

（6）水平井。

（三）外边界条件

外边界条件即气藏外缘的情况。对于同一气藏中的不同井，外边界的类型相同，但边界的距离则各不相同。常见的外边界有：

（1）无限大地层（无外边界）；

（2）不渗透边界；

（3）恒压边界；

（4）封闭系统；

（5）流动系数或储能系数发生改变的边界；

（6）混合边界。

任何理论模型都必须包括上述 3 个部分。反过来，这 3 个部分中各种情形的任一组合，都可以构成一个理论解释模型。例如：

（1）基本模型——均质油藏；

（2）内边界条件——具有井筒储集和表皮效应；

（3）外边界条件——地层无限大，无穷远处保持恒压。

虽然，在上述 3 个部分中，每一部分只包含几种情形，但组合起来可以得到几千种不同的解释模型，基本满足实际试井解释需要。试井解释的首要任务，就是辨别实测资料包含了上述的哪些部分、哪些流动阶段的哪种情形，它们构造了什么样的模型，据此选择合适的解释模型进行解释，即用解析解或数值解，产生此模型在实测产量变化情形下的压力响应，通过调整模型的参数，使得这个压力响应与实测的压力变化完全一致。这就意味着所选择的解释模型应符合测试层和测试井的实际，而经反复调整所得到的模型参数，也就是测试层和测试井的实际参数。

第六节　试井报告编写

一、测试报告基本内容

（1）气藏和气井基本情况；

（2）试井的目的和要求；

（3）试井设计概要；

（4）试井施工概况；

（5）试井解释基础资料整理；

（6）试井曲线诊断与分析解释；

（7）结论与建议；

（8）附图、附表。

二、报告总的附表

包括气井基础资料数据表、气井试井测试数据表、气井试井分析解释数据表以及引用的测井解释成果数据表、井斜数据表等。

三、报告总的附图

（一）稳定试井与修正等时试井分析

指示曲线：$\frac{\Delta p^2}{q_g}-q_g$ 关系图；$\lg\Delta p^2-\lg q_g$ 关系图；Δp^2-q_g 关系图；$p_{wf}-q_g$ 关系图。

（二）不稳定试井

双曲线诊断图 $\lg\Delta p-\lg\Delta t$；相应的特征曲线图 $\Delta p-\Delta t$ 或 $\Delta p-\sqrt{t}$ 或 $\Delta p-\sqrt[4]{t}$；压力恢复 horner 图 $p_{ws}-\lg\dfrac{\Delta t}{t_p+\Delta t}$；双对数拟合图；叠加函数拟合图；测试期模拟图。

（三）井筒压力温度梯度测试

井筒压力与深度关系图；井筒温度与深度关系图。

（四）引用的基础资料

凝析气藏相态图；产水气井相对渗透率试验数据图；井身结构图；构造图。

（五）试井资料与成果管理

原始测试数据、试井成果应妥善保存。试井解释报告应提交给下达任务单位和上级主管部门，并纳入科技档案管理。

习　题

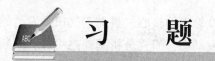

1. 什么是试井？试井有哪些分类？
2. 什么是产能试井？什么是不稳定试井？
3. 阐述产能及不稳定试井的主要用途。
4. 简述一点法试井、回压试井、等时试井和修正等时试井的测试方法。
5. 简述压力恢复试井、压力降落试井的测试方法。
6. 简述干扰试井、脉冲试井的测试方法。

第五章 气藏动态分析

第一节 概 述

任何类型的气藏，当钻开第一口井后，就失去了原来的静止平衡状态，转变为运动状态，气藏内部很多因素都要发生变化，这些变化都将通过一定的形式表现出来，这就是气藏的动态特征。

气藏动态分析是气田开发管理的核心，贯彻于气田开发的始终，涉及面广。只有掌握气井、气藏的开采动态和开发动态，研究分析其动态机理，不断加深对气井、气藏的开采特征和开采规律的认识，才能把握气田开发的主动权，编制出最佳的开发方案、开发调整方案、开采挖潜方案和切合实际的生产规划，实现高效、合理和科学开发气田的目的，取得最佳经济效益，并指导下游工程的健康发展。

一、气藏动态分析的主要内容

中国石油天然气股份有限公司颁布的《天然气开发管理纲要》中明确定义动态分析的主要内容包括气井与气藏的动态特征、产量计划完成情况、各种工艺措施效果、产量变化及原因、地层压力变化趋势、气藏边底水活动情况及气田生产设施的适应性等，且动态分析应指出开发中存在的问题，并提出改进措施。月度、季度动态分析以气井生产动态为主，半年和年度动态分析以气田开发动态分析为主。阶段动态分析的主要目的是为编制中长期开发规划和气田开发调整方案提供依据。分析的主要内容包括气藏地质特征再认识与气藏地质模型修正、储量动用状况、剩余储量分布及开发潜力分析、边底水活动情况、开发技术政策的适应性、开发趋势及预测、方案设计指标符合程度及开发效果评价、开发经济效益评价、开发存在的主要问题、调整对策与措施等。

参照李士伦等编著的《天然气工业》，气藏动态分析工作的主要内容归纳于表 5-1 中。

表 5-1 气藏动态分析内容、目的和手段

编号	分析项目	分析内容	分析目的	主要分析手段
1	气藏连通性分析	1. 储层纵、横向连通性； 2. 断层分布及分隔情况； 3. 压力与水动力系统； 4. 油气水分布边界	1. 计算储量（容积法和压降法）； 2. 确定开发单元与布井方式； 3. 建立地质模型	1. 综合应用地质、物探、测井、录井、试采和试井等成果； 2. 干扰试井、压力恢复试井、修正等时试井等； 3. 裂缝性气藏的地层倾角测井和压力恢复试井等

续表

编号	分析项目	分析内容	分析目的	主要分析手段
2	流体性质分析	1. 流体组成及性质分布差异性分析； 2. 开发过程中流体组成变化特征分析； 3. 特殊气藏气体组成分析	1. 为开发部署、地面工程设计、下游工程规划提供依据； 2. 提出开发调整与采气工艺措施类型	1. 常规取样； 2. 凝析气藏流体井口取样及地层条件下流体容积性质和相态性质实验分析
3	储量核实	地质储量； 可采储量； 单井控制储量	1. 提高储量级别； 2. 确定开发规模、地面工程和下游工程准备； 3. 为数模、动态分析、开发效果评价提供依据	1. 根据综合方法和不断加深的资料用容积法计算储量； 2. 用物质平衡法核实动态储量； 3. 用试井方法确定单井控制储量
4	驱动类型的确定	1. 分析确定气藏驱动类型； 2. 水驱气藏边界条件分析，产水观测井产量、压力及水面变化，分析判断水源、侵入机理、水侵速度，计算水侵量	1. 为制定开发方案提供依据； 2. 确定气藏采气速度、布井方式和气井合理生产工作制度，制定技术政策； 3. 为动态监测、数值模拟提供依据	1. 压降曲线、生产曲线对比、分析采气速度与压降速度； 2. 分析观测井地层压力变化趋势，气水界面变化趋势； 3. 生产测井
5	气井、气藏生产能力分析	1. 气井绝对无阻流量、采气指数； 2. 气藏高、中、低渗透区产能分布特征	1. 为气井、全气藏合理配产提供依据； 2. 确定井网合理性及调整井井位	1. 日常油气水生产动态资料； 2. 关井压力恢复试井、系统试井； 3. 地层测试成果； 4. 压降曲线
6	气藏开采状况、储量动用程度及剩余资源潜力分析	1. 压力系统变化、层间窜流及地层水活动情况； 2. 单井、分区块全气藏采气量、采储程度； 3. 剩余可采储量分布与未动用潜力预测	1. 复核动态储量； 2. 调整产能布局； 3. 确定稳产年限、阶段采储程度和最终采收率	1. 分井、分区产量统计分析； 2. 测出结果分析不同时期的压力等值图； 3. 利用生产测井、水淹层测井、油气水界面监测成果，绘制生产剖面； 4. 压降曲线
7	钻井，完井与采气工艺措施效果分析	1. 钻井井斜、井眼变化，井底污染状况； 2. 完井方式、射孔完善程度； 3. 产液、带液能力与管柱摩阻损失； 4. 井下油套管破裂、井壁垮塌与产层掩埋情况； 5. 修井、增压、气举、机抽、泡排、水力、喷射泵、气流喷射泵等工艺措施效果	1. 为修井作业提供依据； 2. 为增产、提高采收，采取适当的工艺措施提供依据	1. 工程测井； 2. 试井分析； 3. 井口带出物分析

二、气藏动态分析的主要技术

气藏动态分析技术是提供气藏开发全过程动态信息技术，目前国内外主要应用测井、地球化学、气水动力学和气藏数值模拟等技术来分析气藏生产动态，并由点（气井）的监测、分析发展到整个气田乃至成组气田开发过程实施全面监测和分析。

(一) 地球物理测井监测技术

近年来，利用测井技术可以识别裂缝，确定孔、渗参数在空间的分布和边、底水的层位。目前已能成功监测气水界面活动和选择性水侵规律，为水驱气藏开采工艺的选择提供了可靠依据。

测井技术主要有中子法、脉冲中子法、电法、测井温、测流量和声波测井等6种方法。应用脉冲中子法划分气水界面比油水界面效果好，对碳酸盐岩气藏也有效。声波测井对砂岩和非砂岩均有较高的分辨率和可靠性。

(二) 地球化学检测技术

1. 水化学方法

天然气中的凝析水矿化度很低，当地层水进入气井时，产出水的成分就会改变。如果系统地取样分析（如氯根含量、钾离子含量等），就能确定地层水流入量。当不同层位的地层水具有不同的矿化度和盐类组分时，就能测出水的窜流。当沿气水界面的水矿化度变化时，就能判断侵入气藏的主要方向。

2. 根据凝析液性质变化监测气水界面

测定凝析液性质的指标有：黏度、折射率、密度、蒸发90%馏分的温度和凝析温度。当这些参数随时间增加时，说明气水界面正向气井推进，根据气水界面到井的距离和推进速度，便可预报气井水淹时间。

3. 利用非烃组分浓度分布规律监测气水界面

含气层中 H_2S 浓度的分布可定量地确定气藏面积上产能大小及分布范围。H_2S 浓度越高，单位地层储气能力越低，反之，孔隙中烃含量越高。CO_2 和 H_2S 的浓度分布规律相同。含 N_2 量最高的地区，含 H_2S 量最低。气藏中氦等稀有气体分布规律大致与 N_2 相同。研究表明，H_2S 含量向气水界面方向增加，大部含气层系中 H_2S 含量随深度增加而增加，气液接触带附近 H_2S 浓度急剧增加。

4. 标度计算图快速监测法

研究人员已找出微量盐（溴、碘、钾、钠、铷、铵、锂等）之间的关系，并根据微量盐在相应的地层水中的百分含量制成标度计算图，应用该图可快速分析从井内带出液相中的微量盐浓度，从而对产出水进行有效的监测。

(三) 水动力学方法

1. 应用 $p/Z-G_p$ 关系监测气藏动态

定容封闭气藏开发过程中含气孔隙体积保持不变时，气驱的 $p/Z-G_p$ 呈直线关系。在开发裂缝性、裂缝—孔隙性（碳酸盐岩）变形储层的气藏时，其含气孔隙体积都要减小，其 $p/Z-G_p$ 曲线要低于气驱关系直线。多数在水驱气藏的情况下，$p/Z-G_p$ 曲线特征是，开始与气驱一样 p/Z 呈直线下降，但是，随着边水或底水进入气藏而使压力下降速度明显减慢，使 $p/Z-G_p$ 偏离气驱直线。开发过程中若存在气体窜流或漏失到上下部地层中去，$p/Z-G_p$ 关系曲线可能比气驱线还要低。

20 世纪 80 年代以来，对 $p/Z-G_p$ 关系式偏离气驱线诸因素的研究日趋深化，并找到校正各种因素的方法，还有研究人员通过数值模拟研究，得到较有意义的结果，使之成为监测气藏动态的重要方法之一。

2. 气藏数值模拟动态分析技术

随着气田开发难度的增大，气藏动态分析的跟踪数值模拟技术有了很大发展，尤其是促进了非均质或致密气藏、水驱气藏和凝析气藏的数值模拟技术的发展。

3. 试井技术

目前试井解释及监测技术已建立起适应各类气藏的典型图版和单井数值模拟。通过单井测试可监测井的完善程度，气层污染、储层变形引起孔、渗等参数减小对气井产能的影响；计算气井绝对无阻流量；确定气井合理的生产压差和产量，使气井和气层协调工作。

干扰试井和脉冲试井可确定两口或更多井之间储层的连通性及压力连通范围，计算气层传导率和储渗能力。它们适应非均质低渗透气藏的试井解释，并用此法确定裂缝分布及发育方位，还发展了一系列不稳定试井方法。

4. 音响试井技术

该技术能弥补由于岩性、泥浆等因素给测井带来的困难。深部音响水动力试井仪器不受岩性影响，也不受下油、套管的限制。气或水单相流动，以及气与水两相流动的声谱均不相同，通过井与地层连通的部位时，能接收到较大音响程度，以此来辨别气、水层位和能量大小。国内还未见此类试井技术的应用报道。

第二节 气藏压力系统及连通关系

压力系统又称为水动力系统，对于裂缝性气藏又称为裂缝系统。在同一压力系统内压力可以相互传递，任何一点压力的变化将传播到整个系统。

在一个气田中常包含许多气层，当各气层相互隔绝时，每一个气层各自成为独立的压力系统。同一个气层在横向上也可能因断层、岩性尖灭、渗透性的变化，以及裂缝发育不均等被分割成几个独立的压力系统。

每一个独立的压力系统即为一个气藏，因而正确划分压力系统是气田开发的首要问题。通常利用气层的地质、压力和温度资料进行划分。

一、压力系数

气藏压力系数是指气藏原始地层压力与同深度的静水柱压力的比值，由于水的密度接近 1，因此往往采用原始地层压力与相应深度的比值。通常采用折算压力计算压力系数，根据压力系数可将气藏分为低压、常压、高压、异常高压气藏。在同一压力系统内具有相同的压力系数。

二、气层温度和地温梯度

气藏中气体的温度即为气层温度。由于天然气性质受温度影响很大，因而温度是气藏开发的重要参数。气层温度在气藏开发过程中变化微小，可以认为是恒定的，仅仅随埋藏深度而变化。温度每增高1℃所增加的深度称为地热增温率：

$$M=\frac{\Delta D}{\Delta T} \tag{5-1}$$

其倒数称为地温梯度。

利用气井可实测地温即井筒温度，图5-1为某气井实测井温曲线，其测点有很好的线性关系。

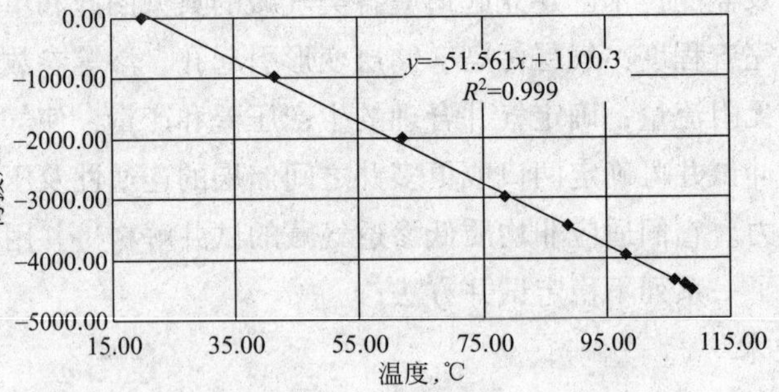

图5-1　MX001-X3井实测静地温曲线图

经回归计算得到气藏地温计算公式：

$$T=21.340-0.01939H$$

$$R^2=0.9990$$

式中　H——计算点海拔，m；

T——计算点温度，℃。

其地温梯度为0.01939℃/m，地热增温率为51.57m/℃。

由于地球的热力场并不是均匀的，故地热增温率或地温梯度有区域性，各地不同。在同一压力系统中，具有相同的温度场和同样的地温梯度。

三、气层压力和压力梯度

在气层中，气、水都承受着一定的压力，这种压力称为气层压力。对气体来说，气层压力表示气层中各个点上气体所具有的压能，是推动气、水在气层中流动的动力。气层压力随深度的变化率称为压力梯度，同样可利用气井实测压力及井筒梯度，获得气井实测压力梯度曲线和回归方程。

在同一压力系统中，压力梯度为一常数值，同一深度有相同的气层压力。

四、气层折算压力

将气层中各点的压力折算到某一个基准面上，这个压力称为折算压力，如图5-2所示。

气层压力按下式折算：

$$p=p_1+0.01\rho_g D \tag{5-2}$$

式中 ρ_g——天然气密度，kg/m^3。

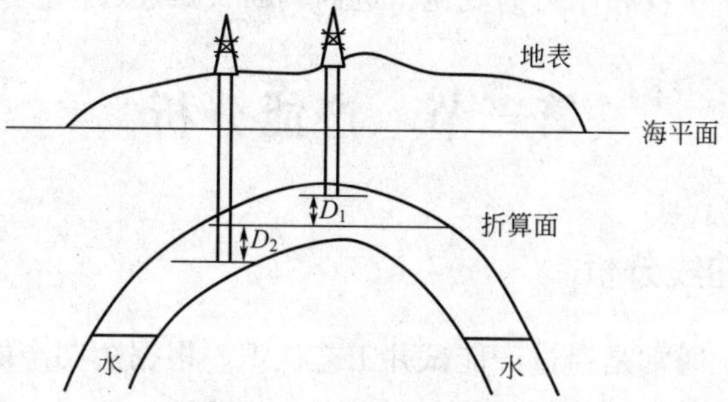

图 5-2 气层压力折算示意图

通常选用原始气水界面之上，气藏含气高度的三分之一处作为折算时的基准面。因为计算需要，有时直接用原始气水界面作为折算基准面。同一压力系统在原始状态具有相同的折算压力。

五、气藏连通性分析

在气藏连通范围内应属同一压力系统，因此判断气藏连通性是划分气藏压力系统最直接的方法。目前通常采用以下的方法。

（一）气藏构造和储层分析

这是从气藏地质结构上研究气藏的连通性。主要从构造形态、断层特征、储层的横向分布、缝洞的发育规律、孔隙度和渗透率的变化情况、储层中气水分布等方面进行分析，研究影响气藏连通性的因素，寻求造成气藏不连通的地质原因，分析气藏连通的可能性。

（二）气藏流体性质分析

进行气藏流体组分分析和物性分析，研究造成流体组分和物性差异的原因，判断气藏连通的可能性。

（三）井间干扰分析

井间干扰是气藏动态分析方法，是对气藏连通性最确切的判断。在连通的同一压力系统的气藏总，任一口井的产量或压力发生变化，必将引起其他井的压力或产量发生相应的变化，如图 5-3 所示。因此，观察和分析各井产量和压力变化，能有效判断井间连通性。

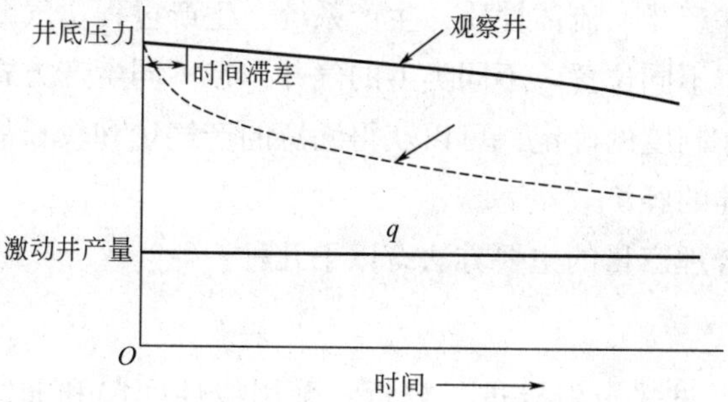

图 5-3 干扰试井压力反映

专门的井间干扰试验有干扰试井和脉冲试井。对于有一定生产历史的气藏，可通过采气曲线分析，对比各井产量和压力的变化，进而判断气藏连通性。

第三节　产能分析

一、气井 IPR 曲线分析

气井的流入特性，通常是通过产能试井工艺认识。根据短期产能试井录取的资料，经过整理，可以确定反映该井流入特性的产能方程，或称流入动态方程。根据所得方程，代入不同井底流压可解出相应的产气量，从而描绘出一条完整的产量与流压的关系曲线，称为气井的流入动态曲线，简称气井的 IPR 曲线，又称指示曲线（图 5-4）。就单井而言，IPR 曲线是油气层工作特性的综合反映，因此它既是确定油气井合理工作方式的主要依据，又是分析油气井动态的基础。根据油气层渗流力学的基本理论可知，IPR 曲线的基本形状与油藏驱动类型、完井方式、油藏及流体物性有关。短期产能试井所得到的 IPR 曲线，在一段时期内可用于气井动态预测。

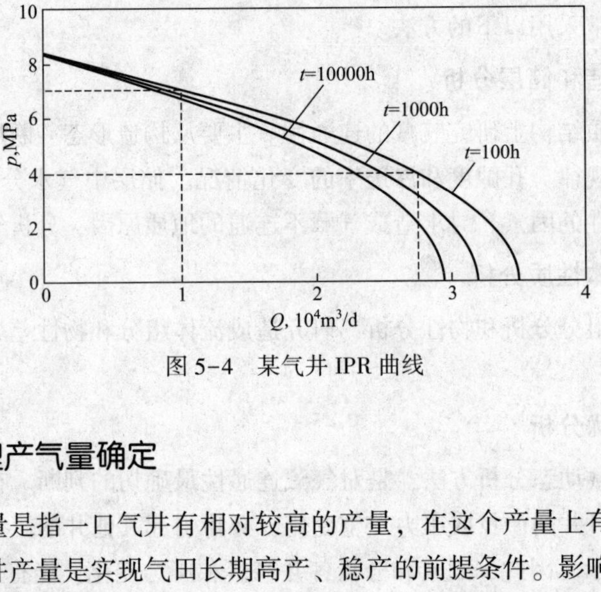

图 5-4　某气井 IPR 曲线

二、气井合理产气量确定

气井的合理产量是指一口气井有相对较高的产量，在这个产量上有较长的稳定生产时间。确定合理的气井产量是实现气田长期高产、稳产的前提条件。影响气井合理产量确定的因素很多，包括气井产能、流体性质、生产系统、生产过程、气藏的开发方式和社会经济效益等，不同区域、不同位置、不同类型的气井，在不同生产方式下，有不同合理产量的选择。气藏合理工作制度的确定，可以获得满意的产气量和较长的稳产期，使气藏开采有较高的采收率和最佳的经济效益。

常用的确定气井合理产量的主要方法有以下几种。

（一）经验法

对气井生产数据、试采资料等进行分析，采用线性回归和非线性回归等数学方法，解决气井生产过程中生产数据的历史拟合，从而获得对气井配产和设计具有指导意义的关系式。这种方法有时伴有数值模拟方法，二者相互说明。R. V. smith 利用压力和产量等生产数据最小二乘法处理获得的回压方程（俗称产能二项式或产能指数式），结合不同的用气需求和地层情况，将气井配产和设计划分为：固定日产量；产量作为无阻流量的一部分；恒定的井口回压和井底流压压力。我国气藏开采工作者总结我国气藏开发的经验，将气井工艺制度分为 5 类：井壁压力梯度为常数、井底压差为常数、井底压力为常数、气井产量为常数与井底渗流速度为常数，并在此基础上确定了气井配产常用方法。

1. 气井类型曲线法（采气指数法）

气井的采气方程可用二项式表示为：

$$p_R^2-p_{wf}^2=Aq_{sc}+Bq_{sc}^2 \tag{5-3}$$

$$p_R-p_{wf}=\frac{Aq_{sc}+Bq_{sc}^2}{p_R+\sqrt{p_R^2-Aq_{sc}-Bq_{sc}^2}} \tag{5-4}$$

从式(5-3) 可见，在二项式产能方程 $\Delta p^2=Aq_{sc}+Bq_{sc}^2$ 中，Aq_{sc} 项用来描述气流的黏滞阻力，Bq_{sc}^2 用来描述惯性阻力。当产量 q_{sc} 较小时，地层中气体流速较低，产量与压差平方呈线性关系，黏滞阻力占主导地位；随着产量 q_{sc} 的增大，气体流速增大，惯性阻力的作用逐渐明显，以致于占据主导地位，此时表现为非线性流动，气井产量与压差的关系不再是线性关系，曲线逐渐向压差轴弯曲，甚至出现增大生产压差而产量减小的情况。也就是说，在配产产量大于采气指示曲线上直线段末端产量时，气井生产就会把一部分压力降消耗在非线性流动上。因此，应该将采气指示曲线 Δp^2-q_{sc} 上直线段末端产量作为气井的最大合理产量（图 5-5）。

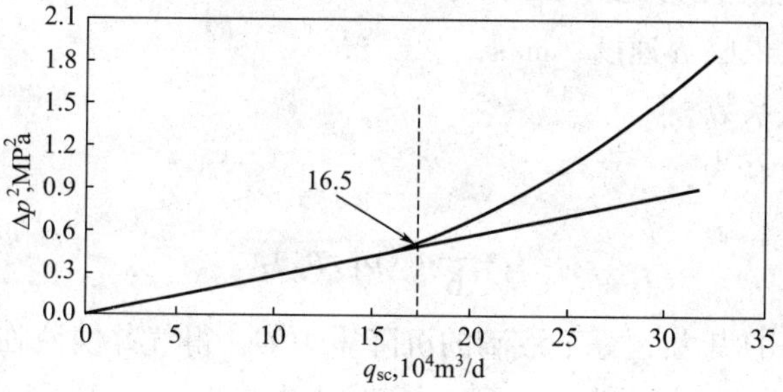

图 5-5 采气指示曲线确定气井合理产量示意图

2. 无阻流量百分比法

根据气井无阻流量大小，结合地质、试采资料，确定一个百分比与气井的无阻流量相乘即得合理配产，以此作为配产依据。一般在初期大致是按绝对无阻流量的 1/5~1/6 作为气井生产的产量，一般不建议井底压力降低到地层压力的 25%，具体范围还要视气藏各井的具体情况而定。在生产的中后期大致是按绝对无阻流量的 1/3~1/4 作为气井生产的产量，经验法是在国内外大量气井生产实践的基础上总结出来的配产方法，需要在具体生产过程中不断加以分析和调整。

（二）临界携液流量法

当气井积液时，将会增加气层的回压，限制井的生产能力。井筒积液量太大可能致使气井完全停喷，甚至完全水淹。所以在确定气井合理工作制度的时候，应该考虑气井的携液临界流量。

气井开始积液时，井筒内气体的最低流速称为气井携液临界流速，对应的流量称为气井携液临界流量。当井筒内气体实际流速小于临界流速时，气流无法将井内液体全部排除井口。

Turner、Hubbard 和 Dukler 提出了确定气井携液临界流速和临界流量的两种物理模型，即液膜模型和液滴模型。液膜模型描述了液膜沿管壁的上升，计算比较复杂。液滴模型描述了高速气流中心夹带的液滴。这两种模型都是实际存在的，而且气流中夹带的液滴和管壁上的液膜之间将会不断交换，液膜下降最终又破碎成液滴。Turner 等人用矿场资料对这两个模型进行了检验，发现液滴模型更为实用。

液滴模型假设，排出气井积液所需的最低条件是使气流中的最大液滴能连续向上运动。因此，根据最大液滴受力情况可确定气井携液临界速度，即气体对液滴的曳力等于液滴的沉降重力。如果气井表现为段塞流特性，由于其流动机理不同，不能采用液滴模型。

气体对液滴的曳力 F 为：

$$F=\frac{\pi}{4}d^2 C_{\mathrm{d}}\frac{u_{\mathrm{cr}}^2}{2}\rho_{\mathrm{g}} \tag{5-5}$$

式中 d——液滴的直径，m；

ρ_{L}——气井液体的密度，kg/m³；

ρ_{g}——气井天然气的密度，kg/m³；

u_{cr}——气井携液临界速度，m/s；

C_{d}——无因次系数。

液滴的沉降重力 G 为：

$$G=\frac{\pi}{6}d^3(\rho_{\mathrm{L}}-\rho_{\mathrm{g}})g \tag{5-6}$$

根据气体对液滴的曳力 F 等于液滴的沉降重力 G，得气井携液临界速度：

$$u_{\mathrm{cr}}=\left[\frac{4gd(\rho_{\mathrm{L}}-\rho_{\mathrm{g}})}{3C_{\mathrm{d}}\rho_{\mathrm{g}}}\right]^{0.5} \tag{5-7}$$

式(5-7) 表明，液滴直径越大，要使它向上运动的气流速度就越高。如果能够确定最大液滴直径，就可以计算出使所有液滴向上运动的气流临界速度。

气流的惯性力和液体表面张力控制着液滴直径的大小。气流的惯性力试图使液滴破碎，而表面张力试图使液滴聚集，韦伯数综合考虑了这些力的影响。当韦伯数超过 20~30 的临界值时，液滴将会破碎，不存在稳定液滴。最大液滴直径由下式确定：

$$N_{\mathrm{we}}=\frac{u_{\mathrm{cr}}^2\rho_{\mathrm{g}}d}{\sigma}=30 \tag{5-8}$$

式中 N_{ew}——Weber 数；

σ——气液表面张力，N/m。

由式(5-8) 求出 d，并代入式(5-7)，则临界流速变为：

$$u_{cr}=3.1\left[\frac{\sigma g(\rho_L-\rho_g)}{\rho_g^2}\right]^{0.25} \tag{5-9}$$

由式(5-9) 可知，压力越低，临界流速越大。因此，低压气井临界流速大，而产气速度又较低，更易积液。

气井携液临界流量为：

$$q_{cr}=2.5\times10^4\frac{Apu_{cr}}{ZT} \tag{5-10}$$

式中　A——油管截面积，m^2；

p——井底流压，MPa；

T——井底流温，K；

Z——p、T 条件下气体偏差因子；

q_{cr}——日产气量，$10^4m^3/d$。

由式(5-10) 可知，临界流速、临界流量与压力、温度有关，与气液比无关。因此，应把井筒中临界流速和临界流量最小的位置点作为计算条件。为方便起见，对于仅产生少量液体（主要为凝析液）的气井，可根据井口条件来预测临界流速和临界流量，这类气井需经过几天的时间方能完全积液或停喷；而对于产出大量液体（主要为自由液体）的气井，可根据井底条件来预测积液的产生，这类气井在产气量降到临界流量之后几小时便会停喷。虽然气液比对积液的临界流量没有什么影响，但当天然气流量降低到临界流量以下时，气液比就会直接影响气井积液或停喷所需要的时间。

另外，油管直径对临界流量有明显影响。如果井筒上部和下部的直径差别较大，那么直径最大的地方容易积液。为了有效排除一口井的水，必须将油管下到产层底部。

用式(5-9) 计算临界流速时，需要相应压力温度下的液体密度和表面张力，近似计算时，可采用以下数据：

对水：$\sigma=0.06N/m$，$\rho_L=1074kg/m^3$。

对凝析油：$\sigma=0.02N/m$，$\rho_L=721kg/m^3$。

当水和凝析油同时存在时，为了安全起见，应采用水的密度和表面张力。

对于一口气井，当产量降到临界流量之后，气井将开始积液并停喷。如果关井一段时间，停喷后气井的井底附近地层能量得以恢复，则仍然可以间歇生产。间歇生产所需的气量小于气井携液临界流量。

例 5-1　求某产水气井携液临界流速和临界流量，已知参数如下：

井口压力 $p_{tf}=3.21MPa$　　井口温度 $T_{tf}=295K$

油管内径 $d_{ti}=62mm$　　气体相对密度 $\gamma_g=0.6$

解：(1) 气井携液临界流速。

气体偏差系数 = 0.93

气体密度：

$$\rho_g = 3.4844\times10^3\ \frac{\gamma_g p}{ZT}$$
$$= 3.4844\times10^3\ \frac{0.6\times3.21}{0.93\times295}$$
$$= 24.46(\text{kg/m}^3)$$

气井携液临界流速：

$$u_{cr} = 3.1\left[\frac{\sigma g(\rho_L-\rho_g)}{\rho_g^2}\right]^{0.25}$$
$$= 3.1\left[\frac{0.06\times9.8(1074-24.46)}{24.46^2}\right]^{0.25}$$
$$= 3.12(\text{m/s})$$

油管面积：

$$A=\frac{3.14\times0.062^2}{4}=0.00302(\text{m}^2)$$

（2）气井携液临界流量。

$$q_{cr} = 2.5\times10^4\ \frac{Apu_{cr}}{ZT}$$
$$= 2.5\times10^4\ \frac{0.00302\times3.21\times3.12}{0.93\times295}$$
$$= 2.76\times10^4(\text{m}^3/\text{d})$$

（三）系统分析方法

系统分析方法又称为节点分析方法，以油气从地层—井筒—井口连续流动过程作为分析基础，运用动态曲线和节点分析方法对油气井进行配产与设计。其思想于 1954 年由 Gilbert 提出。该方法是运用系统工程理论将地层流体的渗流、举升管垂直流动和地面集输系统视为一个完整的采气生产系统，进行整体优化分析，使整个气井生产系统不仅在局部上合理，而且在整体上处于最优状态。因此，它是优化气井生产系统的一种综合分析方法，可以用于设计和评价气井生产系统中各部件的优劣。

1. 气井生产系统

气井生产系统由储层、举升油管、针形阀、地面集气管线、分离器等多个部件串联组成，典型气井生产系统如图 5-6 所示。

气流从储层流到地面分离器一般要经历多个流动过程。不同的流动过程遵循不同的流动规律，它们相互联系，互为因果，处于同一水动力学系统。气体的流动包括从气藏外边界到钻开的气层表面的多孔介质中的渗流，从射孔完井段到井底的，并沿着管柱向上到达井口的垂直或倾斜管流，从井口经过集气管线到达分离器的水平或倾斜管流。由于流动规律不同，各个部分的压力损失不一样，而且与内部参数有关，气井生产系统分析方法正是利用这一思想来进行研究的，因此，这种方法属于一种压力分析方法。

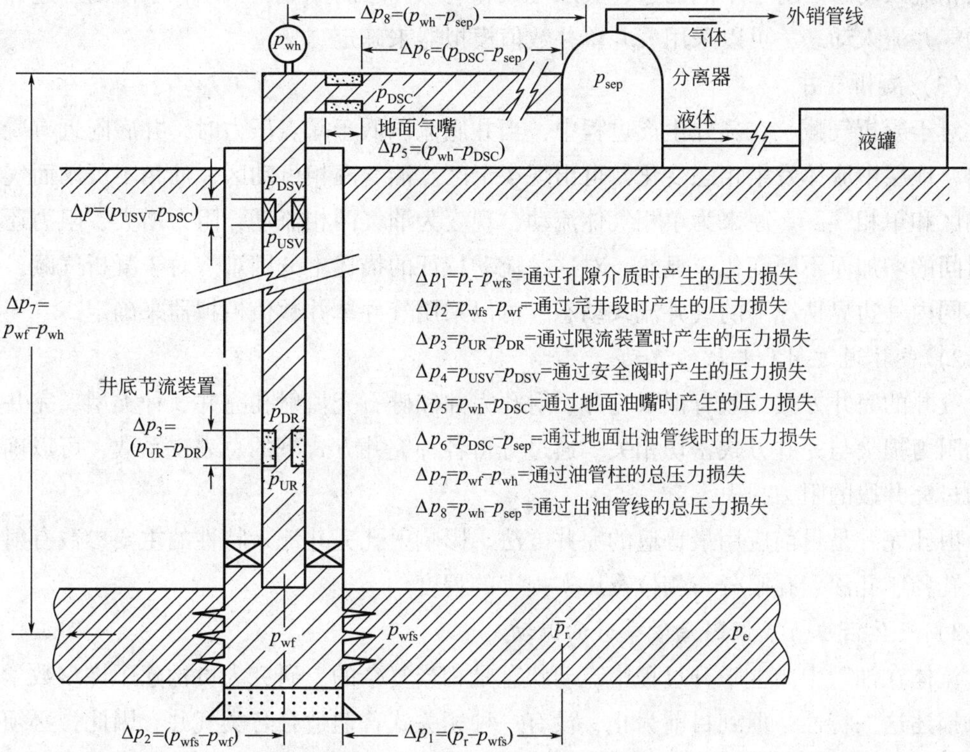

图 5-6 典型气井生产系统

1）气藏中气体向气井的渗流

气井一旦投入生产，气体将在气藏中通过孔隙或裂缝向井底流动。不同孔隙介质，不同流体介质（单相气流、气水两相流、气油两相流），不同驱动类型和驱动机理，不同开采方式，渗流阻力不一样，压力损失也就不同。影响这一阻力的因素较多，同时还要考虑气体的非达西渗流，因此描述这一渗流过程相当复杂。

这一渗流过程的特性称为气井流入动态，描述了气层产量与井底流压的基本关系，反映了气层向井供气的能力，对气井生产系统分析至关重要。这个基本问题搞不清楚，就不能对井筒和地面系统进行设计分析，很难对开采工艺措施做出选择，更不可能使系统达到最优化。

（1）单相气体渗流。

长期以来，主要采用产能试井（例如系统试井、等时试井、修正等时试井），确定指数式和二项式产能公式，获得气井流入动态。如果没有产能试井资料，对于均质气藏单相气体渗流，可以选择单点法和 Jones 理论公式确定气井流入动态。

对于多层气藏和裂缝性等复杂类型气藏，气体在不同内外边界情况下的气井流入动态，可以采用两种方法来确定，一是不同气藏类型的现代试井理论模型；二是气井单井数值模拟器。例如，对于低渗气藏压裂气井，应考虑采用压裂井模型。

（2）气水井。

对于产水气田，气藏中的渗流属于两相流。对于两相流，油井一般采用 Vogel 方程确定两相流入动态。对于不同的边、底水气藏和气水同层的气藏，气水在不同内外边界情况下的气井流入动态，可以采用气井单井数值模拟器来确定。

（3）凝析气井。

对于凝析气藏，在气井生产过程中，当井底流压低于露点压力时，井底附近有凝析液析出，地层中流体发生相态变化，可出现3个区：油气两相可动区、油相不可动而气相可动的区和单相气区。原来为单相气体流动，现变为油气两相流动，阻力增大，阻力还随开采时间的增加而不断变化。显然，对这一流动特征的描述十分困难。对于凝析气藏，气体在不同内外边界情况下的气井流入动态，可以采用气井单井数值模拟器来确定。

2）气体通过射孔井段的流动

气井的完井方式一般有裸眼完井、射孔完井和砾石充填射孔完井3种类型。完井段的流动阻力损失与完井方式密切相关。通过分析各种完井方式下的总表皮系数，可以确定流体通过完井段的阻力损失。

射孔完井是目前应用最普遍的完井方法。影响射孔完井流入特性的主要参数有射孔密度、孔径、孔深、孔眼分布相位及压实损害的程度。

3）气体沿垂直或倾斜油管举升的流动

流体在油管中向上举升过程中流动状态是相当复杂的。研究人员构建了许多数学相关式来描述这一特性，但到目前为止，没有一种相关式普遍适合各类气井，因此，必须十分慎重地使用它们。油管的压力损失是整个生产系统总压降的主要部分，主要包括举升压力损失和摩阻压力损失，对于高产气井还必须包括动能损失。为了正确地进行生产系统分析，预测不同开发模式的气井动态，必须弄清气体沿油管的压降关系。

对于单相气体，可采用 Cullender & Smith 法和平均温度和偏差系数法等确定其压降损失。

对于气水两相流，目前广泛应用的模型有 Hagedorn-Brown、Duns-Ros、Orkiszewski、Beggs-Brill、Mukherjee-Brill、Aziz 等。另一种模型是机理模型，如 PEPITE、WELLSIM、TUFFP、OLGA、TACITE 等，可以较为正确地预测任何情况下管路及井的流态、持液率和压力损失。

对于凝析气井，由于井筒压力和温度均从井底到井口逐渐降低，在井筒中某一位置，压力总会低于露点压力，油管中这一位置以上都会有凝析液析出，流体发生相态变化，管内流动为气液两相流。压力损失的预测，除了要考虑油气两相流外，还要考虑流体相态的变化。

4）气体通过井口节流装置的流动

气体通过井口针形阀或气嘴的流动属于节流过程。

2. 气井生产系统分析

气井生产系统分析是把气流从地层到用户的流动作为一个研究对象，对全系统的压力损耗进行综合分析。这一方法的基本思想是在系统中某部位（如井底）设置解节点，将系统各部分的压力损失相互关联起来，对每一部分的压力损失进行定量评估，对影响流入和流出解节点能量的各种因素进行逐一评价和优选，从而实现全系统的优化生产，发挥井的最大潜能。

系统分析的基本出发点可以概括为：系统中任何一点的压力是唯一的；在稳定的生产条件下，整个生产系统各个环节流入和流出流体的质量守恒。

1）节点的设置

生产系统中的节点（Node）是一位置的概念。为了进行系统分析，必须在系统内设置节点，将系统划分为若干相对独立，又相互联系的部分。通常划分为如下几个部分：地层流入段；完井段；油管流动段；地面管流段。一般气井生产系统可以分为 8 个节点，如图 5-7 所示。

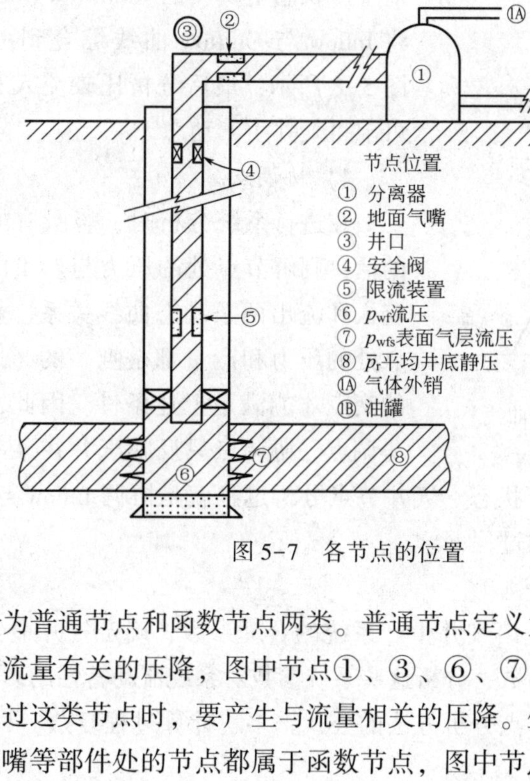

图 5-7　各节点的位置

节点又可分为普通节点和函数节点两类。普通节点定义为：气体通过这类节点时，节点本身不产生与流量有关的压降，图中节点①、③、⑥、⑦、⑧均属普通节点。函数节点定义为：气体通过这类节点时，要产生与流量相关的压降。生产系统中的井底气嘴、井下安全阀和地面气嘴等部件处的节点都属于函数节点，图中节点②、④、⑤均属函数节点。

2）节点的选择

在运用节点分析方法解决具体问题时，通常在分析系统中选择某一节点，此节点一般称为解节点（Solution node）。通过解节点的选择，气井生产系统被分为两大部分，即流入（Inflow）部分和流出（Outflow）部分，分别表示始节点到解节点和解节点到末节点所包括的部分。

解节点的选择与系统分析的最终结果无关。换言之，解节点的位置可以在生产系统内任意选择，但原则上要依照所要求的目的而定，所选解节点应尽可能靠近分析的对象。例如，在分析地面生产设施的影响时（地面管线长度、管径及分离器压力等），解节点可以选择在井口处。但大多数气井生产系统分析问题中，解节点一般选择在井底处。

在气井节点分析过程中，只有在 Inflow 和 Outflow 两部分中每个参数都选择合适的情况下，解节点的压力和流量才表明气井的最佳生产状态。解节点处既反映了气井的 Inflow

能力，同时也表明了气井的 Outflow 能力。在这一点，系统内的两部分被统一起来，形成一个整体。

3）流入和流出动态特性

气井节点系统分析就是将流入和流出动态特性综合进行系统分析的一种方法。由于系统内每个参数的变化都会引起解节点压力和流量的变化，因此，在进行气井节点分析时，通常将节点压力和流量做成图，观察节点压力随流量和系统参数的变化，分析压力损失的大小。

气井节点系统分析时，应首先完成 Inflow 和 Outflow 曲线的拟合计算，求得气井在当前生产状态下真实的 Inflow 和 Outflow 能力；然后将 Inflow 与 Outflow 曲线综合到一个图解上，如图 5-8 所示；最后分析比较流入和流出特征，便可求得气井生产动态。

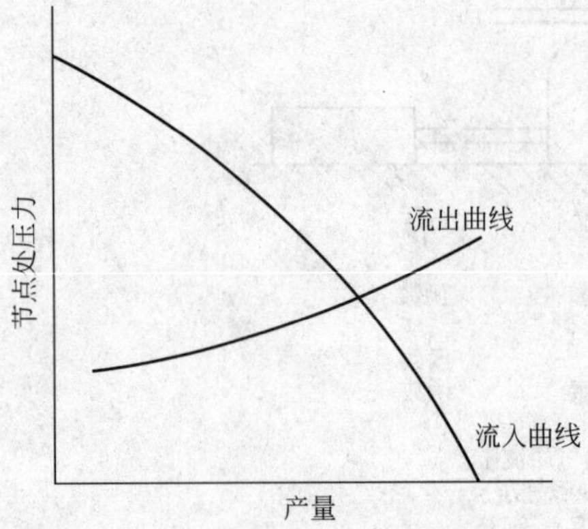

图 5-8　气井节点系统分析曲线

4）协调点

在进行系统分析时，若所有的计算结果正确的话，则解节点处的压力与产量的关系同时满足流入和流出两条动态曲线关系。如前所述，解节点处的压力和产量都是唯一的，故只有两条曲线的交点才能满足上述条件。因此，把该交点称为协调点。协调点只反映气井在某一条件下的生产状态，并不是气井的最佳生产状态。气井节点分析过程就是协调 Inflow 与 Outflow 的流动状态，使之达到最佳协调点的过程。

5）敏感性优化分析

敏感性优化分析是为了找出气井生产系统的合理参数，确定气井最佳生产状态的过程。其方法是通过改变系统参数，分析这些系统参数对系统流动特性的影响，从而确定气井最佳生产状态。由于气井节点分析方法的公式繁多、计算过程复杂，只有使用计算机，才能快速进行敏感性分析。

3. 气井生产系统分析的用途

作为气藏研究的得力工具，气井节点分析方法的应用前景非常广泛，运用气井节点分析方法，结合采气工艺生产方面的实际工作经验以及气田开发政策对生产提出的指标要求，可以对新老气田的生产进行系统优化分析。具体地说，气井节点分析方法具有如下几方面的用途：

（1）对已开钻的新井，根据预测的流入动态曲线，选择完井方式及有关参数，确定油管尺寸，合理的生产压差。

（2）对已投产的生产井，能迅速找出限制气井的不合理因素，提出有针对性的改造及调整措施，以便合理利用自身能力，实现稳产高产。

（3）优选气井在一定生产状态下的最佳控制产量。

（4）确定气井停喷时的生产状态，从而分析气井的停喷原因。

（5）确定排水采气时机，优选排水采气方式。

（6）对各种产量下的开采方式进行经济分析寻求最佳方案和最大经济效益。

（7）选用某一方法（如产量递减曲线分析方法），预测未来气井的产量随时间的变化。

（8）可以使生产人员很快找出提高气井产量的途径。

综上所述，对于新井，使用节点系统分析方法可以优化完井参数和优选油管尺寸，这是完井工程最关注的问题。对于已经投产的油气井，使用节点分析有助于科学地管理好生产。

4. 气井生产系统分析步骤

第一步：建立生产模型。针对要分析的问题，对实际气井生产系统加以抽象，表示为数学模型能描述的各个部分。

第二步：根据确定的分析目标选定解节点。由节点类型确定节点分析方法，如是函数节点分析还是普通节点分析。

第三步：完成各个部分数学模型的静动态生产资料的拟合，绘制流入和流出动态曲线。系统可能提供的理论产能必然不会与实际试采的生产资料相吻合。通过对数学模型或参数的调整，并经过一段试采阶段的拟合，使建立的数学模型和计算程序能反映气井系统的实际情况。

第四步：求解流入和流出动态曲线的协调点。

第五步：完成确定目标的敏感参数分析。例如，可以分析油管直径、射孔密度、表皮系数、井口油压等参数，优选出系统参数，然后对气井生产系统进行调整或重新设计。

三、水平井合理产量确定方法

随着钻井工艺的发展和成熟，水平井在低渗区块的应用越来越广泛，川东石炭系水平井的生产实际表明：多数水平井遵循测试产量高、初期产量大，稳产时间短、递减迅速的特点，因此，水平井的生产效果与合理配产关系密切。要确定水平井的合理配产，首先要弄清水平井的渗流特征及产能规律。

（一）水平井数学模型

假设长为 L 的水平井位于水平、等厚的气藏中的任意位置处，水平井偏离气层中心的距离即偏心距为 δ，气藏顶、底边界不渗透，水平方向为无限延伸，其水平及垂向渗透率分别为 K_h、K_v，弱可压缩气体单相渗流，符合达西定律，水平井以地面产量 q_{sc} 定产投产，井半径为 r_w，其渗流的简化物理模型如图 5-9 所示。

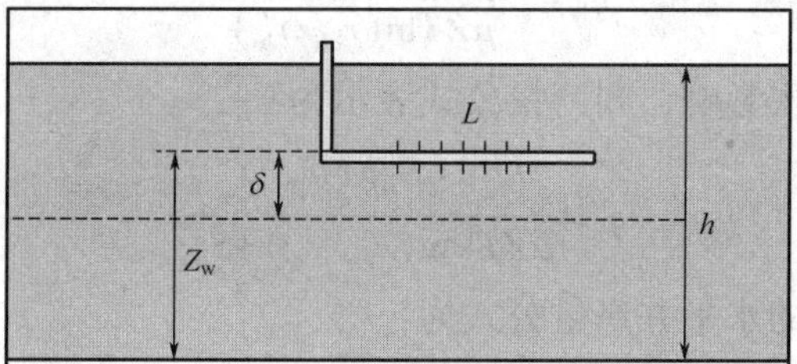

图 5-9　水平井渗流物理模型

根据气体地下稳定渗流理论及水平井三维渗流特征，以压力平方形式表示的水平井稳定渗流的数学模型。

拉普拉斯方程：

$$\frac{K_b}{K_v}\frac{\partial^2 p^2}{\partial x^2}+\frac{\partial^2 p^2}{\partial y^2}+\frac{\partial^2 p^2}{\partial z^2}=0 \tag{5-11}$$

井底定压条件：

$$p^2=p_{wf}^2,\ r=r_w \tag{5-12}$$

外边界恒压条件：

$$p^2=p_R^2,\ r=r_{eh} \tag{5-13}$$

井壁处压力及水平井产量应满足以下方程：

$$q_h=2\times 774.6rL\sqrt{K_hK_v}\frac{p}{\mu ZT}\frac{\partial p}{\partial r}\bigg|_{r=r'_w} \tag{5-14}$$

由式(5-14)，即以压力平方形式表示为：

$$q_h=774.6rL\sqrt{K_hK_v}\frac{1}{\mu ZT}\frac{\partial p}{\partial r}\bigg|^2_{r=r'_w} \tag{5-15}$$

同理，以拟压力表示的水平井稳定渗流数学模型为：

$$\frac{K_h}{K_v}\frac{\partial^2\psi}{\partial x^2}+\frac{\partial^2\psi}{\partial y^2}+\frac{\partial^2\psi}{\partial z^2}=0 \tag{5-16}$$

$$\psi=\psi_{wf},r=r'_w \tag{5-17}$$

$$\psi=\psi_R,r=r_{eh} \tag{5-18}$$

$$q_h=\frac{774.6rL\sqrt{K_hK_v}}{T}\frac{\partial\psi}{\partial r}\bigg|_{r=r'_w} \tag{5-19}$$

式中，水平井拟压力定义为：

$$\psi=2\int_0^p\frac{p}{\mu Z}\mathrm{d}p \tag{5-20}$$

（二）水平井产量计算公式

水平井产能公式实际上就是上述稳定渗流数学模型的解。通过分离变量法，先求水平井压力分布，再结合式(5-15)和式(5-19)就可获得解。

以压力平方形式表示的水平井产量公式为：

$$q_h=\frac{774.6K_hh(p_R^2-p_{wf}^2)}{\mu ZT\ln(r_{eh}/r'_w)} \tag{5-21}$$

若考虑水平井的损害影响，则产量公式表示为：

$$q_h=\frac{774.6K_hh(p_R^2-p_{wf}^2)}{\mu ZT[\ln(r_{eh}/r'_w)+S_h]} \tag{5-22}$$

以拟压力形式表示的水平井产量公式为：

$$q_h=\frac{774.6K_hh(\psi_R-\psi_{wf})}{T\ln(r_{eh}/r'_w)} \tag{5-23}$$

若考虑水平井的损害影响，则产量公式表示为：

$$q_h = \frac{774.6K_h h(\psi_R - \psi_{wf})}{T[\ln(r_{eh}/r'_w) + S_h]} \tag{5-24}$$

上述式(5-21)、式(5-22)、式(5-23)、式(5-24)与垂直井压力及拟压力产量公式有相似之处，不同之处在于水平井要考虑各向异性，水平井的排泄半径及有效井半径与垂直井不同，即式中：

$$r'_w = \frac{r_{eh}L}{2a[1+\sqrt{1-(L/2a)^2}][\beta h/2r_w]^{(\beta h/L)}} \tag{5-25}$$

$$a = (L/2)[0.5+\sqrt{0.25+(2r_{eh}/L)^4}]^{0.5} \tag{5-26}$$

$$r_{eh} = L/2 + r_e \tag{5-27}$$

$$\beta = \sqrt{K_h/K_v} \tag{5-28}$$

应该注意的是，上述产量公式都是假设水平井处于气层中部位置，即偏心距 δ_Z 为零的情形，实际上钻井水平井不可能位于气层中部，即偏心距 δ_Z 不为零的情形，此时式(5-25)即水平井有效井径修正为：

$$r'_w = \frac{r_{eh}L}{2a[1+\sqrt{1-(L/2a)^2}]\{[(\beta h/2)^2+\delta_Z^2]/(\beta h r_w/2)\}^{(\beta h/L)}} \tag{5-29}$$

由上述产能公式可知，水平井产量除与气体本身性质和气层厚度有关外，还与气藏各向异性程度、井长度、井在气藏中所处位置及地层损害有密切关系。

若考虑水平井的损害及非达西流动效应的影响，则产量公式表示为：

$$q_h = \frac{774.6K_h h(p_R^2 - p_{wf}^2)}{\mu ZT[\ln(r_{eh}/r'_w) + S_h + Dq_h]} \tag{5-30}$$

其中：

$$D = \frac{1.675\times10^{-7}\gamma_g}{\sqrt[4]{K_h K_v}\, h r_w \mu}$$

从而：

$$p_R^2 - p_{wf}^2 = \frac{\mu ZT[\ln(r_{eh}/r'_w)+S_h]}{774.6K_h h} q_h + \frac{\mu ZTD}{774.6K_h h} q_h^2 \tag{5-31}$$

式(5-30)与垂直气井压力平方产量公式有相似之处，而式(5-31)与垂直气井二项式产能方程有相似之处，不同之处在于水平井要考虑各向异性，水平井的排泄半径及有效井半径与垂直井不同。

由式(5-31)可以得到水平井二项式产能方程如下：

$$p_R^2 - p_{wf}^2 = Aq_h + Bq_h^2 \tag{5-32}$$

其中：

$$A = \frac{\mu ZT[\ln(r_{eh}/r'_w)+S_h]}{774.6K_h h} \tag{5-33}$$

$$B=\frac{\mu ZTD}{774.6K_{h}h} \tag{5-34}$$

由式(5-32)，水平井的无阻流量为：

$$q_{AOF}=\frac{-A\pm\sqrt{A^{2}+4B(p_{R}^{2}-0.101325^{2})}}{2B} \tag{5-35}$$

(三) 水平井合理配产

由推导可知，水平井产量公式与直井一样，仍然有相同的二项式形式，因此水平井可仍然按照直井方法求取无阻流量，以无阻流量的某一百分比来配产（表5-2）。与直井一样，水平井合理工作制度确定的方法也主要包括经验法、采气指数法、生产系统节点分析法及考虑携液临界产量法。

1. 经验法

对于没有进行产能测试，只开展了投产前试油测试的气井，根据川东石炭系气藏稳产效果的统计结果（表5-2），一般取测试一点法无阻流量的10%作为初期合理配产。

表5-2　部分大斜度、水平井稳产情况统计

井号	无阻流量，$10^4m^3/d$	稳产产量，$10^4m^3/d$	稳产产量/无阻流量，%	稳产情况
天东97x	3.52	1.5	42.6	较好
天东017-x2	126.64	8	6.32	较好
天东017-x3	17.08011	1	5.9	较好
天东017-H4	135.6021	10	7.4	较好
天东007-x2	164.7597	20	12.1	较好
天东007-x3	122.654	30	24.46	一般

2. 采气指数法

水平井的二项式产能方程与直井形式一致，因此仍然可以用采气指数法来确定合理产量。

$$p_{R}^{2}-p_{wf}^{2}=Aq_{sc}+Bq_{sc}^{2} \tag{5-36}$$

$$p_{R}-p_{wf}=\frac{Aq_{sc}+Bq_{sc}^{2}}{p_{R}+\sqrt{p_{R}^{2}-Aq_{sc}-Bq_{sc}^{2}}}$$

从式(5-36)可见，在二项式产能方程 $\Delta p^2=Aq_{sc}+Bq_{sc}^2$ 中，Aq_{sc} 项用来描述气流的黏滞阻力，Bq_{sc}^2 用来描述惯性阻力。当产量 q_{sc} 较小时，地层中气体流速较低，产量与压差平方成线性关系，黏滞阻力占主导地位；随着产量 q_{sc} 的增大，气体流速增大，惯性阻力的作用逐渐明显，以致于占据主导地位，此时表现为非线性流动，气井产量与压差的关系不再是线性关系，曲线逐渐向压差轴弯曲，甚至出现增大生产压差而产量减小的情况。也就是说，在配产产量大于采气指示曲线上直线段末端产量时，气井生产就会把一部分压力降消耗在非线性流动上。因此，应该将采气指示曲线 Δp^2-q_{sc} 上直线段末端产量作为气井的最大合理产量。

3. 节点系统分析法

气井生产是一个不间断的连续流动过程，对于大斜度井、水平井，气体经过了这样几个流动过程：气体从储层流向大斜度井段或水平井段附近，然后通过井底射孔段流入井筒，再经过斜井段、垂直井段，最后到达井口。

若以水平井段根端处作为节点，则从地层流到该处称为流入；从该处再流到井口称为流出。对于流入，可以根据气层的供气能力做出井底压力随产量的变化曲线，即流入动态曲线（IPR 曲线）；同理，该点压力随井口产量变化的关系曲线，即为流出动态曲线（OPR 曲线）。由于井底的压力和产量都是唯一的，故只有两条曲线的交点才能满足要求。可按照此时的压力和产量对气井进行配产，即流入动态曲线和流出动态曲线的交点对应的产量就是气井工作的合理产量。曲线交点值反映的是气井在某一条件下的生产状态，将会随地层压力和井口流压的变化而发生变化。气井节点分析过程实际上就是协调流入和流出的流动状态，使之达到最佳协调的过程。

图 5-10 反映的是川东石炭系某水平井在不同井口回压下的协调产量。

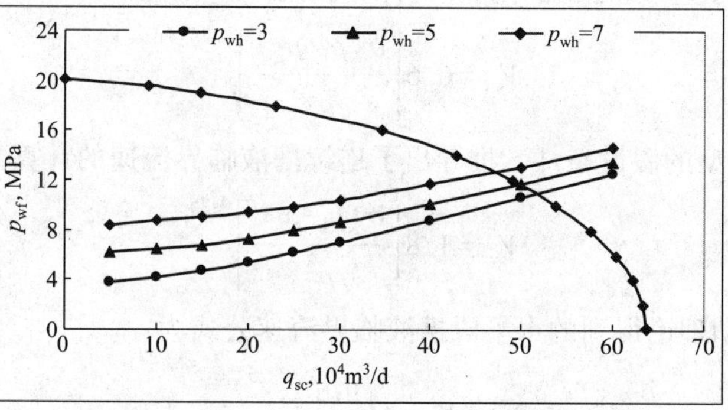

图 5-10 天东 017-x2 井流入流出动态曲线

因此，按节点系统分析法配产，罐 003-x1 井的日产气量为 $18.03\times10^4m^3/d$ 时比较合适，天东 017-x2 井的日产气量为 $49.89\times10^4m^3/d$ 时比较合适，门西 001-H3 井的日产气量为 $73.69\times10^4m^3/d$ 时比较合适。

4. 考虑携液临界流量法

当气井积液时，将会增加对气层的回压，限制井的生产能力。井筒积液量太大可能导致气井完全停喷，甚至完全水淹。所以在确定气井合理工作制度的时候，应该考虑气井的携液临界流量。水平井的携液能力研究主要包括水平井筒、直井段及斜井段所组成系统的携液能力研究。对于水平井筒而言，需要采用上述理论进行计算分析，过程十分复杂；对于直井及斜井段，仍然可以采用直井携液能力的研究方法。

截至目前国内外所建立的水平井临界携液流速模型及其假设条件，见表 5-3。

表 5-3 各种水平井临界携液流速模型采用的假设条件

Turner 模型	Turner 假设液滴在高速气流携带下是球形液滴，Turner 模型是建立在高气液比的气井生产前提下的
球帽形模型	假设液滴在高速气流携带下是球帽形，建立了球帽状液滴模型的气井最小携液临界流量计算公式

续表

K-H 波动理论模型	K-H 波动理论认为，当水平管中压力变化所产生的抽吸力达到可以克服对界面波起稳定作用的重力时，就会发生 K-H 不稳定效应，导致界面波生长。随着气速的不断加大，界面不稳定波的不断增长会导致液膜沿四周管壁运动与液滴的携带
携带沉降机理	携带沉降机理认为高速气流将液体以液滴的形式夹带到管顶从而引起液膜厚度的变化，而管顶液膜又由于重力沿管壁回流至管底。管中液滴的形成和携带与气液界面的波动密切相关，气液界面波动将气泡卷进液膜中，而浮力使得气泡上升并聚集周围的波动液膜。此时液膜因为重力作用、气液界面剪切力与气泡破裂而变得非常薄，最终导致液泡破裂，形成一些小液滴。其中一些液滴被气流带走，从而发生液滴携带；另一些液滴沉降在管壁四周形成液膜
江健模型	根据实验测试结果数据对 K-H 波动模型进行修正，得到修正临界携液流量
雷登生模型	假设颗粒形状为圆形，在运动过程中不发生形变，以气液两相流态理论为基础，根据质点分析理论，推导得出了气藏水平井携液临界流量公式，根据雾状流和环状流转换准则，将水平管气液两相流态引入到气井最小携液流量计算中，计算了水平气井的携液临界流量

根据上述各种水平井临界携液流速模型采用的假设条件，推导出如下几种模型的携液临界流速计算公式。

Turner 推导出了连续携液临界流速的计算公式：

$$V_{cr}=6.6\left[\frac{\sigma(\rho_l-\rho_g)}{\rho_g^2}\right]^{0.25} \tag{5-37}$$

根据球帽形模型的假设条件，推导出了连续携液临界流速的计算公式：

$$V_{cr}=1.8\left[\frac{\sigma(\rho_l-\rho_g)}{\rho_g^2}\right]^{0.25} \tag{5-38}$$

依据 K-H 波动理论得到的水平段携液临界流速公式为：

$$V_{cr}=5\left(\frac{\sigma\rho_l}{\rho_g^2}\right)^{0.25} \tag{5-39}$$

依据携带沉降机理得到的水平段携液临界流速公式为：

$$V_{cr}=\frac{32\sigma^{5/14}}{\rho_g^{5/14}D^{3/14}} \tag{5-40}$$

江健根据实验测试结果数据对 K-H 波动理论结果进行拟合修正，得到水平段修正携液临界流速计算式：

$$V_{cr}=4.4\left(\frac{\sigma\rho_l}{\rho_g^2}\right)^{0.25} \tag{5-41}$$

雷登生等根据水平井筒内液滴质点分析理论，推导出水平气井的携液临界流速公式：

$$V_{cr}=\left(\frac{40\sigma(\rho_l-\rho_g)g}{\rho_g^2C_l}\right)^{0.25} \tag{5-42}$$

其中：

$$C_{le}=5.82\sqrt{\frac{d_l\left|\frac{dv_g}{d_r}\right|}{2v_gRe}}$$

如 $C_{le}>0.09$，$C_l=C_{le}$；$C_{le}<0.09$，$C_l=0.09$。

水平井的携液临界流量为：

$$q_{cr}=2.5\times10^4\frac{ApV_{cr}}{ZT} \tag{5-43}$$

将携液临界流速代入式(5-43) 即可计算出气井携液临界流量。

在计算临界流速时，需要相应压力温度下的液体密度和表面张力，对于水：$\sigma=0.06\text{N/m}$，$\rho_l=1074\text{kg/m}^3$，对于凝析油：$\sigma=0.02\text{N/m}$，$\rho_l=721\text{kg/m}^3$。

图 5-11 是根据川东石炭系气藏某水平井 MX001-H3 井的生产资料及相关测试资料，作出的携液临界流量分析图。

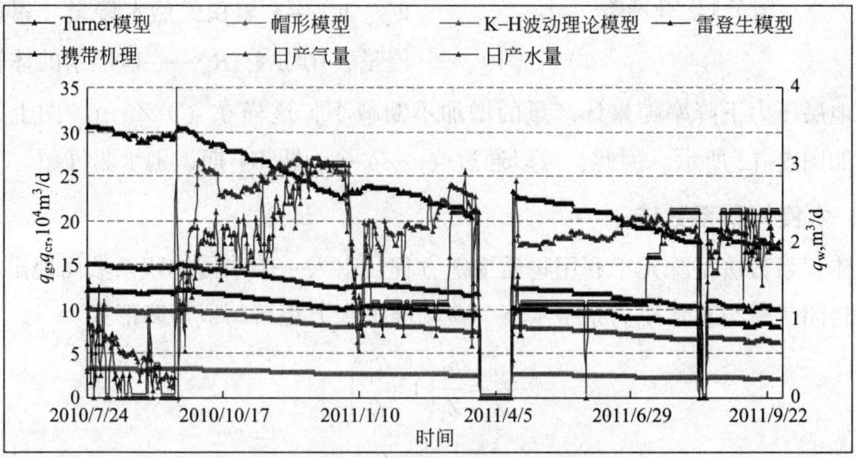

图 5-11　MX001-H3 井考虑携液临界流量分析图

计算结果表明，应用携带机理模型计算所得携液临界流量最大；利用球帽形模型计算所得携液临界流量最小；而利用 K-H 波动模型、雷登生模型及 Turner 模型计算所得携液临界流量比较接近；根据各种模型的假设条件及理论推导过程，同时结合气井井实际的生产动态，综合分析认为，K-H 波动模型、雷登生模型及 Turner 模型计算所得携液临界流量相对可靠，因此携液临界流量的确定综合考虑该 3 种模型的计算结果。

第四节　气藏水侵分析

一、水驱气藏早期识别方法

存在有封闭的边水或底水的气藏，在开采过程中由于含水层的岩石和流体的弹性膨胀，使储气孔隙体积缩小，地层压力下降缓慢，这种驱动方式称为弹性水驱。由于气水物性差别较大，气藏储层非均质性使得水在气藏中难以均匀推进，往往沿裂缝或高渗区突进，将大量的天然气封存在水中。同时尚有气体溶入水中和毛细管的俘留作用等，造成有水气藏的开发效率大大低于气驱气藏。如果在气藏产水前准确地判断出该气藏为水驱气藏，就可以为优选开发方案提供依据，降低水侵危害。因此，早期识别水驱气藏具有十分重要的意义。

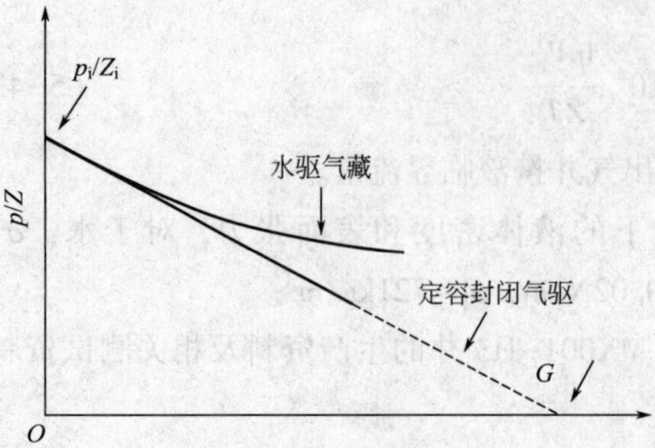

图 5-12 压降图

（一）传统视地层压力法

单相气体消耗式开采气藏即定容封闭气藏，在开采过程中视地层压力（p/Z）随累计采出量 G_p 呈线性变化，在（p/Z）-G_p 图上成一条直线，见图 5-12。

水驱气藏的视地层压力（p/Z）与累计产气量 G_p 之间不存在直线关系，而是随着净水侵量（$W_e-W_pB_w$）的增加（其中，W_e、W_p——累积天然水侵量、累积采出水侵量，10^8m^3；B_w——地层水的体积系数），气藏的视地层压力下降率随累计产量的增加不断减小，这样在（p/Z）-G_p 图上是一条上翘曲线，如图 5-12 所示。因此，可以通过（p/Z）-G_p 图来早期识别水驱气藏。

（二）水侵体积系数法

水侵体积系数法是陈元千利用物质平衡方程，引入一个水侵体积系数而提出的。

定容封闭气藏与正常压力系统水驱气藏物质平衡方程可写成压降形式：

$$\frac{p}{Z}=\frac{p_i}{Z_i}\left(1-\frac{G_p}{G}\right) \tag{5-44}$$

$$\frac{p}{Z}=\frac{p_i}{Z_i}\left(\frac{G-G_p}{G-(W_e-W_pB_w)\dfrac{p_iT_{sc}}{p_{sc}Z_iT}}\right) \tag{5-45}$$

将式(5-45) 改写成以下形式：

$$p/Z=p_i/Z_i\left[(1-G_p/G)\frac{1}{1-\dfrac{W_e-W_pB_w}{G}\cdot\dfrac{p_iT_{sc}}{p_{sc}Z_iT}}\right] \tag{5-46}$$

气藏的原始地质储量 G 和天然气占据的原始有效孔隙体积 V_{gi}之间有如下关系：

$$G=\frac{V_{gi}}{B_{gi}} \tag{5-47}$$

$$B_{gi}=\frac{p_{sc}Z_iT}{p_iT_{sc}} \tag{5-48}$$

将式(5-47) 和式(5-48) 代入式(5-49)，得：

$$p/Z=p_i/Z_i\left[(1-G_p/G)\frac{1}{1-\dfrac{W_e-W_pB_w}{V_{gi}}}\right] \tag{5-49}$$

若令：

$$\omega=\frac{W_e-W_pB_w}{V_{gi}} \tag{5-50}$$

$$\psi=\frac{pZ_i}{p_iZ} \tag{5-51}$$

$$R_D=G_P/G \tag{5-52}$$

则式(5-49) 可以改写为：

$$\psi=\frac{1-R_D}{1-\omega} \tag{5-53}$$

对于无水侵气藏 $\omega=0$，由式(5-53) 可得：

$$\psi=1-R_D \tag{5-54}$$

由式(5-54) 可知，对于定容封闭性气藏，采出程度 R_D 和相对压力 ψ 为 45°下降直线；而对正常压力系统的水驱气藏，由于 $\omega<1$，所以相对压力与采出程度的关系曲线为大于 45°的直线。

于是，可根据实际生产数据，求出不同生产时间的采出程度和对应的相对压力，在直角坐标系中绘出二者之间的关系曲线。若曲线为一条 45°下降直线，则该气藏为定容封闭气藏，否则为水驱气藏。

（三）视地质储量法

刘蜀知、黄炳光等基于束缚水膨胀与岩石孔隙的压缩影响，提出了视地质储量法用于气藏水侵的早期识别。

考虑束缚水膨胀与岩石孔隙的压缩影响的水驱气藏物质平衡方程式为：

$$G_PB_g+W_PB_w=W_e+G\left[(B_g-B_{gi})+B_{gi}\left(\frac{C_wS_{wi}+C_P}{1-S_{wi}}\right)\Delta p\right] \tag{5-55}$$

若令：

$$F=G_PB_g+W_PB_w \tag{5-56}$$

$$E_g=B_g-B_{gi} \tag{5-57}$$

$$E_{fw}=B_{gi}\left(\frac{C_wS_{wi}+C_P}{1-S_{wi}}\right)\Delta p \tag{5-58}$$

则式(5-55) 可表示为：

$$F=W_e+G(E_g+E_{fw}) \tag{5-59}$$

或改写为：

$$\frac{F}{E_g+E_{fw}}=G+\frac{W_e}{E_g+E_{fw}} \tag{5-60}$$

对于正常压力系统气藏，由于可忽略 E_{fw}，上式可进一步简写为：

$$\frac{F}{E_g}=G+\frac{W_e}{E_g} \tag{5-61}$$

对于定容封闭性气藏，由于水侵量 $W_e=0$，上面两式可写为：

$$\frac{F}{E_g+E_{fw}}=G \tag{5-62}$$

$$\frac{F}{E_g}=G \tag{5-63}$$

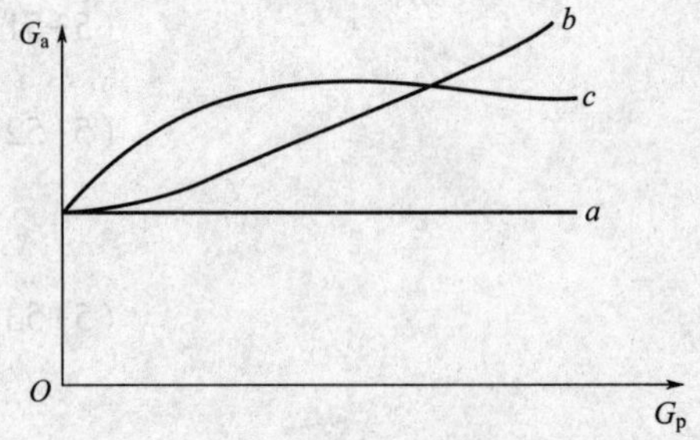

图 5-13　视地质储量与累产气量关系曲线

由式(5-62)、式(5-63)可知，对于定容封闭性气藏，$F/(E_g+E_{fw})$ 或 F/E_g 恒等于原始地质储量 G，而对于水驱气藏，其等于原始地质储量与 $W_e/(E_g+E_{fw})$ 之和。所以可以将 $F/(E_g+E_{fw})$ 或 F/E_g 统称为视地质储量，记为 G_a。对于某一特定气藏，原始地质储量为常数，它与累积产气量无干。因此，无水侵气藏的 G_a 与 G_P 之间关系为一条水平直线，如图 5-13 中水平直线 a 所示。若有水驱作用，则由于随着生产的进行，W_e 将不断增加，这时视地质储量 G_a 与累积产气量 G_P 的关系为一条曲线，如图 5-13 中的曲线 b 或曲线 c 所示。

（四）试井法

在封闭的构造圈闭中，气藏附近常常存在天然水层，生产过程中，随着气藏压力的下降，水体逐渐向气区推进，因此在实际的试井解释分析中，常用复合地层试井模型和线性不连续边界试井模型来研究天然水侵边界。图 5-14 反映出双对数曲线因边水推进造成上翘时间提前。因此，对于同一口井，可通过对比边界响应的时间来判断水侵推进的情况。

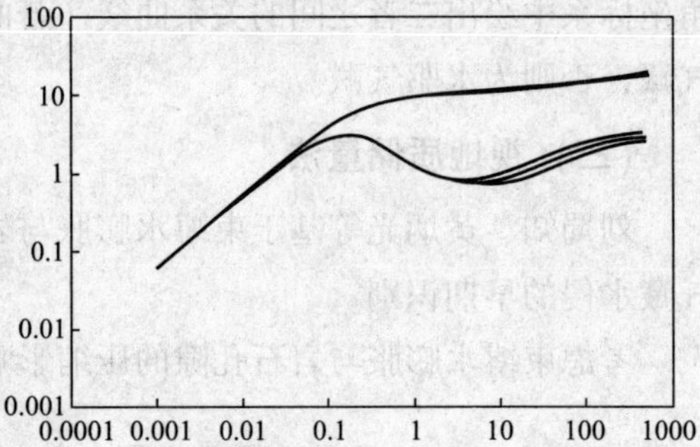

图 5-14　边水推进在试井曲线上的反映

图 5-15 为川东某气田一口井的历次试井解释曲线，由图可知，1990 年和 1992 年的两次试井曲线形态较一致，没有明显的边界反映，2001 年的曲线形态较前两次发生了较

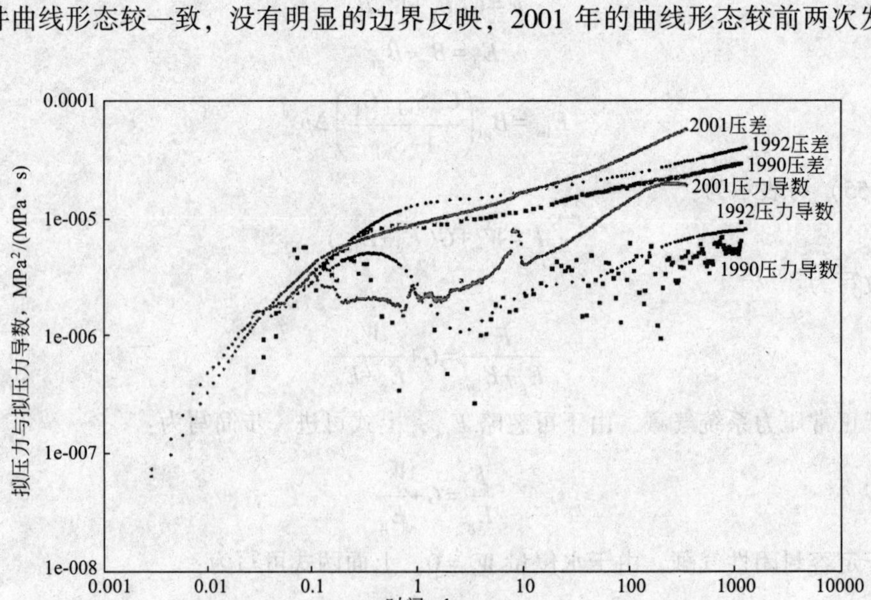

图 5-15　YH1 井历次试井曲线

大的变化，主要为在后期出现了较为明显的边界反映，结合该井所在区域的地质特征，该气藏存在边水，由此判断边水在2001年已经向气藏侵入，并逐渐向该井推进，利用试井解释软件可以判断地层水距离该井的大致距离。

二、水侵量计算

气藏的实际开发经验表明：很多气藏都与外部的天然水域相连通，而且，外部的天然水域既可能是具有外缘供给的敞开水域，也可能是封闭性的有限边水、底水。气藏天然水侵的强弱，主要取决于天然水域的大小、几何形状、地层岩石物性和流体物性的好坏，以及天然水域与气藏部分的地层压差等因素。

实际水侵量的计算过程及其复杂，其结果往往又带有很大的不确定性，主要原因是缺乏准确的水体参数，特别是水体的几何形状和平面连续性信息。因为通常不可能通过钻井水体的方式来获得水体信息，所以这些参数只有通过假设或者根据地质和气藏特征参数推断得到。

目前，计算水侵量的模型主要有稳态水侵、非稳定水侵。所谓稳态水侵是指水侵速度不随时间变化的水侵模式。要达到稳态水侵，水体的渗透率必须足够大，致使油气藏的压力变化很快传到水体，大水体和小水体都可以实现稳态水侵。而非稳态水侵则是指水侵速度随时间变化的水侵模式。在实际中大部分水侵都是非稳态水侵，稳态水侵几乎不存在。此外，根据天然气水侵的几何形状，天然水侵的流型又可分为直线流、平面径向流和半球形径向流，如图5-16所示。

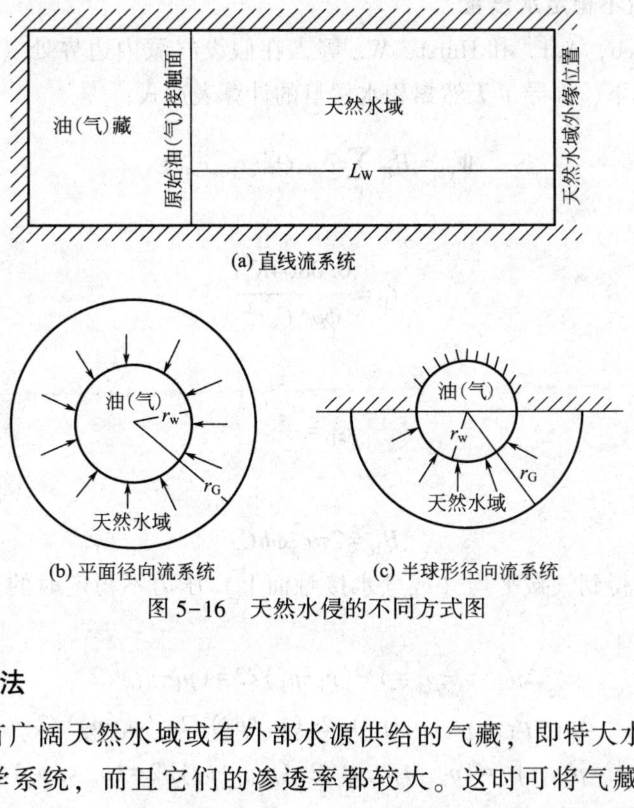

图5-16 天然水侵的不同方式图

（一）稳定流法

对于一个具有广阔天然水域或有外部水源供给的气藏，即特大水体，气藏和水域属于一个水动力学系统，而且它们的渗透率都较大。这时可将气藏部分简化为一口

半径为 r_{ew} 的“扩大井”。扩大井的半径 r_{ew} 实际上为气藏的气水接触面的半径，或称为天然水域的内边界半径；天然水域的半径，则称为外边界半径。在原始条件下，气藏内部含气区和天然水域的地层压力都等于原始地层压力 p_i。当气藏投入生产 t 时间后，气藏内边界上的压力（即气藏地层压力）下降到 p，在考虑天然水域的地层水和岩石的有效弹性影响的条件下，Schilthuis 于 1936 年基于达西稳定流定律，得到了估算天然水侵量的如下表达式：

$$\begin{cases} W_e = k\int_0^t (p_i - p)\,dt \\ dW_e/dt = k(p_i - p) \end{cases} \tag{5-64}$$

但天然水驱气藏的实际开采动态表明，式(5-64) 中的 k 有时并不是一个常数，而是一个随时间变化的变量。

(二) 非稳定流法

所谓非稳定流法是指水侵速度随时间变化的水侵模式的水侵量计算方法。气区和水区的渗透率都不大或者水区的渗透率不大，当气藏具有较大或广阔的水区时，作为一口“扩大井”的气藏，由于开采所造成的地层压力降，必然连续不断地向水区传递，并引起水区内地层水和岩石的有效弹性膨胀。当地层压力的传递尚未波及水区的外边界之前，或者水区是封闭性的，这时水区中的水向气藏的水侵过程即为一个不稳定的过程。

对于不稳定水侵过程，不同的学者基于不同的流动方式和天然水域的外边界条件，提出了计算天然水侵量的不同的不稳定流法。

1. 平面径向流不稳定水侵量

Van Eeverdingen，A. F. 和 Hurst，W. 等人在假设气藏内边界处（即扩大井井壁上）压力为常数的情况下，推导了天然累积水侵量的计算表达式：

$$W_e = B_R \sum_0^t \Delta p_e Q_D(t_D, r_{eD}) \tag{5-65}$$

无因次时间：

$$t_D = \frac{0.0864 K_w t}{\phi \mu_w C_e r_w^2} \tag{5-66}$$

无因次半径：

$$r_{eD} = \frac{r_e}{r_w} \tag{5-67}$$

水侵系数：

$$B_R = 2\pi r_w^2 \phi h C_e \tag{5-68}$$

由叠加原理可得到气藏平均（或气水接触面上）压力不稳定时的天然累积水侵量的表达式为：

$$\Delta p_0 = p_i - \bar{p}_1 = p_i - (p_i + p_1)/2 = (p_i - p_1)/2$$

$$\Delta p_1 = \bar{p}_1 - \bar{p}_2 = (p_i + p_1)/2 - (p_1 + p_2)/2 = (p_i - p_2)/2$$

$$\Delta p_n = \bar{p}_{n-1} - \bar{p}_n = (p_{n-1} + p_{n-2})/2 - (p_{n-1} + p_n)/2 = (p_{n-2} - p_n)/2$$

气藏压力变化曲线如图 5-17 所示。

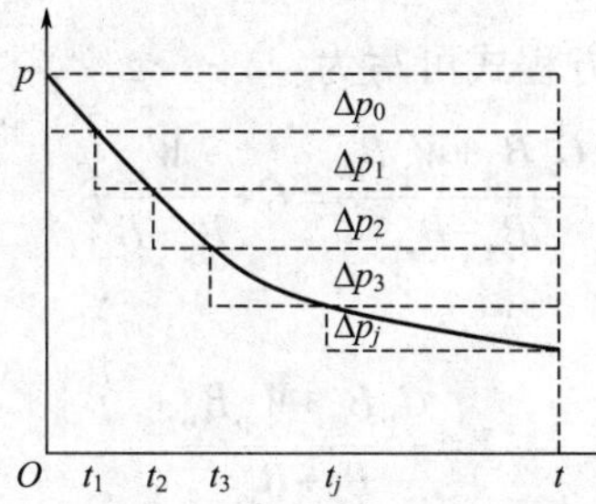

图 5-17　气藏压力变化曲线

2. 半球形流系统的天然累积水侵量

Chatas，A. T. 给出底水气藏开发的半球形流系统的天然累积水侵量的表达式为：

$$W_e = B_s \sum_0^t \Delta p_e Q_D(t_D, r_{eD}) \tag{5-69}$$

其中：

$$B_s = 2\pi r_{ws}^3 \phi h C_e \tag{5-70}$$

半球形流系统的无因次时间表示为：

$$t_D = \frac{0.0864 K_w t}{\phi \mu_w C_e r_{ws}^3} = \beta_s t \tag{5-71}$$

对于半球形流的不同天然水域情况，可采用相关经验公式计算无因次水侵量。在计算出相应流动方式和外边界条件下各开发时刻的无因次水侵量后，就可根据各开发阶段的有效地层压降 Δp_e 计算出各开发时刻累积水侵量中的 $\sum\limits_0^t \Delta p_e Q_D(t_D)$ 部分。

3. 直线流系统的天然累积水侵量

Nabor，G. W. 和 Barham，R. H. 给出的直线流系统天然累积水侵量的表达式为：

$$W_e = bhL_w \phi C_e \sum_0^t \Delta p_e Q_D(t_D) \tag{5-72}$$

若令：

$$B_L = bhL_w \phi C_e \tag{5-73}$$

则式(5-72) 可写为：

$$W_e = B_L \sum_0^t \Delta p_e Q_D(t_D) \tag{5-74}$$

在实际水侵量计算的应用过程中，给定无因次半径 r_{eD} 和其他参数后，根据天然水域的外边界条件，对于不同开发时间的无因次累积水侵量，可查对应的图版或数据表获得。

（三）图解计算法

利用上述方法计算水侵量都涉及求解偏微分方程，计算比较复杂。在一些文献中避开了它的直接计算，提出两种确定地质储量和水侵量的图解法。

考虑天然水驱为非稳定流时，累积水侵量 W_e 的表达式可统一为：

$$W_e = B\sum_0^t \Delta p_e Q(t_D, r_D) \tag{5-75}$$

则天然水驱不封闭气藏物质平衡方程式可写为：

$$\frac{G_pB_g+W_pB_w}{B_g-B_{gi}}=G+\frac{W_e}{B_g-B_{gi}} \tag{5-76}$$

若令：

$$Y=\frac{G_pB_g+W_pB_w}{B_g-B_{gi}} \tag{5-77}$$

$$X=\frac{\sum_0^t \Delta p_e Q(t_D, r_D)}{B_g-B_{gi}} \tag{5-78}$$

则得：

$$Y=G+BX \tag{5-79}$$

利用 Y 与累积产量 G_p 或开采时间 t 作用，如有天然水侵作用则得到一倾斜直线(图 5-18、图 5-19)。直线在纵轴上的截距为地质储量 G，不同累积产量或开采时间对应直线上的点，与地质储量水平线的差值为相应的视累积水侵量 Ω_e。

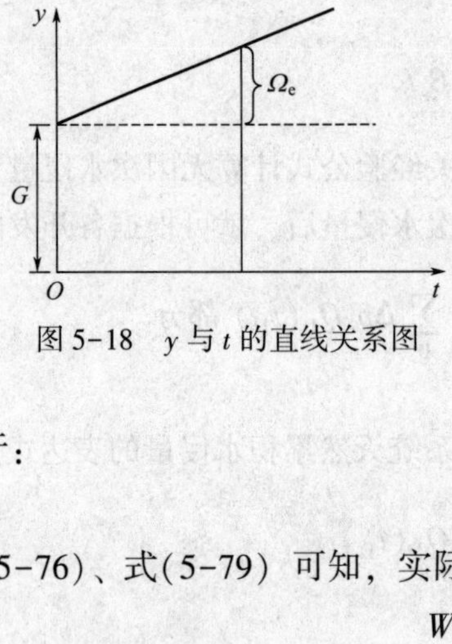

图 5-18　y 与 t 的直线关系图

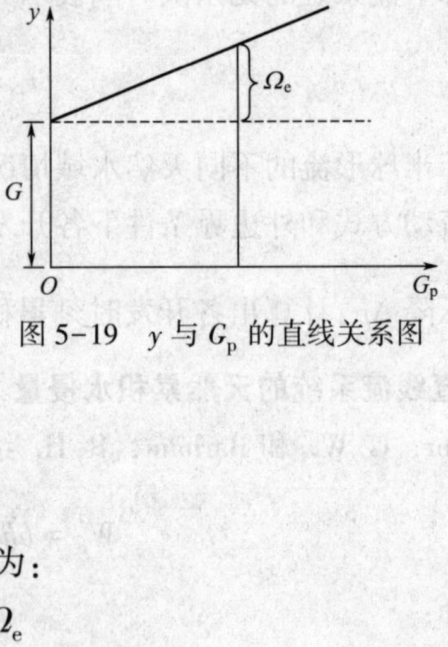

图 5-19　y 与 G_p 的直线关系图

由于：

$$\Omega_e=Y-G \tag{5-80}$$

则由式(5-76)、式(5-79) 可知，实际累积水侵量为：

$$W_e=(B_g-B_{gi})\Omega_e \tag{5-81}$$

第五节　气藏递减分析

气藏基本上是依靠天然气弹性能量生产，从严格意义上讲，气井一旦投入生产即开始了递减。气田开发实践表明，按照一定层系和井网投入开发的气田，几乎都可以维持一段产量稳定的生产时期，然后进入产量递减阶段。研究和分析气田的递减类型，预测气田未来的产量变化，确定气田的可采储量，是天然气工程中的重要任务之一。

气田生产，按其开发全过程中产量随开采年限或采出程度的变化特征，大体上都可划分为三个大的阶段，即上产阶段、稳定阶段和递减阶段。这三个不同而又相连的开发阶段，可以用一概括的图形表示，此图形就是气田开发的模式图，如图 5-20 所示。

上述三个开发阶段的变化特点及时间的长短，主要取决于气田的大小、埋藏深度、储集层类型、地层流体性质、开发方式、驱动类型、开采工艺技术水平和开发调整的效果。一般说来，气田愈大、埋藏愈深，则建设阶段愈长；开发速率高则稳产期要短。所谓递减期，就是对气田施加的各项措施但并不能改变产量递减的趋势。递减期的长短，主要取决于气田开发的最终经济技术指标的要求。该阶段的产量随时间的变化，可以利用不同的递减规律进行预测，气田的可采储量，则为建设阶段、稳产阶段和递减阶段产量的总和。因此，只要气田已进入递减阶段，即可预测可采储量。

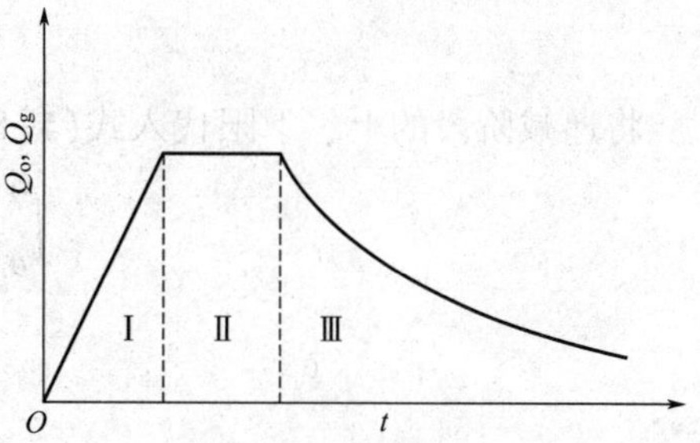

图 5-20 气田开发模式图

一、常规递减规律分析方法

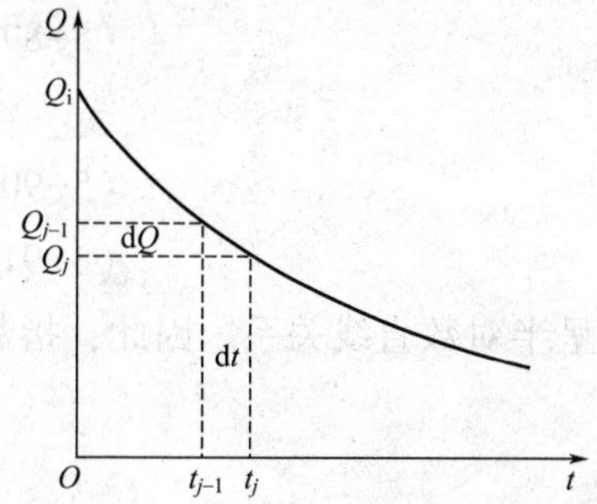

图 5-21 产量随时间的递减关系

气田进入递减阶段之后，产量将按照一定的规律随时间而连续递减，产量递减的大小或快慢，通常利用递减率表示。递减率是指在单位时间内（月或年）产量递减的百分率（图 5-21）表示为：

$$D=\frac{1}{Q}=\frac{\mathrm{d}Q}{\mathrm{d}t}=-\frac{\mathrm{d}\ln Q}{\mathrm{d}t} \tag{5-82}$$

递减系数是指在单位时间内（月或年），产量未被递减掉的百分数。它与递减率之和等于 1 或是 100%，因此：

$$a=1-D \tag{5-83}$$

式中递减系数 a 的单位与递减率相同。

递减指数量是递减率的指数，以符号 n 表示。它是判断递减规律和类型的重要参数。当 $n=\infty$ 时为双曲线递减。因此，指数递减和调和递减，又可视为双曲线递减的特定递减类型。

根据对于指数递减、调和递减和双曲线递减的理论研究，可以得到产量、递减率和递减指数的如下通式：

$$\frac{Q}{Q_{\mathrm{i}}}=\left(\frac{D}{D_{\mathrm{i}}}\right)^{n} \tag{5-84}$$

（一）指数递减

指数递减是指在递减阶段，单位时间内的产量变化率（即递减率）为常数。因此，它又有常百分递减、等百分递减或等比级数递减之称。由于指数递减的产量与开发时间呈半对数直线关系，故又称为半对数递减。

将式(5-82) 改为下式；

$$\frac{dQ}{Q}=-D\mathrm{d}t \tag{5-85}$$

将递减阶段的上、下限代入式(5-86）积分得：

$$\int_{Q_i}^{Q}\frac{dQ}{Q}=-D\int_{0}^{t}\mathrm{d}t \tag{5-86}$$

$$\ln\frac{Q}{Q_{\mathrm{i}}}=-Dt \tag{5-87}$$

将式(5-87）改写为下式：

$$Q=Q_{\mathrm{i}}\mathrm{e}^{-Dt} \tag{5-88}$$

式中 t——从开始递减瞬间算起的开发时间；

Q——递减到 t 时刻的产量。

若式(5-87）改为常用对数形式，得：

$$\lg Q=A_1-B_1t \tag{5-89}$$

其中：

$$A_1=\lg Q_{\mathrm{i}} \tag{5-90}$$

$$B_1=D/2.303 \tag{5-91}$$

由式(5-89）可知，指数递减规律的产量与开发时间呈半对数直线关系。因此，指数递减又称为半对数递减。

递减阶段的累积产量表示为：

$$\sum_{0}^{t}Q=E\int_{o}^{t}Q\mathrm{d}t \tag{5-92}$$

式中生产时间 t 的单位与产量 Q 的时间单位不一致，因此引入 E 作为修正，所需要的时间换算常数见表 5-4。

表 5-4 确定 E 值表

t 的单位	Q 的单位	E 值	t 的单位	Q 的单位	E 值
d	m^3/d	1	mon	m^3/mon	1
mon	m^3/d	30.5	a	m^3/mon	12
a	m^3/d	365	a	m^3/a	1

将式(5-88）代入式(5-92)，经积分后得：

$$\sum_{0}^{t}Q=E\int_{0}^{t}Q_{\mathrm{i}}\mathrm{e}^{-Dt}\mathrm{d}t=\frac{EQ_{\mathrm{i}}(1-\mathrm{e}^{-Dt})}{D} \tag{5-93}$$

再将式(5-88）代入式(5-93）得：

$$\sum_{0}^{t}Q=\frac{E(Q_{\mathrm{i}}-Q)}{D} \tag{5-94}$$

或写为：

$$Q=Q_{\mathrm{i}}=-\frac{D}{E}\sum_{0}^{t}Q \tag{5-95}$$

由式（5-95）看可知，指数递减的产量与累积产量，在普通直角坐标纸上呈直线关系。直线的截距为 Q_i、斜率为 D/E（图 5-22）。当根据 t 和 Q 的单位，由表 5-4 确定 E 值之后，即可求得递减率 D。

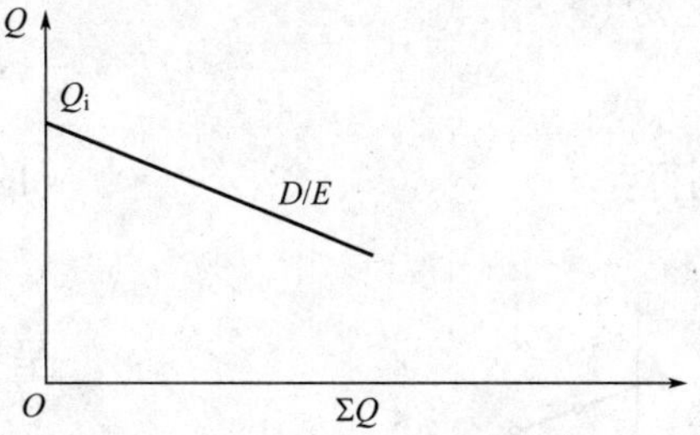

图 5-22　指数递减的直线关系

（二）调和递减

调和递减是指在递减阶段，产量随时间的递减率不是常数，但其递减率与产量成正比关系变化，也就是说，递减率随产量的递减而减小。因此，调和递减的递减率可表示为：

$$D=D_i=\frac{Q}{Q_i} \tag{5-96}$$

将式(5-82) 代入式(5-96) 得：

$$-\frac{1}{Q}=\frac{dQ}{dt}=D_i\frac{Q}{Q_i} \tag{5-97}$$

或写为：

$$-\frac{dQ}{Q^2}=\frac{D_i}{Q_i}dt \tag{5-98}$$

将递减阶段的上、下限代入式(5-98) 积分得：

$$-\int_{Q_i^2}^{Q}\frac{dQ}{Q^2}=\frac{D_i}{Q_i}\int_0^t dt \tag{5-99}$$

$$\frac{1}{Q}-\frac{1}{Q_i}=\frac{D_i}{Q_i}t \tag{5-100}$$

再将式(5-100) 改写为下式：

$$Q=\frac{Q_i}{1+D_it} \tag{5-101}$$

式(5-101) 为调和递减产量与开发时间的关系式。

递减阶段的累积产量可表示为：

$$\sum_0^t Q = E\int_0^t Q dt \tag{5-102}$$

将式(5-101) 代入式(5-102) 积分后得：

$$\sum_0^t Q = EQ_i\int_0^t\frac{dt}{1+D_it}=\frac{EQ_i}{D_i}\ln(1+D_it) \tag{5-103}$$

再将式(5-101) 代入式(5-103) 得：

$$\sum_0^t Q=\frac{EQ_i}{D_i}\ln\frac{Q_i}{Q} \tag{5-104}$$

再将式(5-104) 改写为：

$$\lg Q=\lg Q_i-\frac{D_i}{2.303EQ_i}\sum_0^t Q \tag{5-105}$$

若令：

$$A_2=\lg Q_{\mathrm{i}} \tag{5-106}$$

$$B_2=D_{\mathrm{i}}/2.303Q_{\mathrm{i}}E \tag{5-107}$$

则得：

$$\lg Q=A_2-B_2\sum_0^t Q \tag{5-108}$$

由式(5-108) 可知，调和递减的产量与累积产量呈半对数直线关系（图 5-23）。

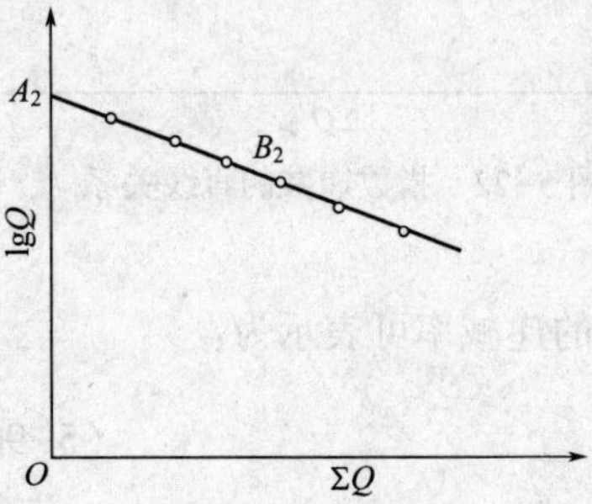

图 5-23　调和递减的直线关系

（三）双曲线递减

双曲线递减是指在递减阶段产量随时间的变化关系符合于双曲线函数。双曲线递减的递减率不是常数，它介于指数递减率和调和递减率。

由式(5-84) 可得：

$$D=D_{\mathrm{i}}\left(\frac{Q}{Q_{\mathrm{i}}}\right)^{\frac{1}{n}} \tag{5-109}$$

将式(5-82) 代入式(5-109)：

$$-\frac{1}{Q}\frac{\mathrm{d}Q}{\mathrm{d}t}=D_{\mathrm{i}}\left(\frac{Q}{Q_{\mathrm{i}}}\right)^{\frac{1}{n}} \tag{5-110}$$

对式(5-110) 进行分离变量得：

$$-\frac{\mathrm{d}Q}{Q^{(1+\frac{1}{n})}}=\frac{D_{\mathrm{i}}}{Q_{\mathrm{i}}^{\frac{1}{n}}}\mathrm{d}t \tag{5-111}$$

将递减阶段的上、下限代入式(5-111) 积分得：

$$-\int_{Q_{\mathrm{i}}}^{Q}\frac{\mathrm{d}Q}{Q^{(1+\frac{1}{n})}}=\frac{D_{\mathrm{i}}}{Q_{\mathrm{i}}^{\frac{1}{n}}}\int_0^t\mathrm{d}t \tag{5-112}$$

$$n\left(\frac{1}{Q^{\frac{1}{m}}}-\frac{1}{Q_{\mathrm{i}}^{\frac{1}{n}}}\right)=\frac{D_{\mathrm{i}}}{Q_{\mathrm{i}}^{\frac{1}{n}}}t \tag{5-113}$$

再将式(5-113) 改写为：

$$\left(\frac{Q_{\mathrm{i}}}{Q}\right)^{\frac{1}{n}}=1+\frac{D_{\mathrm{i}}}{n}t \tag{5-114}$$

由式（5-114）得到双曲线递减的产量公式为：

$$Q=\frac{Q_{\mathrm{i}}}{\left(1+\frac{D_{\mathrm{i}}}{n}t\right)^n} \tag{5-115}$$

当 $n=1$ 时，由式(5-115) 可以得到调和递减的产量公式，即式(5-101)。当 $n=\infty$ 时，$\lim\limits_{n\to\infty}\left(1+\frac{D_{\mathrm{i}}}{n}t\right)^n=\mathrm{e}^{D_{\mathrm{i}}t}$，而 $D_{\mathrm{i}}=D$，即为常量时，由式(5-115) 可得到指数递减的产量公式，即式(5-88)。因此，调和递减和指数递减都是双曲线递减的特定递减类型，而双曲

线递减更具代表性。

将式(5-115)取常用对数得：

$$\lg Q=\lg Q_{\mathrm{i}}-n\lg\left(1+\frac{D_{\mathrm{i}}}{n}t\right) \tag{5-116}$$

或写为：

$$\lg Q=\lg\frac{Q_{\mathrm{i}}}{\left(\frac{D_{\mathrm{i}}}{n}\right)^{n}}-n\lg\left(1+\frac{n}{D_{\mathrm{i}}}t\right) \tag{5-117}$$

若令：

$$A=\lg\frac{Q_{\mathrm{i}}}{\left(\frac{D_{\mathrm{i}}}{n}\right)^{n}} \tag{5-118}$$

$$B_3=n \tag{5-119}$$

$$C=n/D_{\mathrm{i}} \tag{5-120}$$

则得：

$$\lg Q=A_3-B_3\lg(t+C) \tag{5-121}$$

由式(5-121)可知，对于双曲线递减，可以通过给定不同的常数 C，利用曲线位移法能得到一条最佳的直线（图 5-24）。因此，双曲线递减又称为双对数递减。

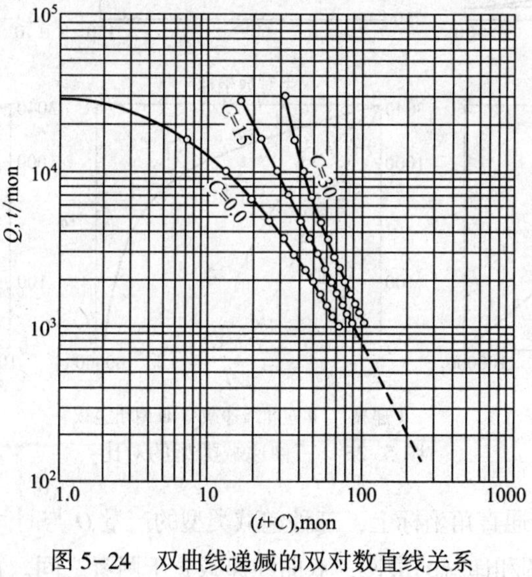

图 5-24　双曲线递减的双对数直线关系

递减阶段的累积产量可表示为：

$$\sum_{0}^{t}Q=E\int_{0}^{t}Q\mathrm{d}t \tag{5-122}$$

将式(5-115)代入式(5-122)得：

$$\sum_{0}^{t} Q = E\int_{0}^{t} \frac{Q_i}{\left(1 + \frac{D_i}{n}t\right)^{n}}dt \tag{5-123}$$

$$= \frac{EQ_i}{D_i}\left(\frac{n}{n-1}\right)\left[1 - \left(+ \frac{D_i}{n}t\right)^{1-n}\right]$$

再将式(5-114)代入式(5-123)得：

$$\sum_{0}^{t} Q = \frac{EQ_i}{D_i}\left(\frac{n}{n-1}\right)\left[1 - \left(+ \frac{Q_i}{Q}t\right)^{\frac{1-n}{n}}\right] \tag{5-124}$$

(四) 递减类型的对比

为了便于对比，将上述三种递减类型的常用关系式列于表 5-5 内。这些关系式可以用于气田或气井递减阶段的产量、累积产量和开发时间的预测。由表 5-5 所列的关系式可知，在不同的坐标系上，三种递减类型有明显的差异（图 5-25）。

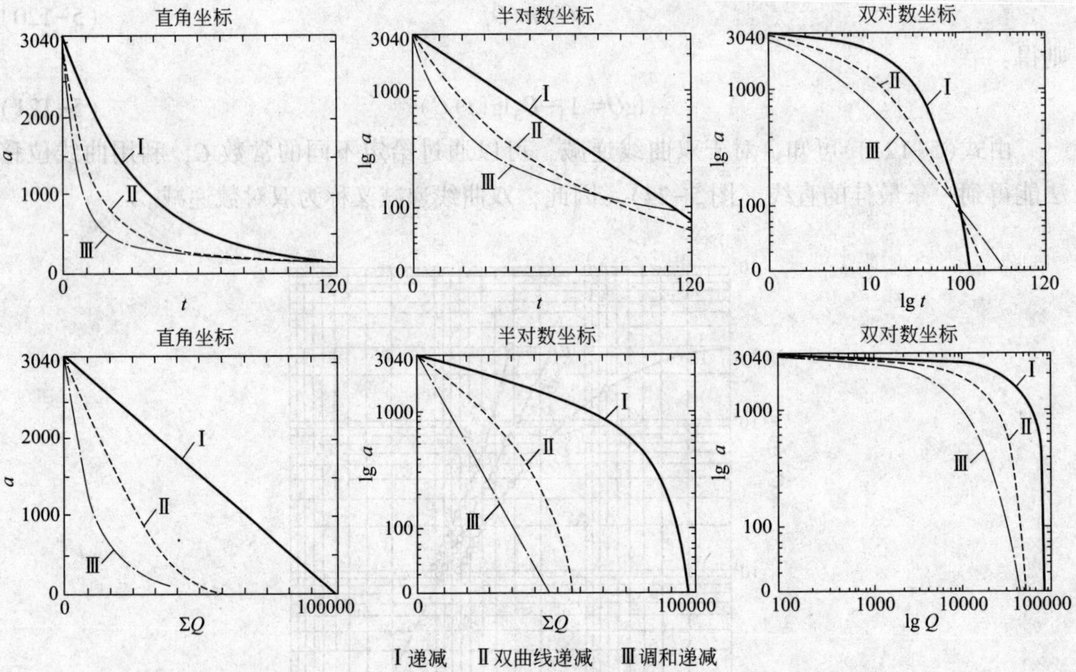

图 5-25 三种递减类型的对比

图 5-25 表明，在普通直角坐标上，三种递减类型的产量 Q 与时间 t 的关系均为曲线关系，而且指数递减的最快，调和递减的最慢，双曲线递减介于两者之间。在半对数坐标上，三种递减类型的产量 Q 与时间 t 的关系，指数递减为直线，调和递减和双曲线递减都是曲线。

在普通直角坐标上，三种递减类型的产量 Q 与累积产量 ΣQ 的关系，指数递减为直线，调和递减和双曲线递减均为曲线。在半对数坐标上，三种递减类型的产量 Q 与累积产量 ΣQ 的关系，指数和双曲线递减都是曲线，而调和递减为直线。由此可见，不同递减类型具有不同的线性特征。

表 5-5　常规产量递减规律表

递减类型	指数递减	双曲线递减	调和递减	衰竭递减	直线递减
递减指数	$n=0$	$0<n<1$	$n=1$	$n=0.5$	$n=-1$
递减率	$a=$常数	$a=a_i\left(\frac{q}{q_i}\right)^n$	$a=a_i\frac{q}{q_i}$	$a=a_i\left(\frac{q}{q_i}\right)^{0.5}$	$a=a_i\frac{q_i}{q}$
产量与时间关系	$q=q_i e^{-a_i t}$	$q=q_i(1+na_i t)^{-\frac{1}{n}}$	$q=q_i(1+a_i t)^{-1}$	$q=q_i\left(1+\frac{a_i}{2}t\right)^{-2}$	$q=q_i(1-a_i t)$
	$\lg q=\lg q_i-\frac{a_i t}{2.303}$	$\left(\frac{q_i}{q}\right)^n=1+na_i t$	$\frac{q_i}{q}=1+a_i t$	$\left(\frac{q_i}{q}\right)^{0.5}=1+\frac{a_i}{2}t$	$\frac{q_i}{q}=(1-a_i t)^{-1}$
产量与累积产量关系	$G_p=\frac{q_i-q}{a_i}$	$G_p=\frac{q_i}{a_i(1-n)}\left[1-\left(\frac{q_i}{q}\right)^{n-1}\right]$	$G_p=\frac{q_i}{a_i}\ln\frac{q_i}{q}$	$G_p=\frac{2q_i}{a_i}\left[1-\left(\frac{q}{q_i}\right)^{\frac{1}{2}}\right]$	$G_p=\frac{q_i}{2a_i}\left[1-\left(\frac{q}{q_i}\right)^2\right]$
	$q=q_i-a_i G_p$	$q^{1-n}=q_i^{1-n}-\frac{a_i(1-n)}{q_i^n}G_p$	$\ln q=\ln q_i-\frac{a_i}{q_i}G_p$	$\sqrt{q}=\sqrt{q_i}-\frac{a_i}{2\sqrt{q_i}}G_p$	$q^2=q_i^2-2a_i q_i G_p$

注：n—递减指数；a_i—递减阶段统计时段的初始递减率；q_i—递减阶段统计时段的初始产量；G_p—统计时刻起，计算的累计采气量；a—递减率；q—产气量。

（五）产量递减分析方法的应用

1. 预测气田的未来产量

根据递减阶段取得的产量、开发时间以及累积产量数据，再利用上一节提供的判断方法，可确定气田属于哪一种递减类型，并通过线性回归法求得递减公式的常系数，建立产量与开发时间、产量与累积产量的相关经验公式。应用这些相关经验公式，可预测气田未来的产量、累积产量随时间的变化数据。

2. 预测气田的可采储量

当根据合理的经济界限分析，给定了气田的经济极限产量之后，可以利用已建立起来的相关经验公式，计算气田递减阶段的最大累积产量和开发年限，此累积产量加上递减阶段之前的累积产量，可得气田的可采储量。

二、现代递减规律分析方法

（一）Fetkovich 方法

Arps 递减典型曲线图版只能用于分析边界控制流阶段数据，Fetkovich 以有界均质地层不稳定渗流理论为基础，将试井分析中的不稳定流动公式引入递减分析中，使 Arps 图版扩展到边界控制流之前的不稳定流动阶段，并建立了一套比较完整的完全类似于试井分析的双对数产量递减曲线图版拟合分析方法。Fetkovich（1980）提出了在衰竭递减区域内包括了 Arps 的双曲线递减曲线及调和递减曲线。图 5-26 给出了一般化单位典型曲线的结果。

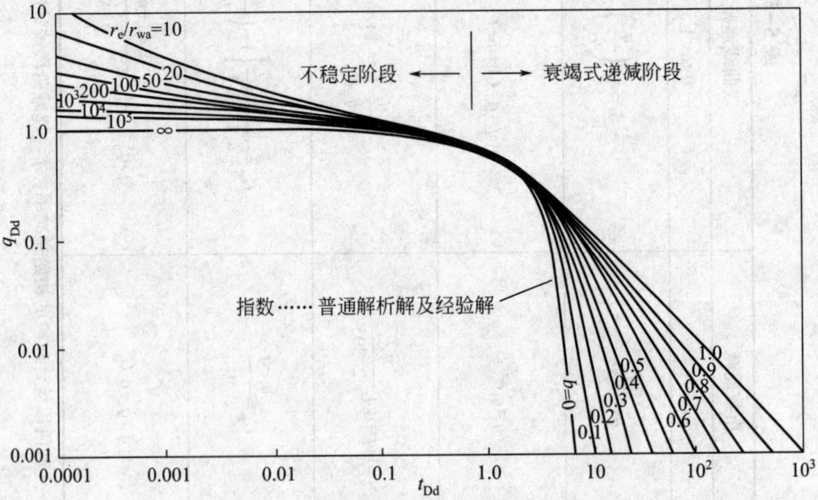

图 5-26　使用单位变量绘制的完整流量解

如图所示：Fetkovich-Arps 联合产量递减曲线图版可分为两个部分，图版左侧部分 $t_{Dd}<0.3$ 为早、中期不稳定递减部分，主要受无因次井控半径 r_{eD} 影响，每个 r_e/r_{wa} 分支曲线代表了拟稳定状态递减开始之前（$t_{Dd}=0.3$）的大约 $2\frac{1}{2}$ 对数周期无限大作用递减期，随着 r_{eD} 增大，递减

曲线逐渐向下偏移。图版右侧 t_{Dd}>0.3 代表晚期边界控制流部分，是一族由递减指数 b 控制的 Arps 产量递减曲线，随着 b 的增大递减曲线向右偏移。

值得注意的是，在无因次量的定义中始终使用视井筒半径，因此，这种典型曲线可以应用于具有正、负表皮系数的油井中。

通用单位的典型曲线最适用于呈现不稳定和衰竭式两重递减的产量—时间数据的分析。通过单位典型曲线的拟合，可以确定油藏参数和预测未来的产量—时间动态。该方法的第一步是根据拟合读取 r_e/r_{wa} 值，如果衰竭式递减是双曲线型，则 b 值通过拟合来确定。$b=0$，生产单相液体，高压气体（定流动压力）；$0.1<b<0.4$，溶解气驱油藏；$0.4<b<0.5$，大多数的气井（也包括致密气井）；$0.5<b<0.9$，多层、复合、连通的储层。

对于边界控制流下的生产，b 值不可能超过 1。

根据拟合点可以确定渗透率 k、表皮系数 s 以及泄油半径 r_e（即原始地层油储量）。根据下式计算渗透率：

$$k=\frac{141.2\mu_i B\left[\ln(r_e/r_{wa})-0.5\right]}{h(p_i-p_{wf})}\left(\frac{q_o}{q_{Dd}}\right)_{\text{拟合点}} \tag{5-125}$$

根据拟合获得 r_e/r_{wa} 的值。

根据拟合点使用下式来确定视井筒半径：

$$r_{wa}^2=\frac{0.00634}{\phi\mu_i c_t(0.5)\left[(r_e/r_{wa})^2-1\right]\left[\ln(r_e/r_{wa})-0.5\right]}\left[\frac{t(d)}{t_{Dd}}\right] \tag{5-126}$$

根据计算的视井筒半径可以确定表皮系数：

$$S=-\ln(r_{wa}/r_w) \tag{5-127}$$

用下式可以计算泄油半径：

$$r_e=r_{wa}\left(\frac{r_e}{r_{wa}}\right)_{\text{拟合点}} \tag{5-128}$$

已知泄油半径后，油井控制的地质储量可用简单的体积方程计算：

$$N_o=\frac{\pi r_e^2 h\phi(1-S_w)}{5.615B_{oi}} \tag{5-129}$$

Fetkovich 方法采用了与 Arps 递减相同的方法来分析边界控制流，用定压典型曲线（最初由 Van Everdingen 和 Hurst 提出）来分析不稳定状态下的生产。典型曲线拟合能够诊断出生产数据是否仍然出于不稳定期或是已经进入边界流动区，这是 Arps 递减分析无法完成的。Fetkovich 典型曲线的不稳定部分是假设定井底流压下得到的，因此，对于生产数据上的不连续（如关井或对其进行加压），必须采用分割的办法。此外，如果井的产量受到节流限制，则该方法不能起作用。

利用 Fetkovich-Arps 图版进行曲线拟合时，不能只将不稳定流动段数据拟合好，原因在于早期不稳定段数据代表压力波还未传播到边界时的阶段，只有生产进入边界控制流之后，结合后期数据才能进行 r_{eD} 分析，否则拟合结果具有很大的不确定性。因此，Fetkovich 方法的适用条件为：定井底流压或假定流压不变，只有流动达到边界流后才能利用该图版计算井控范围。

（二）Blasingame 方法

Arps 和 Fetkovich 方法假设以井底流压生产，主要分析产量数据，未考虑气体 PVT 随压力的变化。Blasingame 方法引入了拟压力规整化产量 $q/\Delta p_{\mathrm{p}}$ 和物质平衡拟时间函数 t_{ca} 建立了典型递减曲线图版。对比传统分析方法，现代递减分析方法（Blasingame 方法和 Agarwal-Gardner 方法）做了一些改进，主要包括以下两个方面：

（1）使用流压降对产量进行标准化。在不稳定生产期间，井底流动压力与产量可同时发生变化，如果压力以平滑方式变化，当用于曲线的产量数据根据式(5-130) 使用压降进行标准化后，则产量递减可使用恒定压力典型曲线进行处理：

$$q_n(t)=\frac{q_{\mathrm{o}}(t)}{p_{\mathrm{i}}-p_{\mathrm{wf}}(t)} \tag{5-130}$$

对于气井产量而言，使用 $(p_{\mathrm{i}}^2-p_{\mathrm{wf}}^2)$ 或使用 $[m(p_{\mathrm{i}})-m(p_{\mathrm{wf}})]$ 进行标准化，这主要取决于压力条件（当压力较低时，使用压力平方；当压力较高时，直接使用压力；拟压力适合于两者之间的情况）。

（2）使用物质平衡拟时间，即时间的函数，处理气体压缩系数随压力改变的特殊情况。当储层压力随时间下降时，能够严格控制气体物质平衡。

针对气体，物质平衡时间的定义如下：

$$t_{\mathrm{ca}}=\frac{(\mu c_t)_n}{q_{\mathrm{g}}(t)}\int_0^t \frac{q_{\mathrm{g}}(t)}{\mu(\bar{p})c_t(\bar{p})}\mathrm{d}t \tag{5-131}$$

物质平衡时间的计算是迭代的，因为在平均储层压力下计算气体性质（压缩系数，黏度）需要知道储层压力随时间的递减关系（包含了地层原始储量的信息）。迭代过程如下：

① 估算 G_{i}（天然气地质储量）；

② 将气体性质和储层压力的关系列成表格；

③ 采用物质平衡方程计算储层压力和累积产量或者时间之间的函数关系；

④ 用物质平衡时间定义计算物质平衡时间 t_{ca}；

⑤ 由分析方法（Blasingame，Agarwal-Gardner，等）计算 G_{i}；

⑥ 用新计算出来的 G_{i} 代替原来的 G_{i}，重新计算 t_{ca}；

⑦ 重复步骤③~⑤，直到值在某一设定精度内收敛。

现代递减曲线图版中，引入了产量积分和产量积分微分函数曲线，流量积分曲线比流量曲线要平滑，并且流量积分微分曲线显示出的特殊形态，能够有助于辨别过渡段和后期流动。

图 5-27 为 Blasingame 复合图版（Doublet/Blasingame），横坐标采用无因次物质平衡时间，所有的解都收敛到一条直线上，很好地验证了边界控制流动。

针对气体，图中产量积分和产量积分微分函数定义如下：

产量积分曲线：

$$q_{\mathrm{Ddi}}=\frac{1}{t_{\mathrm{ca}}}\int_0^{t_{\mathrm{ca}}}\frac{q}{\Delta p_{\mathrm{p}}}\mathrm{d}t \tag{5-132}$$

产量积分的微分曲线：

$$q_{\mathrm{Ddid}}=t_{\mathrm{ca}}\frac{\mathrm{d}q_{\mathrm{i}}}{\mathrm{d}t_{\mathrm{ca}}} \tag{5-133}$$

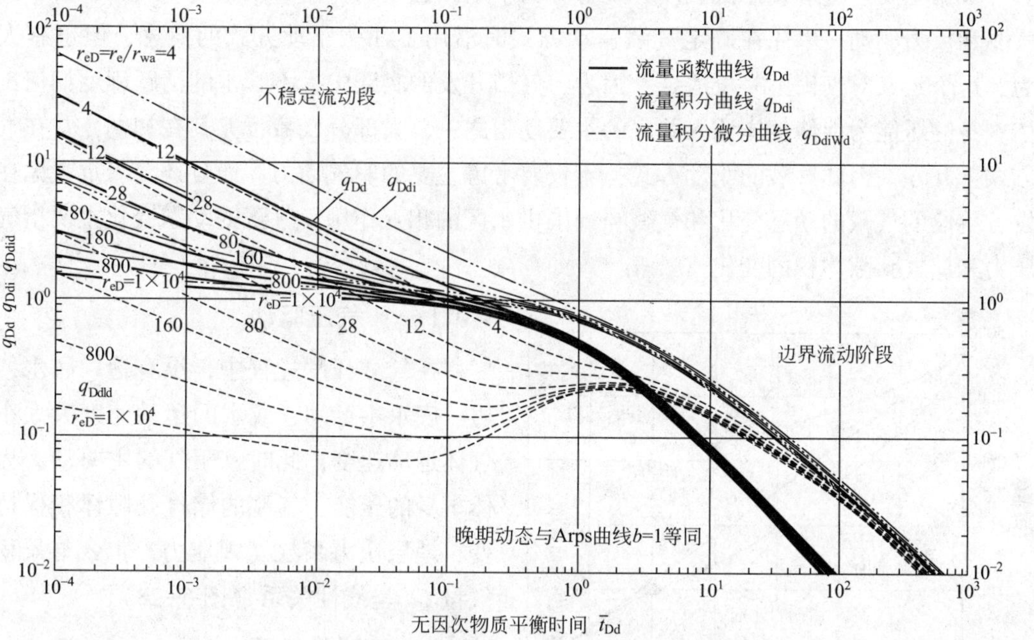

图 5-27　Blasingame 复合图版曲线

对实际生产数据进行典型图版拟合分析时，3 条曲线都可以同时或者单独使用。利用图版拟合的方式可以计算渗透率、表皮系数、井控半径及原始地质储量等参数。Blasingame 方法的优越性在于采用了产量积分后求导的方法，使实测数据点导数曲线比较平滑，便于判断。局限性在于产量积分对早期数据点的误差非常敏感，早期数据点一个很小的误差都会导致产量积分、产量积分导数曲线具有很大的累积误差。

（三）Agarwal-Gardner 方法

Blasingame 方法引入了拟压力规整化产量 $q/\Delta p_{\mathrm{p}}$）和物质平衡拟时间函数 t_{ca}，建立了典型递减曲线图版，该方法考虑了变井底流压生产情况和随地层压力变化的气体 PVT 性质。Agarwal 等人利用拟压力规整化产量 $q/\Delta p_{\mathrm{p}}$、物质平衡拟时间 t_{ca} 和不稳定试井分析中无因次参数的关系，建立了 Agarwal-Gardner 产量递减分析图版。由于无因次定义不同，该图版曲线前期部分较 Blasingame 图版相对分散，从而有利于降低拟合分析的多解性。

第六节　气藏驱动方式分析

一、气藏驱动方式类型

油、气的渗流过程是一个动力克服阻力的过程，油、气藏的驱动方式反映了促使油、气由地层流向井底的主要地层能量形式。

在油藏的开发过程中，地层能量主要有：在重力场中液体的势能；液体形变的势能；地层岩石变形的势能；自由气的势能；溶解气的势能。

根据主要能量形式油藏驱动方式可分为：水压驱动、弹性水压驱动、气压驱动、溶解气驱和重力驱动。以往在确定气藏驱动方式时沿用了油藏驱动方式的概念，但也有人认为，这个定义对气田不完全适合，因为，气田开发的实践中，不管水的活跃程度如何，气体本身的压能为促使气体流入井底的主要动力之一，大部分气藏，尤其在初期，常在气驱方式下开发。因此气藏的驱动方式，不仅要考虑主要的驱气动力，而且还要着重考虑在开发各阶段的气藏的动态变化和气藏与周围供水区的相互作用。气藏的动态变化主要指气藏压力和储气孔隙体积的变化。

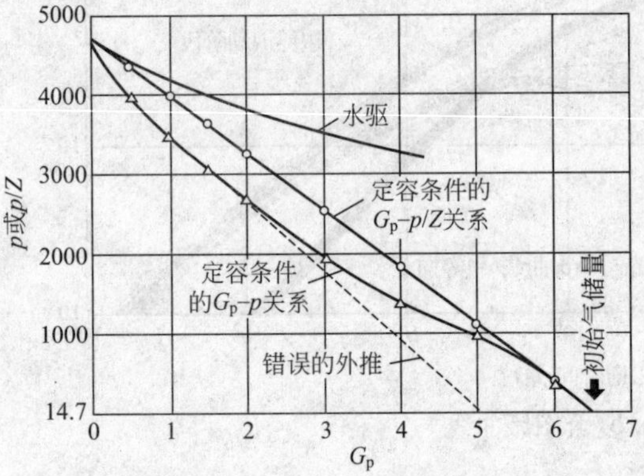

图 5-28　p/Z–G_p 关系图

（一）气压驱动

在气藏开发过程中，没有边、底水，或边、底水不运动，或水的运动速度大大小于气体运动速度，此时，驱气的主要动力为气体本身的压能，气藏的储气孔隙体积保持不变，地层压力系数（视压力）p/Z 与累积采气量 G_p 呈线性关系（图 5-28）。

（二）弹性水驱

在气藏开发过程中，由于含水层的岩石和流体的弹性能量较大，边水或底水的影响也较大，气藏的储气孔隙体积变小，地层压力下降要比气驱缓慢，这种驱动方式为称为弹性水驱，供水区面积越大，压力较高的气藏出现弹性水驱的可能性就越大（图 5-28）。

（三）刚性水驱

侵入气藏的边、底水能量完全补偿了从气藏中采出的气产量，此时气藏压力能保持在原始水平上，这种驱动方式称为刚性水驱，它可看作是弹性水驱的一个特例，在自然界中具有这种驱动方式的气田很少，例如苏联统计的 700 个气田中，只有 10 余个。

气藏的驱动方式影响着气田开发乃至整个供气系统的技术经济指标，影响着井位分布、井底结构、气井产量、最终天然气采收率、地面天然气和凝析油的集输系统和处理系统，以及长输管线的管径、壁厚和生产工艺制度等。

二、决定气藏驱动方式的主要因素

（一）地质因素

1. 原始地层压力

气藏的原始地层压力越高，若存在供水区，那么在开发过程中供水区的压力可能超过气藏压力。在其他相同条件下，有活动边水的可能性也越大。

2. 含气区和供水区的岩性和储层物性（如孔隙度、渗透率等）特征

曾有研究人员通过数值模拟得出：在相同的采气速度下，供水区渗透率变化对水活跃程度的影响要比气藏内部渗透率变化影响大。含水层渗透率变化愈大，压降曲线（p/Z-G_p）向上偏离直线（气驱情况）愈大；含水层的边界愈大，压降曲线向上偏离直线愈大；水的黏度愈小，压降曲线向上偏离直线愈大；水的压缩性愈大，压降曲线向上偏离直线也愈大。

3. 含水区的均质程度和连续性

活跃的弹性水驱的条件之一，就是有宽广的供水区，并且水头很高。其中断层、岩性尖灭或岩性变坏区域等对水推进的影响很大。

4. 气水界面附近的情况

气水界面附近影响因素包括：油环的存在、气水过渡区厚度的变化、岩性的变化，以及有无泥岩夹层等。油环是阻挡水侵入气藏的天然屏障。

（二）工艺因素

1. 采气速度

采气速度越高，气藏就越接近于气驱方式开采，但也不能太高，否则会引起边、底水的不均匀推进。

2. 开发方式

开发方式的不同，驱动方式也可能不一。

第七节　生产指标预测

预测气藏和气井的未来生产动态和生产指标是气藏开发研究中一个十分重要的内容，也是编制气藏开发（调整）方案的一个重要组成部分。所谓“生产预测”可以理解为人们对气藏在某种开发开采方式下，对未来可能出现的变化情况和开发效果的预期，不仅能提前掌握气藏未来的情况，而且可以通过各种方案动态预测和综合对比来优选开发方案。其中最重要的是预测气藏在某一采气速度和配产条件下的稳产年限、采出程度（采收率）、水侵程度和时间等。目前广泛应用的生产预测方法有递减预测方法、物质平衡预测方法与数值模拟预测方法三种。

一、递减预测方法

生产数据与某一因素的经验拟合是分析和预测油气藏动态的常用方法，尽管理论上缺乏严格的证明且在应用上受到一些局限，但在石油工业中，某些经验公式已被证明是既方便又可靠的，例如产量递减曲线，包括产量—时间和产量—累积产量关系两大类（第六节）。将根据已有生产实践所获得的经验方程式或递减曲线适当外推就可以定量预测气藏未来的生产动态和产量的递减状况。当然，每个经验公式都仅仅是现有数据的拟合，它在形式上并不包括影响过去、现在或未来动态的所有因素。而将任何一个经验方程外推至未来，都是假设所有影响过去动态的因素在未来都严格地具有相同的累积影响。

在实际应用递减方法时，必须考虑其适用范围和条件，通常只适用于气藏开始出现产量递减之后，使用中还要注意气藏生产井数的变化、气井产能的变化、出水的影响和气井配产的变化等，否则盲目的外推预测可能出现较大偏差，因此这种方法的可靠性取决于气藏开采年限时间的长短。当气藏产量还没有递减时，可以选择邻近同层气井或气藏的资料，通过类比方法来估计曲线的斜率和形状。

二、物质平衡预测方法

采用物质平衡方法能够计算气藏压降储量、判断气藏驱动类型，该方法还可应用于预测气藏未来生产动态。这里为简单起见，考虑纯气藏的情况，即不考虑气藏水侵时气藏的物质平衡方程为：

$$\left.\frac{p}{Z}\right|_t=\left.\frac{p}{Z}\right|_{\mathrm{i}}\left(1-\frac{G_{\mathrm{p}}}{G}\right) \tag{5-134}$$

上式中下标 t、i 分别代表气藏开采时刻和原始状况，p 为气藏平均地层压力，G_{p} 为 t 时刻的累积采出量，$\frac{G_{\mathrm{p}}}{G}$为 t 时刻的采出程度。显而易见，物质平衡方程把气藏开采时间、采出程度、累积采出量、气藏地层压力及其衰竭程度都定量地直接联系了起来。在经过一段时间开采获得了足够的气藏压力降落资料数据之后，就能绘制气藏压降图，从而预测在开采某一时刻、采出多少气量的条件下，气藏压力将要降低至什么水平，反之同样能够预测当气藏压力降低至某一数值时将会采出多少天然气，进而预测气藏工业采收率和计算气藏储量。

当气藏存在边水或底水时，同样可以动态预测气藏的压力-产量变化关系，甚至还能预测水侵程度、水侵量大小等，以及掌握水体的活动动态，所不同的是需要建立更加复杂的有水气藏物质平衡方程。

三、数值模拟预测方法

通过对描述流体流动的偏微分方程的离散、求解，可以求解任何时刻、任意地点的压力变化或产量变化，能够再现气藏和气井的生产史，也能够预测气藏气井的生产动态，甚至还能预测水侵可能发生的时间和位置。从这一点来看，数值模拟法较好地弥补了物质平衡法或产量递减法的不足。前述的两种方法只能预测气藏整体动态的宏观变化情况，而数值模拟方法不仅可以预测气藏整体动态，而且可以预测每口井、每个层段的动态，因此在编制气藏开发方案时要求必须采用数值模拟方法预测气藏各个方案下的动态。但是气藏数值模拟计算较为复杂，计算量也极大，必须依靠计算机和相应软件来完成。近年来数值模拟研究已形成了以油层物理、渗流力学、计算数学和计算机应用为基础的专门研究方向，可以肯定，未来气藏数值模拟技术在气藏开发研究中必定能起得更加重要的作用。

第八节　气井常见生产异常情况分析

气井在投入开采后，要观察、记录各种生产数据以用于分析气井的生产动态，这些数据包括油压、套压、产气量、产水量、定期真重测量数据、定期气、水分析结果等。从这些常规监测数据中及时发现气井问题，并采取相应的措施，有助于科学合理地采气。

气井生产情况的变化具体反映在井的油压、套压、气量、水量、水性等的变化上。正常生产时，上述诸项数据应当是稳定的、渐变的，一旦气井或者气藏发生变化，工作失调，上述参数就会随之发生变化，因此利用上述动态资料，在参考气井的生产历史及地质资料的基础上，就可对各种异常情况开展分析，判断气井的生产动态。这里总结了气井生产中常见的几种异常情况。

一、产层堵塞

气井生产过程中，可能会出现产层堵塞的情况，产生堵塞的主要原因有：投产初期钻井泥浆堵塞产层；气井出砂，沉砂掩埋产层；裸眼井井壁垮塌；入井液配伍不好，变质堵塞产层等。

对于未出地层水（产凝析水）的生产气井，其表现出来的现象为：油、套压同时下降明显，油套压差有一定增大（可能不是特别明显），产气量下降，产水量下降，水气比和氯离子含量变化不大。对于产地层水的气井，则油、套压同时下降明显，油套压差明显增大，产气量下降，气井带水生产能力下降，产水量和水气比下降，氯离子含量变化不大。

还可以结合试井解释表皮系数判断产层是否堵塞，如果试井解释表皮系数为正，表明近井地带产层存在一定堵塞。对于产层存在堵塞的气井，程度较轻的可尝试通过提产、防喷等措施解除，对于堵塞程度较严重的，可采取酸化解堵等措施解除。

二、产层堵塞解除

在生产过程中，有些产层堵塞不是很严重的气井可能会自行解堵，这通常见于投产初期的气井。对于不产水的气井，产层堵塞解除的表现为：油、套压同时明显上升，油套压差有一定减小，产气量和产水量明显增大，水气比和氯离子含量保持稳定。对于明显产地层水气井：油、套压同时明显上升，油套压差有所减小，产气量上升，气井带水生产能力加强，产水量上升明显，水气比有所上升，氯离子含量保持不变。

三、油管堵塞

气井在生产过程中可能会带出井下钻井泥浆或井下污物而造成油管堵塞，同时入井液如缓蚀剂、泡排剂等在井下高温高压条件下也容易形成有机堵塞，此外，井下复杂条件可能引起油管局部变形。油管堵塞表现为：油压下降严重，套压上升，油套压差增大，产气量下降，如果是产水气井，则气井带液能力下降，形成积液，产水量和水气比下降。

油管堵塞可以通过提产或防喷排液、通井、有机解堵解除，如果证实油管存在变形，则只能采取修井作业更换油管。

四、油套环空堵塞

如果在油管和套管之间的环空出现堵塞，在气井生产状况下，套压一般保持不变，或者下降很缓慢，而油压则保持正常速度下降，其余生产参数如产气量、产水量均非常稳定。如果将油套环空堵塞的气井关井，则油压恢复快，套压恢复缓慢或者保持不变。

环空出现堵塞后，可根据堵塞原因及堵塞程度采取套管防喷、有机解堵或修井作业解除。

五、油管穿孔、断落

油管在长时间受到各类腐蚀、氢脆等条件影响后，可能会发生穿孔或者断落，此种情况发生后，套压将突然大幅度下降，气井井口生产油压、套压相等（或非常接近）。如果气井产地层水，则产水量将发生明显变化。

如果判断为油管穿孔或者断落，只能通过修井更换油管。

六、油管积液

随着气井生产压力、产量的逐渐下降，或者气井产水量的增加，气井的带液生产能力逐渐降低，气井将会产生井下积液，影响气井产能。油管内存在积液的气井，其油压下降加快，套压有少量回升，油套压差逐渐增大，产气量和产水量同时下降，水气比下降，有些积液严重的气井无法实现连续生产，只能间歇生产，甚至水淹停产。水淹的气井套压回升、井口油压降低至输压，产气量、产水量回零，是井筒积液最严重的表现。

出现积液的气井可根据积液程度不同而采取不同的方式排出积液，例如：提产带液、放喷带液、优选管柱、泡排等排水采气工艺、优化排水采气工艺等。如果气井水淹，可尝试防喷排液方法，倘若防喷排液无法复产，可通过车载压缩机气举、套管注液氮气举复产等方式复产。

七、裂缝水窜

当井底有大裂缝与水域沟通时，气井在生产过程中会出现明显的裂缝水窜，此时气井表现为突然产出大量地层水，产气量大幅度下降，井口压力迅速下降，油套压差突然增大，出水时井口压力较高。沙坪场石炭系天东 90 井就是典型的裂缝水窜井，这种情况下要对地层水分布及地层水可能会对气藏开发的影响进行深入研究，制订合理的排水采气方案。

八、套管破裂

套管破裂的情况一般发生在生产时间较长的老井上，一般是由于固井质量较差等原因造成的。套管破裂主要以窜层形式表现，这时生产层位的气可能窜至压力较低的其他地层，也可能有天然气和地层水从压力较高的其他地层窜入生产层，一般来说，如果有其他层的流体窜入，则气质参数、水质等将发生明显变化。

对气井开展动态分析，要善于利用采气曲线判断气井异常情况，掌握井口压力与产量的关系，单位压降与采气量的关系，生产压差与产量的关系，气水比随压力、产量变化的规律，以及井底渗透率随压力、产量的变化规律。有些异常现象，并不是地下发生的变化引起的，而是地面的采输设备、仪表等发生故障引起的，因此，异常分析时要综合地质、工程等多方面资料，才能使分析结果更符合客观实际。表 5-6 总结了几种常见的采气异常现象的判断方法和处理措施。

表 5-6 采气异常现象的判断方法和处理措施

序号	异常现象	可能原因	处理措施
1	Cl^- 含量上升，产气量下降	①压力和水量变化不大，可能是出边底水的预兆；②压力和水量波动，水相渗透率增加，是出边底水的表现；③气量下降幅度较大，井口压力下降，水量增加，说明产出地层水	取水样分析，以确定是否有地层水，控制井口压力、产量等
2	未动操作，油压突然下降，套压下降不明显	①边底水已经窜入油管内，产气量下降，水量上升；②压力表损坏	①取水样化验，制订治水措施；②更换压力表
3	产气量下降，油套压下降	①井底垮塌堵塞；②井内积液	①检查井口、分离器是否有赃物、泥沙，修井；②排积液
4	生产时油套压持平	①油套合采；②压力表有误；③油管存在穿孔或段落	①排除压力表故障；②确定油管存在穿孔或段落后，开展修井作业
5	未动操作，油套压均上升	①井底附近污染物、积液被带出，气井生产能力得到改善；②井下带出的堵塞物或者水化物在针型阀等处重新形成堵塞，此时产量会下降	①查看压差，检查井口、管线、排污等部位，判断是否是污染解除、积液排出；②解除堵塞或水化物
6	关井后油套压不一致	①油、套压表处有漏气的地方；②压力表有误；③井筒内有积液，或者油管和套管环空间液面不一致；④井下有垮塌或堵塞、套管下有环空封隔器、套管破裂、水泥环窜漏等；⑤取压处堵塞或未打开旋塞阀	①查漏；②校表；③排积液；④进一步分析验证；⑤打开旋塞阀，解除导压管堵塞

九、典型例子：云安 002-2 井

云安 002-2 井是冯家湾石炭系气藏的一口生产井，该井 2009 年 1 月 23 日投产，开井初期套压 48.80MPa，油压 18.00MP，日产气量约 $9.0\times10^4m^3/d$，生产了 48min 后，听到井筒内一声异响，井口油套压迅速持平后关井。12 月由采气院进行打铅印作业，判断油管在 48~50m 处发生断落，井下节流器一并掉落井底。2009 年 1 月 23 日再次开井，油套压 43.60MPa，日产气量 $7.0\times10^4m^3/d$ 左右。从该井的生产数据看，生产油套压一直保持稳定，说明油管空间与套管空间之间未建立压差，可判断二者是连通的，也就是说油管存在断裂、穿孔等情况，结合气井生产初期井筒异响及井下打铅印作业情况，可综合判断该井油管断落。云安 002-2 井修井前采气曲线如图 5-29 所示。

2010 年 6 月修井结束后气井生产恢复正常，采气曲线如图 5-30 所示。

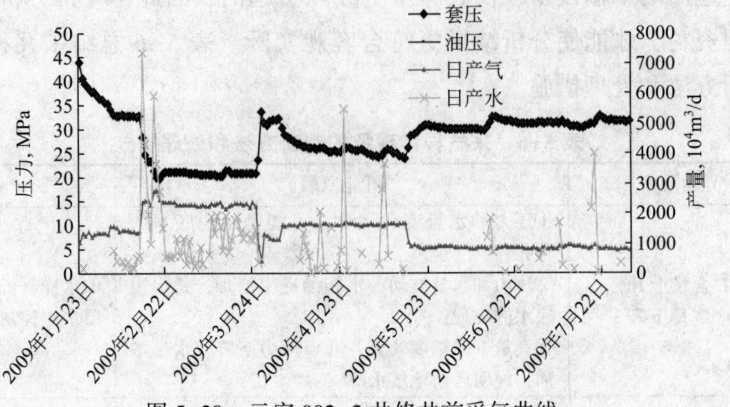

图 5-29　云安 002-2 井修井前采气曲线

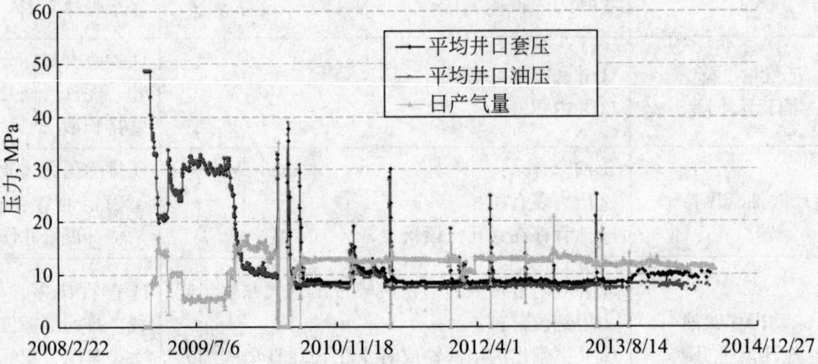

图 5-30　云安 002-2 井采气曲线

第六章 储量及可采储量计算

第一节　容积法储量计算

一、阐述计算原理

气藏地质储量计算公式：

$$G=0.01A_{g}h\phi S_{gi}\frac{1}{B_{gi}} \tag{6-1}$$

或

$$G=A_{g}hS_{gf} \tag{6-2}$$

式中符号见表6-1。

表 6-1　储量计算公式中参数名称、符号、计量单位及取值位数

参　数		单位	取值位数
名　称	符号		
含气面积	A_g	km^2	小数点后二位
原始天然气体积系数	B_{gi}	无因次	小数点后五位
天然气地质储量	G	10^8m^3	小数点后二位
有效厚度	h	m	小数点后一位
原始地层压力	p_i	MPa	—
地面标准压力	p_{sc}	MPa	—
天然气单储系数	S_{gf}	10^8m^3/（km^2·m）	小数点后二位
原始含气饱和度	S_{gi}	无因次	小数点后三位
地层温度	T	K	—
地面标准温度	T_{sc}	K	—

二、确定参数、单位、取值的精度

含气面积：按气水界面以上计算各个气藏含气面积。对于构造相对平缓的有水气藏，按地层厚度划取纯气区与气水过渡带，分别求取相关参数计算。此类型的气藏区块包括檀木场、板东、云和寨、明月北、五里灯。

孔隙度：储量计算以岩心孔隙度为主，未取心井或未取心层段则采用测井孔隙度补充，岩心孔隙度采用校正后的孔隙度；测井孔隙度采用岩心刻度后计算的测井孔隙度。

储层厚度：由于气藏构造、储层物性等方面的差异，川东石炭系未划取统一的储层孔隙度下限，孔隙度下限的求取主要依照各个气藏的实际，根据实验以及经验求取。总的来看，一般物性较好的中—高渗石炭系气藏孔隙度下限按2.5%划取，物性较差的低渗气藏取3%较多。根据孔隙度下限，将校正后的岩心孔隙度大于等于下限，或测井补充的孔隙度大于等于下限的单层厚度累计结果，再经铅直校正获得。对于气水过渡带储层厚度，按照参数井的50%计取。

含水饱和度：因 $S_g=1-S_w$，所以一般含气饱和度是通过实测含水饱和度计算得到。有岩心分析的直接使用岩心含水饱和度；无岩心段的含水饱和度，则利用测井计算的孔隙度，通过气藏岩心孔-饱关系式求取；对于气水过渡带，按照实测含水饱和度的70%计取。

天然气体积系数：按储量规范要求，取气藏高度三分之一处原始地层压力以及地层温度计算求取。

三、实例

观音桥区块石炭系气藏为裂缝-孔隙型储层，储量计算含气面积内有3口参数井，根据构造形态结合3口完钻井储层厚度划分纯气区为一个储量计算小区，气水过渡带为一个储量计算小区。含气面积以-4500m最低圈闭线作为边界，西北部以断层为界。圈定含气面积为5.1km²，其中纯气区含气面积为2.8km²；气水过渡带含气面积为2.3km²。有效厚度采用气藏孔隙度下限取2.5%，参数井有效厚度为大于孔隙度下限的有效厚度累积值。有效孔隙度采用岩心分析和测井资料处理解释结果，天西4井采用岩心分析孔隙度，天西004-1、004-2井无取心资料，直接用测井处理解释结果，取 $\phi \geqslant 2.5\%$ 计算有效厚度加权平均。含气饱和度 $S_{gi}=1-S_w$（含水饱和度）。根据实测压力、地温资料计算天然气体积换算系数 $\frac{1}{B_{gi}}$，将标准温度、标准压力、气藏温度、气藏压力及气体偏差系数等参数代入相关公式，计算得到观音桥区块石炭系气藏天然气体积换算系数为334。

将气藏分区计算纯气区、气水过渡带储量，纯气区用天西4井参数，气水过渡带用天西004-1井、004-2井参数。将前述各项参数代入式(6-1)，由此得到地质储量为 $17.25\times10^8m^3$，其中纯气区储量为 $15.68\times10^8m^3$；气水过渡带储量为 $1.57\times10^8m^3$。储量计算结果见表6-2。

表6-2　观音桥区块石炭系气藏储量计算结果表

分区	含气面积 km^2	有效厚度 m	孔隙度 %	含气饱和度 %	体积系数倒数	地质储量 10^8m^3	储量丰度 $10^8m^3/km^2$
纯气区	2.8	32.8	6.1	83.8	334	15.68	5.6
气水过渡带	2.3	7.76	4.0	65.7		1.57	0.68
气藏	5.1	21.4	5.8	81.6		17.25	3.38

第二节　动态储量计算

一、物质平衡法

(一) 物质平衡法计算动态储量的基本原理

物质平衡法是气藏动态储量计算使用最多、最重要、最常用的方法之一。气藏在开采过程中要不断地核实储量，分析气藏动态，判断气藏驱动机理，估算侵入气藏的水量，这些重要规律的认识主要依靠气藏物质平衡的原理获取。

一个实际的气藏可以简化为封闭或不封闭（具有天然水侵）储存天然气的地下容器，在这个地下容器内，随着天然气的采出，气、水体积变化服从质量守恒定律。按此定律建立的方程式称为物质平衡方程式。

对于一个统一的水动力学系统的气藏，在建立物质平衡方程式时，应遵循下列基本假定：

(1) 在任意给定的时间内，整个气藏的压力处于平衡状态，即气藏内部不存在大的压力梯度。

(2) 高压物性（PVT）资料能够代表气层天然气的性质，不同时间内流体性质取决于平均压力。

(3) 整个开发过程中，气藏保持热动力学平衡，即地层温度保持不变。

(4) 不考虑气藏毛管力和重力的影响。

(5) 气藏储层物性和液体性质是均一的，各向同性的。

(6) 随着地层压力的下降，溶解于天然气中水的放出量忽略不计。

根据以上假设，可以得到气藏物质平衡通式：

$$G_pB_g+W_pB_w=G(B_g-B_{gi})+GB_{gi}\frac{(C_wS_{wc}+C_f)}{1-S_{wc}}\Delta p+W_e \tag{6-3}$$

式中　G——天然气地质储量，10^8m^3；

G_p——累计产气量，10^8m^3；

B_g——目前地层压力下天然气的体积系数；

B_{gi}——原始地层压力下天然气的体积系数；

C_w——地层水的压缩系数，MPa^{-1}；

C_f——岩石的有效压缩系数，MPa^{-1}；

Δp——气藏压力之差，MPa；

W_p——累计产水量，10^8m^3；

W_e——累计天然水侵量，10^8m^3；

S_{wi}——原始束缚水饱和度。

根据气藏类型的不同物质平衡方程式有以下几种表达式。

1. 水驱气藏

由于地层束缚水和地层岩石压缩系数，同天然气的弹性膨胀系数相比甚小，通常忽略不计；但在有边底水气藏中，由于天然水驱作用，地层水侵入所占的体积不能忽略，因此，根据式(6-3) 整理为：

$$G=\frac{G_p B_g-(W_e-W_p B_w)}{B_g-B_{gi}} \tag{6-4}$$

写成压降方程为：

$$\frac{p}{Z}=\frac{p_i}{Z_i}\left[\frac{G-G_p}{G-(W_e-W_p B_w)\dfrac{p_i T_{sc}}{p_{sc} Z_i T}}\right] \tag{6-5}$$

式中 p/Z——目前视地层压力，MPa；

p_i/Z_i——原始视地层压力，MPa；

p_{sc}——地面标准压力，MPa；

T_{sc}——地面标准温度，K；

B_w——地层水的体积系数。

从式(6-5) 可以看出，在天然水驱气藏中目前视地层压力 p/Z 和气藏累计采气量 G_p 不呈线性关系，随着水侵量 W_e 的增加，p/Z 的下降速度减小，因此，不能利用水驱气藏的 $p/Z-G_p$ 曲线外推天然气地质储量。

一般情况下，天然气流动速度大于地层水流动速度，地层水的侵入有一段滞后时间。因此，在开采初期，水侵量 $W_e \to 0$，由式(6-5) 可知，$p/Z-G_p$ 仍可近似呈直线关系，可由早期的直线段外推天然气地质储量。但采用早期的直线段计算储量，可能由于采出量较低产生较大的误差，因此要采用水驱物质平衡方程式和水侵量计算模型进行计算。

将式(6-3) 经过简化变为：

$$\frac{G_p B_g+W_p B_w}{B_g-B_{gi}}=G+\frac{W_e}{B_g-B_{gi}} \tag{6-6}$$

如考虑平面径向非稳定流封闭边界水侵模型，即 $W_e=B_R\sum_0^t \Delta p_e Q_D(t_D,\ r_{eD})$ 则：

$$\frac{G_p B_g+W_p B_w}{B_g-B_{gi}}=G+B_R\frac{\sum_0^t \Delta p_e Q_D(t_D, r_{eD})}{B_g-B_{gi}} \tag{6-7}$$

令：

$$y=\frac{G_p B_g+W_p B_w}{B_g-B_{gi}} \tag{6-8}$$

$$x=\frac{\sum_0^t \Delta p_e Q_D(t_D, r_{eD})}{B_g-B_{gi}} \tag{6-9}$$

则得：

$$y=G+Bx \tag{6-10}$$

因此，水驱气藏的物质平衡方程式，同样可以简化为直线关系式。直线的截距即为气藏的原始地质储量，斜率为气藏的水侵系数。采用迭代法求解上面的方程得到不同点的 x、y 值。

例如万顺场石炭系气藏已有 5 口井产地层水，气藏存在明显水侵，用关井压降法计算储量会产生一定的偏差，根据该气藏生产实际，应用水驱物质平衡法计算动态储量为 $71.76\times10^8 m^3$（图 6-1）。

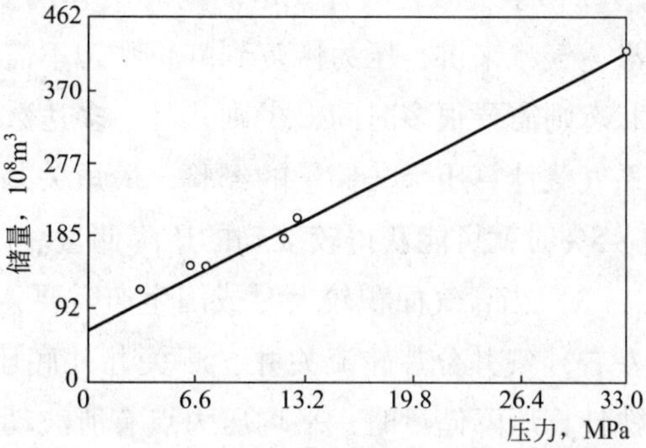

图 6-1 万顺场石炭系气藏水驱物质平衡法曲线

2. 气驱气藏

天然气的采出主要靠自身膨胀能量的气藏称为气驱气藏，这类气藏一般是封闭的，无边底水的侵入，在开采过程中储气体积认为是不变的，因此也被称为定容封闭气藏。当 W_e 和 $W_p=0$ 时，式(6-5) 可以写成：

$$\frac{p}{Z}=\frac{p_i}{Z_i}\left(1-\frac{G_p}{G}\right) \tag{6-11}$$

由式(6-11) 可知，在不同坐标上 $p/Z-G_p$ 呈直线关系，该直线称为压降储量线，外推直线与横轴的交点即为储量。该方法是川东气田计算动态储量的最主要方法，在水侵较小时，采用该方法可靠性很高。

3. 异常高压气藏

异常高压气藏一般指压力系数大于 1.8 的气藏，这类气藏中由于岩石孔隙骨架和气藏束缚水处于异常高压环境，都具有较高的压缩性，因此，气藏开采过程中，随着压力的下降，岩石孔隙骨架和气藏束缚水必将膨胀，致使气藏储气体积随之减小，在计算压降储量时，如果忽略这一因素，将会造成较大的误差。

异常高压气藏物质平衡方程可以用下式表示：

$$\frac{p}{Z}f(p)=\frac{p_i}{Z_i}\left(1-\frac{G_p}{G}\right) \tag{6-12}$$

其中：

$$f(p)=\frac{1}{1-S_{wi}}\left[e^{-C_f(p_i-p)}-S_{wi}e^{a(p_i-p)+b/3(p_i^2-p^2)}\right] \tag{6-13}$$

$$a=(3.8546-0.01052T+3.9267\times10^{-5}T^2)\times10^{-6} \tag{6-14}$$

$$b=(4.77\times10^{-7}T-8.8\times10^{-10}T^2-0.000134)\times10^{-6} \tag{6-15}$$

在计算异常高压气藏压降储量时作 $\frac{p}{Z}f(p)-G_p$ 的普通坐标，两者呈线性关系。在目前已开发的川东石炭系气藏中还没有该类气藏。

（二）实际计算过程中的注意事项

物质平衡法计算储量看起来简单实用，但在实际操作中，由于资料取得不准，平均压力计算方法欠妥，其结果会造成较大的误差，在取准资料方面应注意以下几点：

（1）应采用高精度压力计。现场生产一般比较重视累计产气量。但与之相关的凝析油量和地层水量计量精度较低，在凝析气藏和有水气藏开采中应予特别重视。

（2）全气藏各气井要定期同时关井，测井底压力恢复数据和最大关井井底压力。对高渗透气藏来讲，压力恢复到静止状态不需要很多时间，而对低渗透气藏，压力恢复到静止状态则需要很多时间，少则几月，多达数年，在实际生产中难以实施。根据川东地区石炭系气藏计算压降法储量的经验，最短关井一般 15d，最长 30d，按此方法在采出量达到 3%～5%时就可能获得较准确的压降储量。

（3）当含气面积较大时或因生产需要，不可能全气藏关井时，则可以在短时间内（1 月左右）气井分片轮流关井，测关井井底压力恢复数据和最大关井井底压力。应用这种方法计算压降储量时，平均压力点有所波动，在采出程度达到 10%～15%时，计算的压降储量有较高的可靠性。

（4）累计产气量中应包括各种情况下（完井测试、放空试井、吹扫管线）的放空气量，而放空气量往往是估计的，对早期压降储量计算的精度影响较大。

（5）在使用物质平衡法计算时，气藏平均地层压力，用单井或观察井的地层压力来代替均会造成较大的误差。总体上应根据地层压力等值线图按体积加权平均地层压力。当储层分布较均匀，井间连通关系较好时，可以采用算数平均计算。

（三）压降储量计算的特点

根据现场众多压降储量线的统计，气藏（井）压降储量线有以下几种类型。

1. 直线型

在气藏（井）开采过程中，压降线始终以直线反映气驱（定容封闭气藏）过程（图 6-2），压降—储量关系线为直线型的气藏（井）主要具有以下特点：

（1）气藏储层的孔隙度和渗透率一般较高。储层的微裂缝和孔隙搭配较好，且分布

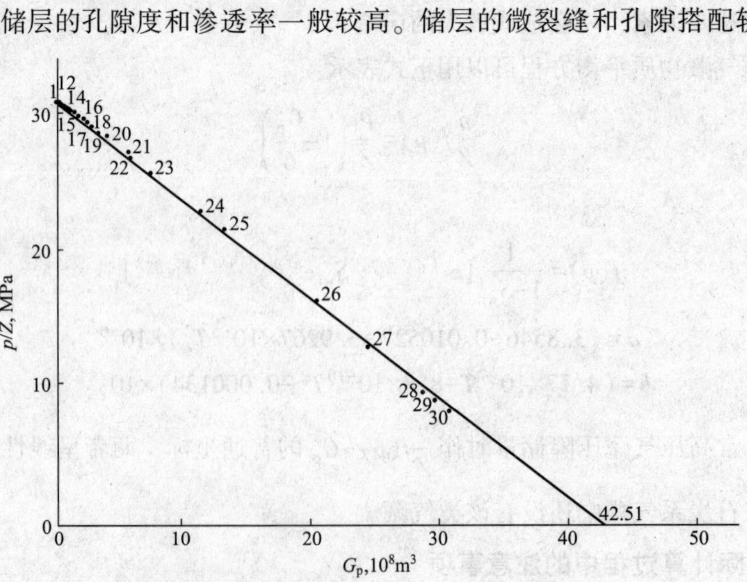

图 6-2 相国寺石炭系气藏压降—储量图

均匀，横向变化不大。

（2）该类气藏是封闭的没有地层水的推进，或虽有边水局部推进，但水侵能量较小，不影响气藏的开采过程。

（3）井间连通较好，地层压力分布均衡，气藏中没有形成较大的地层压降漏斗，各种方法计算的平均地层压力都较接近。

2. 水驱型

气藏（井）在开采过程中，由于边、底水的推进，气藏能量得到部分补充，$p/Z-G_p$不呈直线关系，而是偏离气驱线向上抬起，根据水侵能量不同，有的在开采初期就偏离气驱直线，称为强弹性水驱；有的在开采中，后期才出现偏离，称为弱弹性水驱（图6-3）。

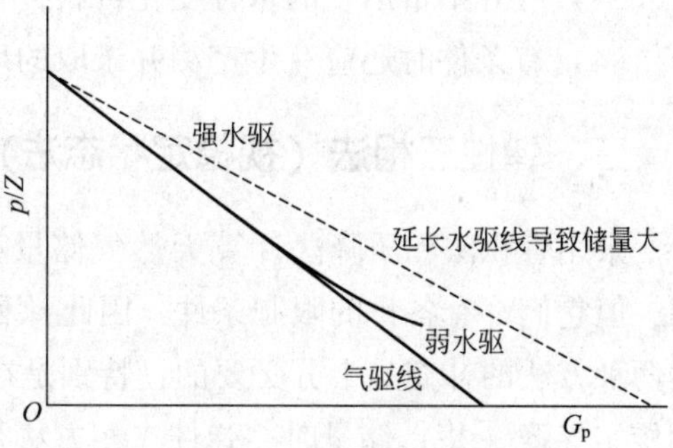

图6-3　水驱型气藏压降—储量示意图

强弹性水驱一般出现在底水气藏中（川东地区石炭系较少），这类气藏如果在资料获取和整理中稍有不当，利用$p/Z-G_p$数据作图时可能造成储量偏大。

弱弹性水驱一般出现在边水气藏中（川东地区石炭系气藏主要为这类气藏）。在碳酸盐岩气藏中，裂缝发育部位一般在构造受力强的顶部和轴线主体部位，其翼部与外围裂缝和孔隙均不发育，致使外围的边水弹性能量不大。而渗透率的降低又阻碍了边水向气藏中心部位的推进，因此在气藏开采早、中期，边水推进困难，气藏驱动仍呈气驱特征，$p/Z-G_p$的关系为直线关系。当气藏采出程度大于50%以后，边部和顶部的地层压差逐渐增大，使边水有所推进，边部气井可能水淹，此时压降储量线开始偏离直线，出现水驱特征。但此时气藏地层压力已较低，采气速度也减小，加上能量有限，在这种情况下，地层水的入侵对气藏开采指标的影响较小。

3. 上翘型

在裂缝—孔隙型非均质无水（封闭）气藏（井）的开采过程中，虽然无边、底水的活动，但由于高、低渗透区的存在，开发井大多部署在构造顶部或轴线主体部位，边部气井较少、产量低，天然气主要从高渗透区的高产气井中采出。随着开采的进行，以高渗透区为中心逐渐形成压降漏斗。随着压降漏斗的加深和扩大，外围的低渗透区气量不断向顶部高渗透区补给，使气藏（井）的压降储量随着天然气累计产量的增大而扩大。$p/Z-G_p$的关系偏离直线，发生上翘（图6-4）。

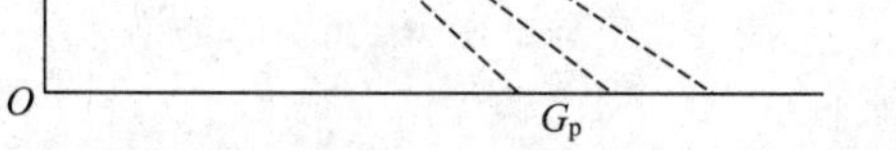

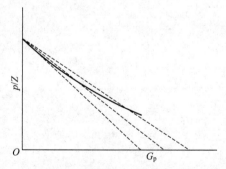

图6-4　有低渗区补给的气藏压降-储量示意图

从压降储量线的特点来看，上翘型与弹性水驱型的压降线有极为相似之处，气藏能量在开采过程中不断得到外来的补给，仅补给的流体性质不同，储气容积在开采过程中都是变化的，因此，仅根据压降储量线来判断气藏属于弹性水驱还是弹性气驱是不够的。压降-储量关系线偏离气驱直线，发生上翘，是判断弹性水驱的必要条件，但不是充分条件，其充分条件还应补充下列资料：

（1）开发井出水和水淹资料；

（2）边、底水层观察井的液面和压力变化资料；

（3）气井中带出水的水性变化资料；

（4）有条件时还应有生产测井录取的地层采气、水剖面的资料。

二、弹性二相法（视稳定状态法）

采用容积法和压降法计算天然气储量有很多优点，已在川东地区石炭系气藏广泛应用，但它们都有各自的限制条件，因此，利用弹性二相法计算气藏或单井动态储量作为上述两种方法的补充是十分必要的，特别是在勘探地区估算探井控制储量或在新气藏投产初期核实气藏（井）储量时，弹性二相方法是容积法和压降法难以替代的计算储量方法。

（一）基本原理

对于定容封闭的弹性气驱气藏或单井裂缝系统、小断块气藏，可采用弹性二相法计算动态储量。该方法需要取得气井稳定的产量条件下的压力降落，即达到视稳定状态（图 6-5），有线性回归可得到以下关系式：

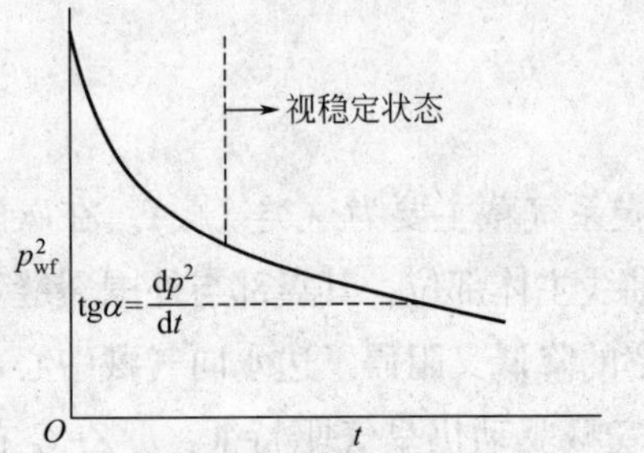

图 6-5　气井定产量生产时井底压力降落图

$$p_{wf}^2=a-bt \tag{6-16}$$

根据压力降落段直线斜率可以计算动态储量：

$$G=\frac{2\times10^{-4}p_iQ_g}{bC_{tg}} \tag{6-17}$$

$$C_{tg}=C_g+C_e \tag{6-18}$$

式中　p_{wf}——井底流动压力，MPa；

p_i——原始地层压力，MPa；

C_{tg}——总压缩系数，MPa^{-1}；

C_g——天然气的压缩系数，MPa^{-1}；

C_e——有效压缩系数，MPa^{-1}；

G——地质储量，10^8m^3；

G_p——累计产气量，10^8m^3；

Q_g——日产气量，10^4m^3；

a、b——方程系数。

（二）测试及资料要求

为了取得高质量的测试资料，在具体操作时应注意以下要求：

（1）在现场气井中测压时要使用高精度仪表。

（2）气井产量选择要恰当，既能反映出一定的压力降，又要保持产量在一定时间内能稳定，在测试全过程，产量下降值最大不超过10%。

（3）在进行储量测试时，最好有观察井进行观察测压，当生产井和观察井的压力下降曲线出现平行直线时，天然气渗滤达到了视稳定状态（图6-6）。在新构造上没有观察井的情况下，应特别注意直线段的出现，测试时间要适当长一些。

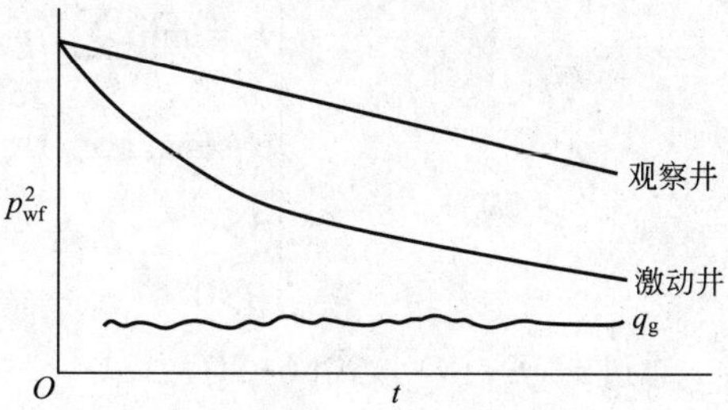

图6-6　生产激动井和观察井压降关系图

（4）在储量测试前要全气藏关井，待地层压力基本恢复后，在选择1~2口井开井进行测试，如果测试前不关井，处理不好，有可能导致较大的误差。

三、产量史拟合法

（一）基本原理

根据定容封闭物质平衡方程，二项式产能方程和静、动气柱方程计算到井口与实际井口生产压力进行拟和。由此建立以下数学模型：

$$\frac{p_e}{Z}=\frac{p_i}{Z_i}\left(1-\frac{G_p}{G}\right) \tag{6-19}$$

$$p_e^2-p_{wf}^2=AQ+BQ^2 \tag{6-20}$$

$$p_{wf}^2=p_{tf}^2e^{2s}+\frac{0.01324fZ^2T^2q^2}{d^5}(e^{2s}-1) \tag{6-21}$$

$$s=\frac{0.03415r_gL}{TZ} \tag{6-22}$$

式中　G——天然气地质储量，10^8m^3；

G_p——累计产气量，10^8m^3；

p_e/Z——视地层压力，MPa；

p_i/Z_i——原始视地层压力，MPa；

p_e——地层压力，MPa；

p_{tf}——油管流动压力，MPa。

上面方程中，p_i、G_p、Q为已知值，Z可通过计算得到，只有储量G和二项式方程系数A、B三个参数为未知数。首先给A、B、G赋初值。通过式(6-19）和式(6-20）计算p_{wf}，通过式(6-21）计算井口压力，再将计算得到的井口压力与实际生产的井口压力进行比较，求出各点的误差，再将各点的误差进行平方和，通过对A、B、G值不断调参，利用最优化方法的原理寻求使误差平方和最小的那组参数，最终得到该井拟和法动态储量和二项式产能方程。

根据渗流理论和最优化方法的原理，得到最优化方法计算储量的约束条件为：

$$
\begin{cases}
E = \min \sum_{i=1}^{n} \left(p_{wf} - \sqrt{p_e^2 - AQ - BQ^2} \right)^2 \\
p_e > \max(p_{wf}) \\
A > 0 \\
B > 0
\end{cases}
\tag{6-23}
$$

通过式(6-19)、式(6-20)、式(6-21) 的计算，在式(6-23) 约束条件下，采用最优化方法进行拟合储量计算，因属少参数优化问题，可采用单纯形法进行优化计算。

通过对天东 68 井生产史的拟合（图 6-7），得到天东 68 井的拟和法储量为 $2.42\times10^8\text{m}^3$。

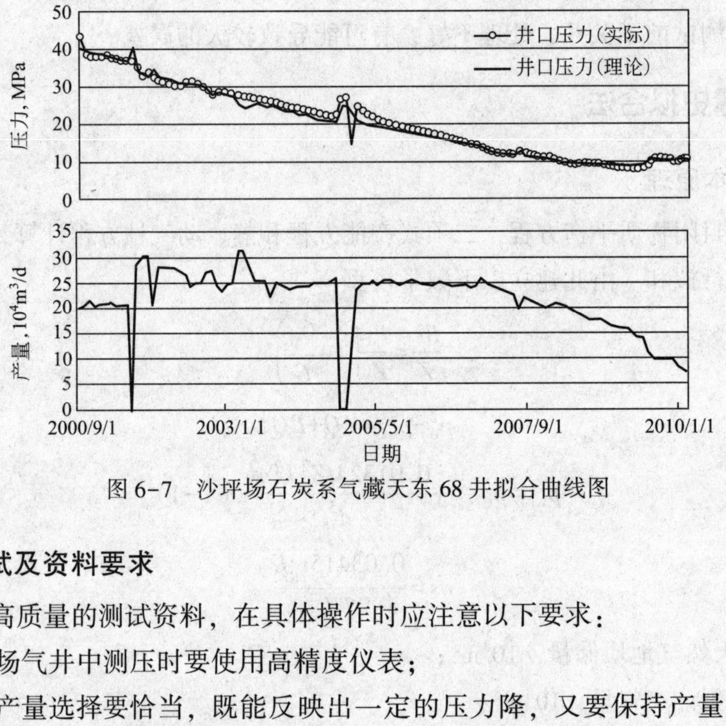

图 6-7　沙坪场石炭系气藏天东 68 井拟合曲线图

(二) 测试及资料要求

为了取得高质量的测试资料，在具体操作时应注意以下要求：

(1) 在现场气井中测压时要使用高精度仪表；

(2) 气井产量选择要恰当，既能反映出一定的压力降，又要保持产量在一定时间内能稳定，最好有两个以上稳定产量。

(3) 该方法仅适用于中高渗的定容封闭性气藏。

四、产量累计法

根据气藏（井）产量资料统计，累计产气量 G_p 随时间的关系符合下列经验公式：

$$G_p = a - \frac{b}{t} \tag{6-24}$$

式中 a、b 为系数。当 $t\to\infty$ 时，$b/t\to0$ 则 $G_p = a$，G_p-t 的关系曲线趋近于水平渐近线，此时的 a 值即为所求的储量。

将式(6-24) 变换后得：

$$G_p t = at - b \tag{6-25}$$

式(6-25) 为一条线性方程，在 $G_p t-t$ 的普通坐标上为一直线，直线斜率为 a，即为所求的储量。

气藏（井）累计产气量随时间关系曲线有时更符合下列经验公式：

$$G_p = a-\frac{b}{t+C} \tag{6-26}$$

C 值可由下列方法计算，在累计产量曲线上任意取两点 1 和 3，其纵坐标各为 G_{p1} 和 G_{p3}，在曲线中间再取第 3 点（图 6-8），使其纵坐标为：

$$G_{p2} = \frac{1}{2}(G_{p1}+G_{p3}) \tag{6-27}$$

该三点相应的横坐标为 t_1、t_2、t_3，根据已知的 t 值，可按下列公式求出 C 值：

$$C=\frac{t_2(t_1+t_3)-2t_1t_3}{t_1+t_3-2t_2} \tag{6-28}$$

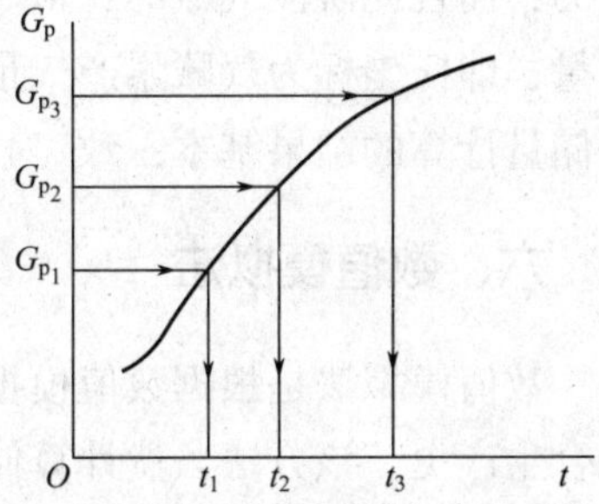

图 6-8　累计产量曲线示意图

C 值确定后，在 $G_p(t+C)-(t+C)$ 普通坐标上可获得一条较好的直线，该直线的表达式为：

$$G_p(t+C) = a(t+C)-b \tag{6-29}$$

直线斜率 a 值，即为所求的储量。

根据生产实际资料的运算和检验，当气井在无控制生产的情况下，或气藏采出程度超过 50%时，气井产量发生连续递减后，采用该法计算得到的储量与压降法计算储量比较接近。福成寨石炭系气藏 $G_p t$、G_p 与 t 关系曲线见图 6-9。

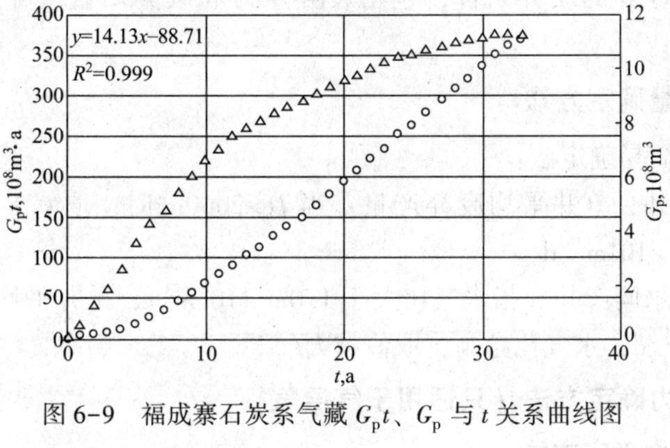

图 6-9　福成寨石炭系气藏 $G_p t$、G_p 与 t 关系曲线图

五、观察井压力降落法

对各井连通性较好的气藏，在气藏投入试采以后，可以利用气藏未投产观察井的压力监测资料，进行动态储量计算，其方法是可靠的。

$$G=\frac{2p_i^2\Delta G_p}{\Delta p_s^2} \tag{6-30}$$

式中 p_s——观察井地层压力，MPa；

G_p——累计产气量，10^8m^3；

p_i——原始地层压力，MPa。

1983 年 12 月，成 8 井、成 13 井先后投产，期间成 18 井作为观察井取得了完整的压力降落曲线。认为成 18 井的压力降落是由当时成 8 井、成 13 井两口生产井的产量之和造成的，而且此阶段气藏的日常气量也较稳定，因此选用此段时间的压降数据计算压力降落储量，即横坐标为气藏累产气量，纵坐标为观察井井底压力的平方，计算结果与关井压降法储量计算的结果基本一致。

六、数值模拟法

数值模拟法是根据数值模拟技术计算储量的方法，该方法需要先建立地质模型，然后拟合生产史，该方法虽然计算储量可靠，但需要资料较多，计算复杂、计算周期长，一般仅用于重点气藏储量的计算。

第三节　可采储量计算

技术可采储量应根据油气藏的开发阶段、开发方式、驱动类型等，选取合适的计算方法。当地质储量（复算、核算或扩边等）发生变更时，应重新计算技术可采储量；随着技术、经济条件的变化或新资料的补充，需重新计算技术可采储量。

一、废弃条件确定

技术可采储量计算的废弃条件，包括废弃压力和废弃产量，可按以下的方法简单确定。

（一）废弃产量确定方法

气藏废弃产量简易确定法：

（1）对于纯气井，单井平均废弃产量：当 $D>2000m$ 时，取 $0.1\times10^4m^3/d$；当 $D\leqslant 2000m$ 时，取 $0.05\times10^4m^3/d$。

（2）对于气、水同产井（指水气比大于 $1.0m^3/10^4m^3$），单井平均废弃产量一般可取 $(0.05\sim0.5)\times10^4m^3/d$，水气比越高，取值越大。

（二）废弃压力确定方法（只适用于气层气）

1. 废弃井口压力确定方法

当气藏产量递减到等于废弃产量时：

（1）自喷开采以井口流动压力等于输气压力为废弃井口压力；

（2）增压（工艺）开采以井口流动压力等于增压机吸入口压力为废弃井口压力。

2. 废弃视地层压力确定方法

1）公式计算法

（1）采用垂直管流压力计算公式，计算单井的井底流动压力 p_{wf}；

（2）采用下列方程之一，求每口井平均地层压力 p_R：

$$q_g=C\left(p_R^2-p_{wf}^2\right)^n \tag{6-31}$$

$$p_R^2-p_{wf}^2=AQ_g+BQ_g^2 \tag{6-32}$$

$$p_R^2-p_{wf}^2=\frac{\mu_g p_{sc} Q_g TZ\left[\ln(r_e/r_w)-3/4+S_a\right]}{2.71433\times10^{-5}KhT_{sc}} \tag{6-33}$$

式中　p_R——地层压力，MPa；

（3）求取废弃地层压力方法：

① 对于单井系统，当 $Q_g=Q_{ga}$ 时，$p_a=p_R$。

② 对于多井系统，按气藏中部的折算压力，计算得到全气藏的平均废弃地层压力 p_a，气藏的平均废弃地层压力除以平均偏差系数 Z_a，即可求得废弃视地层压力。

2）压力—产量递减法

对生产处于递减期的定容封闭气藏，在衰竭式开发方式下，视地层压力和气藏产量均不断衰减，根据物质平衡原理（图 6-10），具有如下关系：

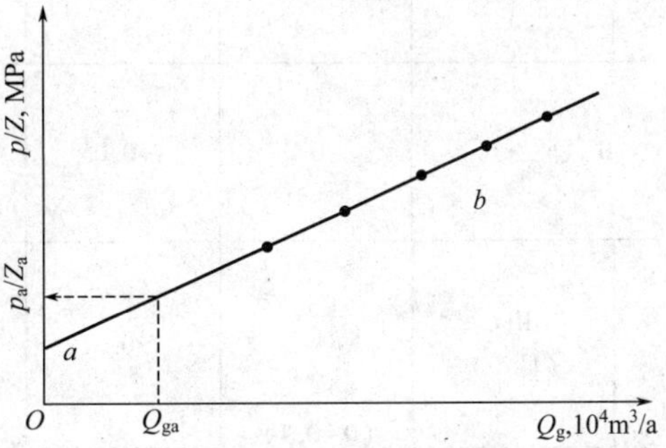

图 6-10　定容气藏 $p/Z-Q_g$ 的关系示意图

$$\frac{p}{Z}=a+bQ_g \tag{6-34}$$

$$a=\frac{p_i}{Z_i}\left(1-\frac{Q_{gi}}{GD_a}\right) \tag{6-35}$$

$$b=\frac{p_i}{Z_iGD_a} \tag{6-36}$$

G_{ga} 可由气藏实际的压力—产量数据，按式(6-34）线性回归确定。当 Q_{ga} 确定后，即可直接求得废弃视地层压力 p_a/Z_a。

二、按气藏类型和埋藏深度折算法

按影响采收率主控因素分类，天然气藏可按衰竭式开发方式可分为气驱和水驱两类；按储渗条件可分为常规气藏和低渗透气藏两类。在水驱气藏中，再细分为活跃水驱、次活跃水驱和不活跃水驱三个亚类；在低渗透气藏中，再细分为低渗与特低渗两个亚类。主要分类指标包括地层水活跃程度、水侵替换系数、采收率值范围和开采特征描述（表 6-3）。其中水侵替换系数 I 按下式计算：

$$I=\frac{\omega}{R}=\frac{W_e-W_pB_w}{G_pB_{gi}} \tag{6-37}$$

表 6-3　天然气藏影响采收率因素分类表

分类指标	地层水活跃程度	水侵替换系数 I	废弃相对压力 φ_a	采收率范围值 E_R	开采特征描述
Ⅰ水驱	Ⅰa（活跃）	≥0.4	≥0.5	0.4~0.6	可动边、底水水体大，一般开采初期（$R<0.2$），部分气井开始大量出水或水淹，气藏稳产期短，水侵特征曲线呈直线上升
	Ⅰb（次活跃）	[0.15，0.4)	≥0.25	0.6~0.8	有较大的水体与气藏局部连通，能量相对较弱。一般开采中、后期才发生局部水窜，致使部分气井出水
	Ⅰc（不活跃）	(0，0.15)	≥0.05	0.7~0.9	多为封闭型，开采中后期偶有个别井出水，或气藏根本不产水，水侵能量极弱，开采过程表现为弹性气驱特征
Ⅱ气驱		0	≥0.05	0.7~0.9	无边、底水存在，多为封闭型的多裂缝系统、断块、砂体或异常压力气藏。整个开采过程中无水侵影响，为弹性气驱特征
Ⅲ低渗透	Ⅲa（低渗）	(0~0.1)	>0.5	0.3~0.5	储层平均渗透率 0.1mD<K≤1.0mD，裂缝不太发育，横向连通较差，生产压差大，千米井深稳定产量 $0.3\times10^4 m^3/d<q_g\leq3\times10^4 m^3/d$，开采中水侵影响弱
	Ⅲb（特低渗）		>0.7	<0.3	储层平均渗透率 $K\leq0.1$mD，裂缝不发育，无措施下一般无生产能力，千米井深稳定产量 $q_g\leq0.3\times10^4 m^3/d$，开采中水侵影响极弱

对于无法计算废弃地层压力的气藏，可根据图 6-11 所示的方法，并按表 6-3 划分的气藏类型，在其埋藏深度所对应的范围内选取适当的地层压力。

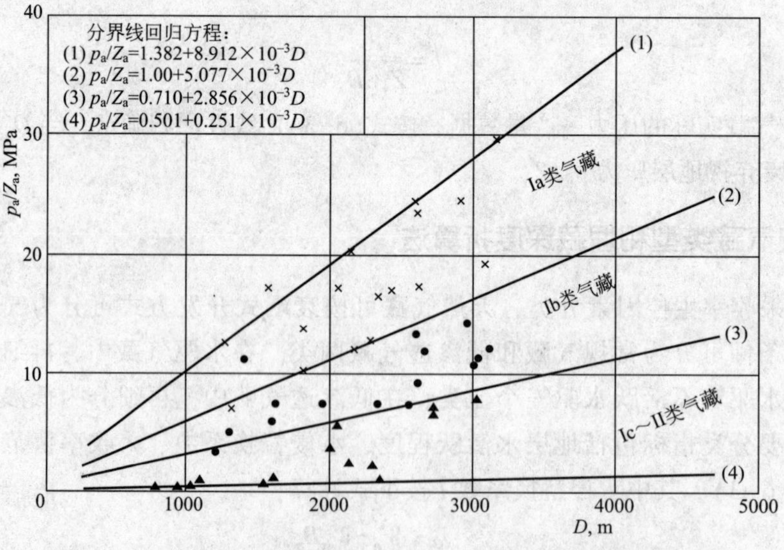

图 6-11　不同类型气藏废弃视地层压力与埋藏深度之间的关系图

在申报新增储量时，对于 Ⅰa、Ⅰb、Ⅰc～Ⅱ类气藏，可分别按图 6-11 中（1）、（2）、（3）关系式求取。

三、产量递减法

对已经处于递减阶段生产的各类油气（井）藏，均可采用产量与时间的统计资料计算可采储量。经典的 J. J. Arps. 产量递减曲线有指数型、双曲线型与调和型（见第五章第五节）。

依据递减指数 n 值不同，递减类型及关系式如下：

（1）当 $n\rightarrow\infty$时，产量递减类型为指数型，可采储量为：

$$G_R=\frac{Q_{gi}(1-\eta)}{D_a}+G_{pi} \tag{6-38}$$

（2）当 $1<n<\infty$时，产量递减为双曲线型，可采储量为：

$$G_R=\frac{Q_{gi}}{D_{ai}}\left(\frac{n}{n-1}\right)[1-\eta^{\frac{n-1}{n}}]+G_{pi} \tag{6-39}$$

（3）当 $n=1$ 时，产量递减为调和型，可采储量为：

$$G_R=\frac{Q_{gi}}{D_{ai}}\ln\left(\frac{1}{\eta}\right)+G_{pi} \tag{6-40}$$

以上各式中：$\eta=Q_{ga}/Q_{gi}$为废弃产量与递减初始产量之比。一般宜选用指数型递减类型来计算最终技术可采储量。

四、弹性二相法

对于小型定容封闭的弹性气驱（指 Ic、Ⅱ）气藏或单井裂缝系统、小断块气藏，在取得稳定生产条件下的压力降落（需达到图 6-12 的Ⅲ直线段）测试资料时，可采用弹性二相测试的方法，计算其可采储量，其由线性回归关系如下：

$$p_{wf}^2=a-bt \tag{6-41}$$

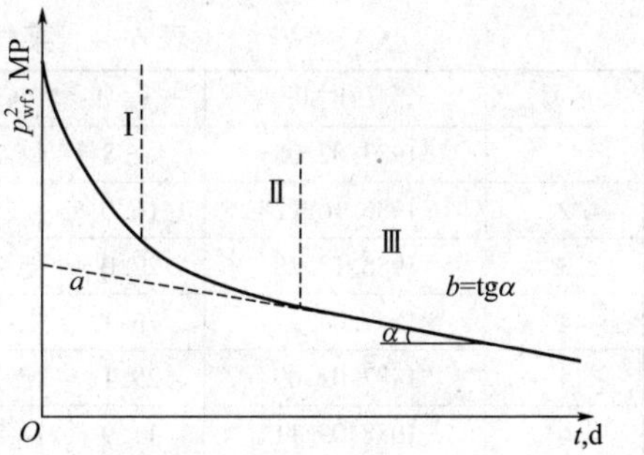

图 6-12 弹性二相法压力降落曲线示意图

根据压力降落直线段斜率 b 和废弃视地层压力 p_a便可计算其可采储量：

$$G_R=\frac{2\times10^{-4}(p_i-p_a)Q_g}{bC_{tg}^t} \tag{6-42}$$

其中：

$$C_{tg}^t=C_g+C_e \tag{6-43}$$

如果在弹性二相测试前，气井已投入生产，并有部分天然气被采出，则应将测试前的平均地层压力 p 视作原始压力 p_i，由式(6-42) 计算可采储量时，则应加上累计采出量 G_{pi}，公式如下：

$$G_R=\frac{2\times10^{-4}(p_i-p_a)Q_g}{bC_{tg}^t}+G_{pi} \tag{6-44}$$

五、数值模拟法

采用数值模拟技术，建立地质模型，选择与之相适应的数学模型和软件，在生产史拟合基础上，设计多个开采方案进行预测和优选，按最佳开采方案，预测至（油）气藏废弃时的累积采气量，即可作为技术可采储量。

六、类比法

对于未投产或开发时间较短的新区、新油气藏以及动态资料缺乏的老区，可根据本地区同类油、气藏统计平均采收率值，或按表 6-3 的采收率范围值类比的方法，估算本气藏的天然气可采储量。

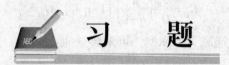

习　题

1. 某气田某气藏某井属于单裂缝系统，储层为孔隙—裂缝型，气藏不产地层水，生产中取得了多次关井压力数据，见表 6-4。根据表中数据选择适当的方法计算该气藏的动态储量。

表 6-4　某气田某气藏某井关井压力数据表

序号	测压时间	t，d	p_{wh}，MPa	p_R，MPa	p/Z，MPa	G_p，10^8m^3
1	1983. 02. 05	7. 8	56. 596	66. 904	48. 492	0. 04130
2	1986. 10. 22	16. 0	45. 981	55. 541	44. 543	0. 21602
3	1986. 12. 28	27. 0	44. 220	53. 628	43. 807	0. 26460
4	1987. 04. 22	5. 1	37. 380	46. 118	40. 547	0. 41427
5	1987. 09. 09	29. 1	33. 805	42. 116	38. 466	0. 53470
6	1988. 09. 11	11. 9	14. 634	19. 102	20. 918	1. 14459
7	1994. 03. 20	262. 5	9. 062	11. 722	12. 745	1. 78677
8	1996. 09. 25	88. 0	8. 517	11. 001	11. 929	1. 87678

2. 某气田某气藏某井属于单裂缝系统，储层为孔隙—裂缝型，气藏的地层水能量较弱，开采已经进入后期。表 6-5 中是气藏的生产数据，根据表中数据适当的方法计算该气藏的动态储量。

表 6-5　某气田某气藏某井历年产量数据统计表

序号	时间（年份）	t，a	G_p，10^4m^3	G_pt，$10^4m^3\cdot a$
1	1969	0. 482	1645. 4	793. 1
2	1970	1. 301	4036. 9	5252. 0
3	1971	2. 044	5866. 2	11990. 5
4	1972	2. 732	6550. 2	17895. 1
5	1973	3. 603	8516. 3	30684. 2
6	1974	4. 458	101093. 8	45439. 2

续表

序号	时间（年份）	t，a	G_p，10^4m^3	G_pt，$10^4m^3\cdot a$
7	1975	5. 258	10957. 4	57614. 0
8	1976	5. 663	11327. 1	64145. 4
9	1977	5. 932	11814. 1	70081. 2
10	1978	5. 999	11935. 0	71598. 1
11	1979	6. 268	12349. 7	77556. 1
12	1980	6. 770	12865. 7	87100. 8
13	1981	7. 170	13335. 6	95616. 3
14	1982	7. 658	13872. 2	106233. 3
15	1983	8. 089	14326. 1	115883. 8
16	1984	8. 577	14870. 3	127542. 6
17	1985	9. 048	15388. 0	139230. 6
18	1986	9. 399	15775. 2	148271. 1
19	1987	9. 721	16138. 8	156885. 3
20	1988	10. 024	16438. 9	164783. 5
21	1989	10. 313	16696. 3	172188. 9
22	1990	10. 549	16856. 6	177820. 3
23	1991	10. 863	17047. 4	185185. 9
24	1992	11. 479	17250. 6	198019. 6
25	1993	11. 925	17375. 2	207199. 3
26	1994	12. 442	17484. 8	217545. 9
27	1995	13. 222	17626. 4	233056. 3
28	1996	13. 750	17716. 8	243606. 0
29	1997	13. 907	17818. 3	247799. 1
30	1998	13. 907	17818. 3	247799. 1
31	1999	13. 907	17818. 3	247799. 1
32	2000	14. 418	17891. 5	257959. 6
33	2001	15. 305	18054. 8	276328. 7
34	2002	16. 179	18252. 6	295308. 8
35	2003	16. 821	18496. 2	311118. 0
36	2004	17. 339	18566. 8	321929. 7
37	2005	18. 297	18651. 5	341258. 0
38	2006	19. 224	18721. 1	359903. 4

3. 某气田某气藏为一层状气藏，储层类型为裂缝—孔隙型，储层在气藏内分布稳定，气藏边部为层状边水。已知：气水界面在-2560m；实测气藏温度为70. 4℃（343. 5K）；实测气藏原始地层压力为35. 510MPa；气藏含气面积为4. 50km^2；有效孔隙度下限采用2. 5%，有效厚度为28. 55m；平均孔隙度为6. 00%；含气饱和度S_g为88%；天然气体积换算因子$1/B_g$为289. 72。

计算该气藏的容积法储量。

第七章 气藏数值模拟

第一节 概述

气藏数值模拟是从地下流体渗流过程中的本质特征出发，充分考虑气藏的边界条件和原始状况，通过建立描述气藏中流体渗流过程的数学模型，利用计算机进行数值求解，从而展现气藏中流体渗流规律的一种现代气藏工程方法。气藏数值模拟技术是气藏地质学、渗流力学、气藏工程、现代数学和计算机应用等科学的有机结合。

数值模拟技术以 1954 年 Aronofsky 和 Jenkins 的径向气流模拟为开始标志。近年来，随着计算机、应用数学和气藏工程学科的不断发展，气藏数值模拟可视化软件应运而生，且日新月异。模拟软件中地质模型的建立脱离了原来的填卡式输入，而是基于交互式的人机界面输入，甚至更加直观的图形编辑输入，使得地质模型的建立更加简单化和人性化。三维可视化软件充分利用计算机的作图和计算功能，将气田的静动态参数处理、数值模拟以及结果的分析过程全部置于方便易懂、操作简单的图形界面下，将抽象繁杂的数据形象化。气藏工程师只需面对仿真的三维气藏，就可方便地干预和分析仿真模拟的全过程，从而极大地提高气藏模拟工作的效率和准确性，减轻了劳动强度。气藏数值模拟方法因而也得到不断地改进，并得到广泛应用，通过数值模拟可以揭示气藏中流体的流动规律、水侵机理及剩余储量的空间分布；研究合理的开发方案，选择最佳的开采参数，以最少的投资，最科学的开采方式而获得最高采收率及最大经济效益。

第二节 气藏数值模拟的基本原理

气藏数值模拟技术的主要内容包括以下四部分：一是建立数学模型，也就是要建立一套描述气藏渗流的偏微分方程组解此方程组，还要有相应的辅助方程、初始条件和边界条件。二是建立数值模型，需要三个过程：首先，通过离散化，将偏微分方程组转换成有限差分方程组；然后，将其非线性系数项线性化，从而得到线性代数方程组；再通过线性方程组解法，求得所需求的未知量（压力、饱和度、温度、组分等）的分布及变化。三是建立计算机模型，也就是将各种数学模型的计算方法编制成计算机程序，以便用计算机进行计算，得到所需要的各种结果。四是气藏数值模拟应用研究。建立计算模型后，下一步就是对实际研究对象，根据不同的研究目的进行模拟计算。

一、数学模型

数值模型是气藏数值模拟的基础。为了建立数学模型，首先要对所研究储层中流体渗流的物理过程有清楚的认识，然后在一定假设和简化的基础上，依据质量守恒定律、能量守恒定律以及气藏内渗流的基本规律（如 Darcy 定律）等，建立一套能描述这一过程的数学方程。通常数学模型中的基本方程式所描述的只是某一物理过程普遍遵循的基本规律，但对一个具体过程而言，仅有基本方程式是不够的，还应当包括规定该过程的特定条件即边界条件和初始条件，在数学上称这类条件为定解条件。基本方程式加上定解条件就构成了描述某一物理过程的完整数学模型。

我国的气田分布广，地质情况复杂，有砂岩介质和碳酸盐裂缝孔隙性介质等多种储渗类型，有边底水气藏，有普通干气气藏也有凝析气藏。对于不同情况，有不同的模型，从而导致了气藏模型的多样化。

（一）假设条件

（1）气藏中流体的渗流服从 Darcy 定律。

（2）气藏中岩石具有各相异性和非均质性，岩石和流体均可压缩。

（3）流体渗流是等温过程。

（4）考虑重力和毛管力的影响。

（5）忽略气、水之间的相间传质。

（二）数学模型建立

1. 渗流微分方程

渗流微分方程为：

$$\iint\limits_{S\leftrightarrow S} \mathrm{grad}(\Phi_1)\ \frac{\overrightarrow{KK_{\mathrm{rlup}}}}{\mu_1 B_1}\mathrm{d}A + q_1 = \frac{\partial}{\partial t}\left(\frac{V_{\mathrm{b}}\phi S_1}{B_1}\right) \tag{7-1}$$

式中 $S\leftrightarrow S$——相邻渗流单元之间的接触表面；

Φ——流体势，MPa；

K_{r}——相对渗透率；

l——流体相（油、气、水）标志；

μ——流体黏度，mPa·s；

V_{b}——油藏孔隙体积；

S——流体饱和度；

B——流体地层体积系数。

2. 定解条件

定解条件包括初始条件和边界条件。边界条件又分为外边界条件和内边界条件。下面将分别给出这些边界条件的数学描述方式。

1）初始条件

所谓初始条件是指在某一选定的时刻（$t=0$）气藏中个点参数分布情况：

$$\rho(x,y,z)\big|_{t=0}=\rho_0(x,y,z) \tag{7-2}$$

式中 ρ_0（x，y，z）——气藏各介质系统中任意一点的参数。

2）外边界条件

外边界条件是指气藏几何边界在开采过程中所处的状态。

封闭外边界：

$$\frac{\partial \varphi_1}{\partial n}\big| \Gamma=0 \tag{7-3}$$

式中 Γ——气藏外边界。

定压外边界：

$$p\big|_r=C \tag{7-4}$$

式中 p——压力；

C——常量。

3）内边界条件

定井底流压：

$$p\big|_{r=r_{\mathrm{w}}}=C \tag{7-5}$$

定产量：

$$Q\big|_{r=r_{\mathrm{w}}}=C \tag{7-6}$$

二、数学模型的离散化

气藏模拟模型建立之后，对模型进行数值求解的第一步就是偏微分方程的离散化。所谓离散化，就是将偏微分方程近似地转换为比较容易求解的代数方程组。离散化包括时间和空间离散化两种类型。所谓时间离散就是在所研究的时间范围内，把时间分散成一定数量的时间段，在每一时间段内对问题求解以得到有关参数的数值。所谓空间离散，就是把所研究的空间范围套上某类型的网格，将其划分为一定数量的单元，并用这些单元中的流体渗流来近似逼近地层中流体运移过程。

有限差分法或差分法是气藏数值模拟中应用最早，也是迄今为止应用最为广泛的一种离散方法。此方法是以商差近似代替偏导数，从而以差分方程代替微分方程。下面给出常规气藏模型的差分方程：

$$\Delta(T_1^{n+1}\Delta\phi_1^{n+1})+(q_1)^{n+1}=\frac{V_{\mathrm{b}}}{\Delta t}\left[\left(\frac{\phi S_1}{B_1}\right)^{n+1}-\left(\frac{\phi S_1}{B_1}\right)^{n}\right] \tag{7-7}$$

式中 T——时间；

q——产量；

ϕ——孔隙度；

S——流体饱和度；

B——流体地层体积系数。

三、建立线性方程组

用差分方法把偏微分方程离散化后，所得到的代数方程组称为差分方程组。一般来说，如果这些偏微分方程（组）本来就是线性的，那么离散化后所得的差分方程组也是线性的，可以直接求解。但气藏模拟中的多相渗流方程组是非线性的，也就是说，偏微分方程组的各项系数本身就是未知数（如传导系数和对时间导数项的系数）的函数。因此，这种非线性偏微分方程组离散化以后，所得的依旧是一个非线性差分方程组，需要采用某些线性化方法，将此非线性方程组线性化，而成为线性的差分方程组。在气藏模拟中，研究人员先后采用了半隐式法、IMPES 方法、IMIMS 方法、全隐式法以及自适应隐式法来实现非线性方程组的线性化。

全隐式法是目前数值模拟中非常成熟而且普遍采用的一种求解处理技术，其起源一直可以追溯到 Coats 等人于 1976 年发表的研究成果。此法是基于数学上解非线性方程组的牛顿迭代法。计算步骤为在每个 $n+1$ 时间步的开始，先按第 n 时间步所得的求解变量值（在第一个模拟时步开始时，要选择一组迭代初值），求出方程组内各系数的值，接着求解方程组，开始迭代，每次迭代都求出解变量的一组新值，以此求出新的系数来更新先前的近似系数值，然后求解方程组，这样逐次迭代下去，直至求出一组满足精度要求的值为止，最后一组迭代值便作为 $n+1$ 时步的终值。之后再转入下一个时步的迭代，这样周而复始的迭代下去，直至整个模拟工作结束为止。详述论述参看相关书籍。

四、求解线性方程组

对数学模型进行离散和线性化处理的结果，是在每个求解节点上即网格点上得到 1 个（对单相问题）或多个（对多相多组分问题）线性代数方程，每个方程除含有本节点上的未知量外，一般还含有相邻节点上的未知变量。在实际气藏数值模拟中需要求解的往往是成千上万阶的大型稀疏线性代数方程组，如何高速而有效地求解这类方程组，是备受关注的热点。求解线性代数方程组的方法有直接法和迭代法。常用的直接法有高斯消去法、D_4方法以及带状矩阵压缩排列消元法等。常用的迭代法有交替方向隐式法、超松弛迭代法、强隐式迭代法、不完全 LU 分解的预处理共轭梯度法以及正交极小化方法等。详述论述参看相关书籍。

五、将数值模型向计算机模型转化

可通过编写计算机程序模型求解数值模型的方程组。目前主要应用的数值模拟软件为 ECLIPES，但是需要指出的是数值模拟终究是一个研究工具，模拟结果是否合理需要气藏工程师结合气藏静态地质和开发动态特征进行综合的分析。

第三节　气藏数值模拟的应用

一、数据收集整理

气藏数值模拟所用的数据，以及模拟产生的数据，如果不归纳成表格、曲线或图形等“总结”形式，在实践中通常是无法应用的，因为这些数据动辄以万计，很难利用它进行分析讨论与决策。对这些浩繁的数据进行收集、分类、汇总、整理和加工的过程，称为数据收集整理。

收集整理的数据都是为数值模拟计算提供满足软件格式要求的基础参数，有了这些基础参数才能开始进行模拟计算。这些基础参数包括以下几个部分：

（1）模拟工作的基本信息：设定是进行黑油模拟，还是热采或组分模拟；模拟采用的单位制（米制或英制）；模拟模型大小（你的模型在 x，y，z 三方向的网格数）；模拟模型网格类型（角点网格，矩形网格，径向网格或非结构性网格）；模拟气藏藏的流体信息（是油气水三相还是气水两相，或者是气单相，有没有溶解气和凝析油等）；模拟气藏投入开发的时间；模拟是否应用一些特殊功能（局部网格加密，端点标定，多段井等）；模拟计算的解法（全隐式，隐压显饱或自适应）。

（2）气藏模型：模型在 x、y、z 三个方向的网格尺寸大小，每个网格的顶面深度、厚度、孔隙度、渗透率和净厚度（或净毛比），网格是死网格还是活网格，以及断层走向和断层传导率。

（3）流体 PVT 属性：油、气、水的地面密度或重度；油、气的地层体积系数，黏度随压力的变化表；溶解油气比随压力的变化表；水的黏度、体积系数、压缩系数；岩石压缩系数。如果是组分模型，需要提供状态方程。

（4）岩石属性：相对渗透率曲线和毛管压力曲线。如果是油气水三相，需要提供油水，油气相对渗透率曲线和毛管压力曲线（软件会自动计算三相流动时的相对渗透率曲线）；如果是气水两相，只需要提供气水两相相对渗透率曲线和毛管压力曲线。

（5）气藏分区参数：如果所模拟的气藏横向或纵向流体属性、岩性变化比较大，或者存在不同的气水界面，这时需要对模型进行 PVT 分区（不同区域用不同的 PVT 流体参数表），可采用岩石分区（不同区域用不同的相对渗透率曲线和毛管压力曲线）或者平衡分区（不同平衡区用不同的气水界面）。另外如果想掌握气藏不同断块的储量或采收率，可以对模型进行储量分区（不同储量区可以输出不同的储量，产量，采收率，剩余储量等）。

（6）初始化计算参数：气藏模型初始化即计算气藏模型初始饱和度，压力和水气比的分布，从而得到气藏模型的初始储量。需要输入模型参考深度，以及参考深度处对应的初始压力，气水界面；水气比或饱和压力随深度的变化情况；如果是组分模型，需要输入组分随深度的变化。

（7）输出控制参数：即要求软件在计算时输出哪些结果参数。比如要求输出模型计算气藏的油、气、水产量变化曲线；气藏压力变化曲线；单井油、气、水产量变化曲线；单井井底压力变化曲线；单井含水，油气比变化曲线等。

（8）生产参数：对于已开发气藏，这部分的数据量非常大。包括气藏每口井的井位、井轨迹、井的射孔位置、井的生产史（油、气、水产量，井底压力，井口压力等）、井的作业历史等。

二、建立模型的基本原则

数值模拟是一种强有力的工具，但也有其局限性，正确地使用该方法可以加深对气藏的了解，指导气藏开发，使用不当时，则无法得到满意的结果。以下是 Aziz 为从事模拟研究的工程是提出的十条重要原则：

（1）理解气藏的问题，明确模拟的目标。

（2）使问题简单化。

（3）理解不同部分之间的关系。

（4）不要认为模型越大越好。

（5）知道模型的限制，相信自己的判断。

（6）对模拟结果的期待要合理。

（7）对气藏资料提出疑问，以进行历史拟合。

（8）不要随意将异常情况抹平。

（9）注意测量精度。

（10）不要忽略必需的实验工作。

建立模型还应考虑到：

（1）研究的目的是一般了解、详细了解还是气藏管理。

（2）气藏的流体特性以及开发机理和气藏类型，确定是否采用黑油模型就可以解决气藏问题。否则必须采用更专门的模型，例如：组分模型，能采用简单模型解决的问题，绝对不要选用复杂模型。

（3）了解气藏及储层的特性，包括边界、水区的延伸范围及储层在平面和纵向上的非均质性。

（4）气藏所处的开发阶段，是处在早期开发评价阶段、全面投入开发阶段还是开发调整阶段。

（5）提出的工程问题是进行气藏开发的可行性研究、制定开发方案、制定调整方案、制定提高采收率等决策研究，还是进行某些机理研究、敏感性分析或工艺措施评价等。

（6）资料的数量及质量。

（7）计算机的内存与速度。

（8）要求完成模拟的时间与经费。

三、模型设计流程

模型设计遵照以下流程进行：

（1）确定模拟目的和需要解决的问题。

（2）熟悉所有能得到的资料、数据，并弄清尚缺哪些对解决问题很重要的资料。

（3）在已知资料的基础上，从模型的类型、维数的角度选择模型，使所选择的模型能最好地描述气藏流体的动力学特征。

（4）根据实际情况，尽可能地简化模型（如采用拟相对渗透率曲线，拟毛管力、拟井函数等），并对这些简化假设进行测试。

（5）考虑模型的应用范围以及是否还增加其他因素以提高模拟结果的可信度。

（6）确定网格大小。

(7) 确定 PVT 参数。

(8) 确定模拟中可能出现的流体相态数。

(9) 确定初始条件。

(10) 确定模拟器中，对井作何处置（是否需要井函数?）。

(11) 确定井管理程序。

(12) 确定是用黑油模型，组分模型，混相取模型，还是采用热采模型，化学驱模型。

(13) 选定模拟器。

(14) 为了对一些假设条件进行验证，以及为主模型提供输入接口，有时还需要设计一些辅助模型。

四、模型的选择

气藏的类型不同，所选用的数学模型也不同。在具体选择时，应抓住主要矛盾，选用既能解决主要矛盾，又相对简单的模型。一般的做法是：对没有活跃边、底水的气藏，选用最简单的单相气体渗流模型。当烃类的反凝析现象比较明显时，如对于凝析气藏，一般要用组分模型，它会使计算工作量大大增加。但在某些情况下，各组分的相间变化不很复杂，或提出的工程问题不需要严格求出各相中组分的变化，也可使用变型的黑油模型，它可大幅降低计算工作量。对于裂缝模型，也要作具体分析，如果气藏岩石的双重介质特效比较明显，则要选用双重介质模型；如果基质十分致密，裂缝的连通性又很好，也可选用单一介质黑油模型；如果基质渗透性也较好，则要选用更复杂的双孔双渗模型。

五、历史拟合

进行气藏数值模拟研究的目的，就是试图用一种比较常规、简化的气藏工程方法更为细致准确地预报气藏动态。模拟使用的模型显然应当与实际气藏相似。若描述气藏的数值模拟所采用的数据与控制气藏动态的实际数据存在明显差异，则将导致模拟结果出现严重失真。遗憾的是，在未经实验以前，对模型的准确程度，以及应该修改哪些参数才能保证其与实际气藏相似，通常知之甚少。在这种情况下，最有效、也是最经常采用的一种验证方法，就是数值模拟气藏过去的状态，并将其与气藏的实际动态做对比，即开展历史拟合工作。

由于气藏动态受到多种因素的影响，历史拟合工作是非常耗时、费钱且容易失败的。为了使历史拟合工作易实施，应将其分解为多个步骤来完成。目前还没有统一的历史拟合方法。一般来说，气藏开发的时间越长，历史拟合就越难，但参照拟合结果开展的预测则越准确。对于开发时间短的气藏，由于动态数据少，历史拟合后预测的可信度就较差。

（一）气藏动态历史拟合的目的

前面已指出，历史拟合的主要目的是验证和完善气藏模型，其次还有其他作用。例如：了解当前气藏的动态，包括流体分布、流体运移、压力分布、衰竭式开采的机理等。有时还可以利用历史拟合来推测部分没有资料的气藏区域的气藏数据，如储量、压力等。同时历史拟合也能为论证方案或进一步收集资料提出有针对性的要求。除此之外，一个拟合好的气藏模型，还可以用来作为气藏动态的监测工具。

(二) 历史拟合步骤

进行历史拟合的步骤大体如下：

(1) 收集历史动态资料；

(2) 对收集到的数据进行检查，并对其准确性进行估计；

(3) 明确历史拟合的目的；

(4) 利用最可靠的资料建立起初始参数模型；

(5) 应用初始模型进行历史拟合和实际气藏的动态历史进行比较；

(6) 判断模型是否满意。如果不满意（这极有可能），应利用简化模型或用手工计算的方法调整那些对拟合结果影响最大的模型参数，以使观察动态和计算动态达到一致；

(7) 判断是否应用自动历史拟合程序；

(8) 参照地质、钻井、开发工作人员的意见，证实及判断参数修改是否合理；

(9) 利用修正后的数据对历史动态的某一部分或全部再做模拟计算，并按步骤（6）的要求，对结果再作分析；

(10) 重复（6）、（8）、（9），直到拟合结果达到满意为止。

(三) 历史拟合策略

由于气藏模拟计算结果和地下参数分布的关系太过于复杂，气藏也是多种多样，因此，历史拟合的效果，主要依靠气藏工程师的经验，仔细分析气藏的具体情况，才能较快的使模型接近实际。下面叙述一般的操作策略。

如上所述，需要拟合的指标很多，一般可按以下顺序确定目标：

(1) 首先拟合按体积加权的平均地层压力；

(2) 拟合压力分布：压力分布是由产量分布和气层渗透率决定的，渗透率越高则气藏各部分的压力越一致，渗透率低、产量分布不均则各部分压力差别越大。封闭性断层和气层不连续性也是造成压力差别的原因；

(3) 拟合界面移动及分区的综合含水、气油比、水气比；

(4) 拟合单井指标。

将计算结果和实际资料比较时可分为三个层次：

(1) 全气藏指标对比；

(2) 分区块指标对比；

(3) 每口井的指标对比。

历史拟合在数学上是一个逆问题，因此其解可能不是唯一的，特别对开发历史较短的气藏。不同的参数组合可能均可拟合成功，这时应开展敏感性分析，了解各参数对指标的影响。

调整参数时应优先改变那些不确定的参数，即按不确定性下降的顺序改变参数，他们是：水区传导系数 k_h、水区储集系数 $\varphi_h C_t$、气区传导系数 k_h、相对渗透率和毛管力。

根据资料可靠性情况，也可在一定范围内改变以下参数：气区孔隙度和厚度、构造、岩石压缩性、油气性质、原始气水界面、地层水性质。

对于较大气藏较复杂的历史拟合，也可以分两个阶段进行：

（1）使拟合的指标调整到合理的范围内，这个阶段可以用较粗的网格计算，可加快速度减少开支，即粗拟合阶段。

（2）采用较细的网格进行精细拟合，要求计算出的压力、流体界面移动以及流体突破时间等不仅在全区域，而且对于单井都十分接近实际，并达到规定的容差要求，即详细拟合阶段。

这里要特别提到的是，在历史拟合的过程中，从事数值模拟工作的人员，必须与从事气藏描述和气藏管理的工程师保持密切联系，这样才能保证在拟合过程中对参数做出修改的正确性，不至于与实际存在的地质及工程数据相违背，并且也便于发现气藏提供的数据中的错误。

（四）模型参数的可调范围

历史拟合过程中，由于模型参数数量多，可调的自由度很大，而实际气藏动态数据的种类和数据有限，不足以唯一确定气藏模拟模型的参数。为了避免或减少修改参数的随意性，在历史拟合开始时，必须确定模型参数的可调范围，使模型参数的修改在合理的、可接受的范围内，这时历史拟合的原则。

确定参数可调范围是一项重要而细致的工作，需要工程师和地质师的共同努力，收集和分析一切可以利用的资料。首先分清哪些参数是确定的，即准确可靠的，哪些参数是不定的，即不准确不可靠的。然后根据情况确定可调范围。确定参数一般不允许修改，或只允许少量修改，不定的参数则允许修改，或较大范围修改。

孔隙度：如果气井有取心资料，则气井井底储层孔隙度视为确定参数。如果气藏中大量气井具有取心资料，且相互之间变化范围不大，则有井范围内的储层也可视为确定参数，或允许小幅改动。

渗透率：渗透率在任何气藏都是不确定参数，这不仅由于测井解释的渗透率与岩芯分析值误差较大，而且根据渗透率的特点，井间的渗透率分布也不确定。因此对渗透率的修改，允许范围较大，可放大或缩小 3 倍或更多。

有效厚度：一般用测井解释的有效厚度和取芯井的资料进行综合对比后，确定气井的储层有效厚度。同孔隙度一样，有详细资料的，且井间相互之间变化不大，则视为确定参数，或允许小幅改动。

岩石和流体压缩系数：流体压缩系数是实验测定的，变化范围很小，认为是确定的。岩石压缩系数虽然也是实验室测定的，但受岩石内饱和流体和应力状态影响，有一定变化范围，而且与有效厚度相连的非有效部分，也有一定孔隙和流体在内，在开发过程中也起一定弹性作用。考虑这部分影响，允许岩石压缩系数可以扩大一倍。

初始流体饱和度和初始压力：和通常做法一样，认为这是确定参数，必要时允许小范围内修改。

相对渗透率曲线：由于气藏模拟模型的网格粗，网格内部存在严重非均质性，其影响不可忽视，这与均质岩芯的情况不同，因此相对渗透率曲线应看作不确定参数。在拟函数曲线的研究中，给出了较好的初始值，但仍允许作适当修改。

油气的 PVT 参数：视为确定参数。

气水界面：一般在气藏静态地质研究的时，已经确定了气藏的气水界面，所以视为是确定参数，不做修改。只有在资料不多的情况下，允许在一定范围内修改。

(五) 快速历史拟合经验

历史拟合是一项比较烦琐的工作，下面介绍如何快速完成历史拟合的一些经验：

(1) 首先要知道模型中哪些参数是不够精确，哪些是比较精确的。不确定性参数：渗透率、传导率、孔隙体积、垂向水平渗透率之比、相对渗透率曲线和水体。比较精确参数：孔隙度、地层厚度、净厚度、构造、流体属性、岩石压缩性、毛管力、参考压力和原始流体界面。

(2) 模型局部影响参数和整体影响参数。局部影响参数：空隙度、渗透率、厚度、传导率、井生产指数。整体影响参数：饱和度、参考压力、垂向水平渗透率之比、流体、岩石压缩系数、相对渗透率、毛管力，以及油水、油气界面。

(3) 实测数据误差分析。对气藏而言，产气量的测量是精确的。如果是排水采气，注气量的测量是不够精确的，一方面是由于测量误差，另一方面是由于一些不可测量因素。试井结果是可靠的，尤其是压力恢复结果。RFT 和 PLT 的测量是可靠的，井口压力的测量也是可靠的。

(4) 如何进行历史拟合。储量拟合：软件一体化给储量拟合带来巨大方便，许多油公司地质模型与气藏模型采用统一软件平台，油藏工程师只需检查在由地质模型通过网格合并生成气藏模型过程中造成的计算误差。通常孔隙度的合并计算是准确的，但渗透率的合并计算要复杂得多，采用流动计算合并渗透率比较精确。净毛比也是要考虑的主要因数。

影响数模模型储量的因素有：孔隙体积、净毛比、毛管力、相对渗透率曲线端点值，以及气水界面和气水界面处的毛管力（计算自由水面）。

测井曲线拟合：数模前处理软件（如 Schlumberger 的 Flogrid）可以基于初始化后的模型对每口井生成人工测井曲线，通过拟合人工生成测井曲线与实际测井曲线，一方面可以检查地质模型建立以及网格合并过程中可能存在的问题；另一方面可以检查数模模型中输入井的测量深度与垂直深度是否正确。数模模型中井的垂直深度应该是 TVDSS，即减去补心后的深度。错误的深度会导致射孔位置发生偏差。

RFT 与 PLT 拟合：勘探井和重点井通常都有 RFT 与 PLT 测量数据，这部分拟合可以帮助认识储层垂向非均质性，对勘探井 RFT 数据的拟合可以帮助检查数模模型。

全气藏压力拟合：检查气藏压力初始化是否正确。气藏压力可通过调整孔隙体积或水体来拟合全气藏压力。

单井压力拟合：全气藏压力拟合后拟合单井压力，可以通过调整井附近孔隙体积或水体来实现拟合。

含水拟合：定产气量拟合含水。气水黏度比、相对渗透率、渗透率，以及网格分布和网格大小都会影响含水。气水黏度比和相对渗透率曲线会影响含水上升规律；相对渗透率端点值、渗透率，以及网格分布和网格大小会影响见水时间。

井底压力拟合：调整 p_i、表皮系数和 k_h。

井口压力拟合：检查 VFP 表。

(5) 历史拟合经验。模型计算压力太大：检查孔隙体积、减小水体、储量、气顶大小，以及参考面压力与深度是否对应。见水时间过早：增加临界含水饱和度，降低水平渗透率，检查水体、射孔位置、气水界面、断层传导率、垂向渗透率，以及网格方向（网格大小影响）。含水上升太快：检查气水黏度比、相对渗透率曲线、水体大小。井底压力太大：增加表皮，减小 k_h、CCF、p_i 和传导率。

六、气藏动态预测

模拟研究的预测阶段是多数研究目标得以实现的阶段。在该阶段中，模拟模型用于预测气藏的未来动态，而在历史拟合阶段模型是用来拟合历史动态的。下面将讨论运用气藏模拟模型进行未来气藏预测的基本原理。

（一）预测方案选择

气藏模拟最好用于比较气藏管理策略（或完全不同的开发方案）的改变，以评估各种计划所增加的影响。由于历史拟合的不唯一性，所以气藏模拟最好能够进行比较。正是因为这种不唯一性，即使拟合最好的模型也会产生某些偏差。对于没有进行历史拟合的模型（新发现的气藏或处于开发评价阶段的气藏），这种误差就更为显著。如果从次级方案（计划方案）的结果减去基本方案的结果，并假设两种方案的误差近似相同，则结果的差异（增量）对非唯一历史拟合的敏感性低于单一方案。换句话说，若两种方案的误差相等（恰好），则这个误差就从增量中消除。因此，气藏模拟最好用于确定一个计划方案与一个基础方案的增加结果。

基本方案的选择取决于模拟研究的目标。通常，基本方案可选择为：没有未来资金支出的方案（“无为”方案）；当前气藏管理方案（包括未来支出）；预期气藏管理方案（针对处于开发评价阶段的气藏）。对于开发评价阶段的气藏，一次开采通常选作基本方案。

一旦做出了选择，该基础方案的结果就能够从其他生产预测中减去，来得到增量结果。例如，结果要评价一个加密井方案，就从加密井方案中减去基本方案的结果，以确定加密井方案相应的储量增加。

1. 计划方案

气藏模拟之所以强大是因为任何生产细节都能够得到研究。制定计划方案时，在可能的情况下，一次最好只改变一个变量或成分。

对模型结果的正确使用取决于研究目标的确立。例如，判断项目的经济效益，应该使用增量结果；而各种方案的产量结果（来自模型的井报告）则用于项目设计（油管尺寸、增压工程、人工举升设计、分离器和脱水装置处理能力，以及管网输气能力等方面）。

2. 敏感性方案

尽管气藏模拟最好用作一种比较工具，但它仍然有其他用途。例如，模拟研究的目标可能是确定处于评价阶段气藏的储量。在这些情况中，敏感性工作方案能够用来确定气藏数据的不确定因素对生产预测的影响，估计储量范围以及估计储量期望值 v_e。期望值定义为不同事件出现概率与生产结果的乘积之和：$v_e = \sum(PO)$，其中 P 为出现概率，O 为生产结果。

敏感性方案不同于计划方案，因为敏感性方案研究的是同一计划，但是会估计与计划相关的一些不确定因素。例如：在加密井例子中，若遇到表皮因子是 0.5 的概率为 10%（乐观方案），遇到表皮因子是 0.1 的概率为 80%（最可能方案），遇到表皮因子是 0.2 的概率为 10%（悲观方案），必须对这 3 种方案都进行估计。

（二）气藏模拟中的气藏管理

在预测模式下运行气藏模拟模型与在历史拟合模式下运行相比，主要的差别在于两种模式下井具体的条件和产量限制不同。在历史拟合过程中，气藏亏空率、产气量通常被具体化，因为这些量在气田历史时期是已知的。在预测模式下，产气量是未知的并且事实上必须进行预测，因此，就需要其他的井限制条件。除了新的井限制条件之外，在预测阶段还需要加入产量限制以帮助模拟气藏管理策略和气藏操作实践。一般而言，历史模式中很少（或没有）使用产量限制。

在井限制条件和产量限制之间有一个基本的差别。井的限制条件是对单井规定，而产量限制用于使不同的生产参数保持在可接受的、实际的范围内，这一差别将在后面说明。模型中的每一口井都需要一个（且只有一个）井限制条件。

在预测阶段，正确的气井限制依赖于气藏的管理策略。如果井的产出进入常规地面设备（如生产分离器），则这些井需要油管压力的限制，该值近似等于分离器压力（从井口到分离器的压力降也要包括在气井限制中）。若生产受到处理能力的限制（如油管通过量），则需要对产量进行限制。多数商业模拟模型都有几种井限制条件的选择。

根据研究中采用的气藏模拟程序，产量限制能够用于多种气藏-井筒系统，即产量限制能够用于模拟层、单井、井组以及整个气藏。对于模拟层，WGR 值的限制通常用于判断是否关闭水层，并且让模拟模型重新对较干或含气较少的层进行模拟。对井的限制包括 WGR、井底和油管压力以及产水量。基于计算机内部程序的各项井干预措施可以根据这些限制条件来决定。这些决定包括：是否堵塞和弃井、是否关井、是否修井或采取增产措施。井组限制通常用于气藏模拟中，可用于控制井的产出进入常规地面设备或通过其中进行注入，或产出进入常规输气干线。气藏限制用于控制全气藏范围内的生产和注入措施。他们能够用于设置气藏目标，确定何时钻新井，模拟产出水或气的回注，维持亏空平衡的生产/注入，在地面设施的处理能力下限制产量，或优化气藏范围内的人工举升方案。

应用约束限制可以使工程师能够用较少的人工干预模拟复杂的气藏管理措施。例如，当一口井的 WGR 达到经济极限时，模拟模型不必停止和重新开始，以封堵和放弃这口井。当对复杂气藏进行模拟时，这样做不仅是一种方便，而且也是一种需要。

多数商业模拟器都有非常先进的生产管理程序，能够用于模拟多数管理策略。这些生产管理程序经常要进行与有限差分程序数学计算相当的编码运算。

如前所述，从历史模式到预测模式的转换需要在历史时期结束时改变井的限制条件，在转换过程中有可能导致突然的、不自然的产量变化，尤其是在从产量限制变化到油管压力约束。

一旦对气井进行了校准，模型就必须在历史时期重新运算，以确定这一变化对历史拟合的影响。在历史拟合过程中，改变气井几何因子不会对压力产生显著影响，但它对井筒中不同生产层对产量的相对贡献有明显的影响，因此，在研究预测阶段继续进行之前，需要重新评价历史拟合的细节阶段（饱和度拟合）。

（三）验证和分析模拟预测结果

预测模拟后，在将其结果汇报给管理部门前必须进行审查，验证过程是为了确保模拟结果具有实际意义。

最可靠的纠错方法是与同类气藏的结果进行比较。例如，如果研究的气藏是一个水驱气藏，则应将模拟所得到的采收率（但不一定是生产剖面）与具有相当岩石和流体性质以及相似井网和井距的气藏的实际水驱采收率进行对比。

另一种对气藏数据的检查方法是对比过去对目标气藏的研究结果。尽管新的模拟过程采用了更多的信息，并因此而得出更可靠的结果，但还是要注意这些结果与过去研究结果对比表现出的任何重大变化或异常情况。应该明确引起这些变化的原因，以便确定他们是否是由数据的改变，还是研究中所用假设或方法的基本差异所引起的。

第三种验证预测阶段所用气藏数据的方法是分析方法，如物质平衡分析。

预测方案中气井管理程序的结果也必须进行复查。气藏模拟中生产管理程序使模型能够在脱离工程师干预的情况下模拟复杂的操作实践，通常需要检查气井管理结果以确保他们以真实的方式模拟气藏。例如，如果模拟研究中采用了自动钻井或修井模拟，则必须分析钻井或修井的时机。如果模拟结果显示为在气藏废弃前数月进行了一次很成功的修井作业，就必须考虑在气藏开发早期进行人工修井的可能性。同时，若显示为气藏废弃之前数月钻了一口普通井，则应当考虑将其从钻井行列中去除，因为在气藏中可能不会钻这口井。此外，还应复查所有模拟气井作业以确保完井条件能够支持该项作业。例如，若某口井的上部气层出现水并通过内部气井管理程序自动封堵，则必须复查该封堵作业，以确保当前的完井条件在机械上允许该作业。当一口井进行砾石充填或水力压裂时，垂向气藏单元也许没有被机械地隔离，但内部计算程序会试图隔离这些单元。

这些检查工作是有必须的，因为他们能够在数据误差传播到预测方案之前被找出，这就确保了发现错误时才返工的可能性达到最小化，更重要的是，这些检查还确保了生产决策是根据有效模拟方案来制定的。

七、水活跃气藏排水采气数值模拟方法

气藏的开发动态与气藏地质特征密切相关，渗流理论与大量的实际气藏开发经验表明：复杂的地质条件将导致气藏开发的困难，并严重影响气藏的开发效益；为在地质条件复杂的情况下获取更高的开发效益，必须有针对性地采取相应的开发方式。

排水采气是针对地层水活跃气藏的开发方式，为推动有水气藏开发技术的发展和提高开发效益产生了积极的作用。但实际应用表明，要获取好的应用效果必须根据不同气藏的

具体情况制定相应的实施方案，而这种方案的制定势必建立在深入研究和分析的基础上。

由于气藏数值模拟技术所特有的仿真模拟属性，使其成为这类分析和研究的重要技术手段。相对一般的气藏模拟而言，这种模拟研究无疑具有更大难度。

（一）水活跃气藏与排水采气

在实际气藏开发中，由于气藏构造形态和储层特性以及气井的生产特点，导致气井早期出水成为一种客观存在的现象，它对气井的开采和气藏的正常开发造成极大的危害，必须采取相应的治水措施。排水采气是指在水井或产水井主动排水来消耗水体能量，通过减小气区和水区的压差控制水侵，从而保护气区稳定生产的一种措施。排水采气是一种较为积极、主动的治水方法。

（二）模拟研究的流程与方法

水活跃气藏排水采气的数值模拟研究与一般气藏的模拟研究既存在共同之处，又因其特殊性从而具有自身特有的研究流程和处理方法。通过分析总结，排水采气数值模拟研究的主要流程如下：

1. 全面了解气藏的地质特征和开发特征

一般而言，排水采气的实施重点是对气藏部分井区造成影响的个别井，因而排水采气的模拟研究以这个区域和井作为主要对象。但是，气藏作为一个统一的气水动力系统，各区域之间以及井与井之间必然相互联系和影响。因此，进行排水采气的模拟研究仍须对气藏地质特征和开发特征做全面了解，形成气藏地质和开发特征的总体印象。

2. 认识出水现象，进行出水机理的初步分析

对于排水采气这一治水措施的模拟研究，认识出水现象是研究工作的前提，并通过对出水机理的初步分析为模拟研究奠定基础。

3. 设置排水采气系统

气藏排水采气系统的组成包括排水井、采气井及由他们生成的气水渗流系统。排水采气系统的设置是影响排水采气效果的重要技术问题。就模拟研究而言，系统中的排水井与采气井是所关注的重要目标，而他们所生成的气水渗流系统是模拟研究的主要范围。

4. 确立模拟研究的目标与任务

作为气藏排水采气措施的数值模拟，其研究的目标和任务与一般的气藏模拟有共同之处，但具有自己的重点和独有的研究内容，主要包括：气藏水体能量及其活动情况分析；研究出水机理，深化地质认识；优选排水采气系统；针对不同排水量、采气量组成的排水采气方案，进行排水采气动态效果的模拟预测，优选排水采气方案；结合排水采气方案，通过数值模拟研究，制定全气藏合理的开发方案。

上述内容是针对一般的排水采气模拟研究而言，对于不同气藏的开发情况，实际应用中可能有所增补和取舍。

5. 选择模拟模型与模拟软件

对于实施排水采气措施的气藏，具有水体活跃的性质，而水体活跃的地质条件常常表现为气藏储层裂缝发育，因此要根据实际情况选择模拟模型和模拟软件。

6. 建立初始化数值模型

作法与一般气藏的数值模拟是一致的，但需要注意两个方面的问题：一是模拟范围的选择与网格设计；二是气井两相垂管流计算。

（1）模拟范围的选择与网格设计。排水采气的实施对象一般仅是气藏开发井网中的部分井，而排水采气对气藏流体渗流的影响也主要体现在气藏的局部区域上。基于此，似乎可以认为排水采气模拟研究的范围应选择排水采气系统所包含的渗流系统。事实上，气藏作为一个统一的气水渗流系统，排水采气的实施必定影响到整个气藏，仅仅是各个区域受影响的程度不同而已。因此，排水采气模拟的重点研究区域是排水采气渗流系统，但模拟的范围应包含气藏的整个气水动力系统。

在一般的气藏模拟中，由于水体区域中通常不含有井或仅仅作为观察井，或水体活跃程度不高，水体区域地质资料相对缺乏等多种因素，网格设计采用非均匀网格系统，在水体区域相对更为粗略，一般采用具有较大尺寸的网格块。但对于排水采气模拟研究，水体中的排水井是排水采气方案中的重要研究目标，在模拟研究中与气井具有同等重要的地位，而且水体也具有较高的活跃程度，对气藏开发的渗流过程产生重要影响。因此，排水采气模拟研究的网格设计中，不适宜采用粗略的方式处理水体区域，而应与含气区域一样，尽可能采用更为精细的网格以保证模拟的精度和质量。

（2）气井两相垂管流计算。气藏数值模拟通常需进行以气井井口压力为对象的历史拟合，并以定井口压力开采方式进行气藏开发动态预测，数值模拟中不可避免地要实现井底、井口压力之间的换算。而对与排水采气模拟，涉及出水气井，井底、井口压力之间的换算需通过两相垂管流计算，计算精度直接影响气井井口压力拟合及气井开采动态预测，因此，应选用能保证质量的两相垂管流计算方法与计算程序。

7. 通过历史拟合，深化出水机理认识，完善地质模型

研究出水机理、深化地质认识是排水采气气藏模拟研究的重要任务与目标之一，而历史拟合是实现此项研究任务与目标的重要技术途径。作为排水采气模拟研究的历史拟合，其技术难度主要体现在出水气井的历史拟合上。

出水气井的拟合对象包括气井压力、见水时间和产水量。相对而言，气井压力的拟合较为容易，一般可通过调整渗透率、厚度、孔隙度、压缩系数等参数实现。需强调的是，所有参数调整应建立在相应的地质依据基础上。

见水时间和产水量的拟合具有相当的技术难度，通常模拟计算的见水时间和产水量与实际产水动态不相符，不是产水就是落后较长时间才产水，或根本不产水等。原则上虽然修改相渗曲线和其他参数能够解决，但实际操作却有相当难度，需认真研究和分析气藏的静动态资料，反复试算，才能获得满意的拟合效果。

8. 通过排水采气模拟实验，制定排水采气方案

通过排水采气模拟试验，为定制合理的排水采气方案提供技术依据是排水采气模拟研究的主要任务之一。结合气藏地质、气井动态等多方面因素，可以设计由不同排水采气系统及不同排水量、采气量组成的排水采气方案。应用数值模拟技术，可对所设计排水采气方案的实施效果进行仿真模拟，根据预测结果进行全面、深入的分析，在此基础上确立合理的排水采气方案。

习　题

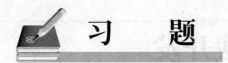

1. 气藏数值模拟基本原理?
2. 气藏数值模拟都需要什么参数?
3. 气藏动态历史拟合的目的?
4. 气藏动态历史拟合的步骤?

第八章 气藏开发

第一节 气藏开发阶段的划分

气藏从勘探发现到废弃，按照开展工作的不同，可划分为开发前期评价阶段和开发生产阶段（表 8-1）。各阶段应根据气藏程序和开发目的，编制相应的方案，部署开发阶段的重点工作。在各个开发阶段分别编制系列方案，包括：开发概念设计、开发评价方案、试采方案、开发方案、调整方案、二次开发方案等。

表 8-1 气田开发阶段划分

<table>
<tr><td rowspan="2">阶段</td><td colspan="3">开发前期评价阶段</td><td colspan="4">开发生产阶段</td></tr>
<tr><td>早期</td><td>中期</td><td>后期</td><td>上产</td><td>稳产</td><td>递减</td><td>低压小产量</td></tr>
<tr><td>储量级别</td><td>控制储量</td><td>落实探明储量</td><td>探明储量</td><td colspan="4">已开发储量</td></tr>
<tr><td>开发工作</td><td>以静态资料为主的气藏评价</td><td>钻开发评价井，开展试采</td><td>产能建设</td><td colspan="4">生产管理</td></tr>
<tr><td>方案设计</td><td>气田开发概念设计</td><td>气田开发评价方案、试采方案</td><td>气田开发方案</td><td>气田开发方案实施</td><td colspan="3">气田开发调整方案、气田二次开发方案</td></tr>
<tr><td>备注</td><td colspan="2">气藏储量小于 $100\times10^8m^3$ 方案设计合并为一个评价方案设计</td><td colspan="5">动态监测贯穿始终</td></tr>
</table>

开发前期评价阶段，当开发与勘探同时进行时，这阶段的开发设计与勘探程度及开发设计所依据的储量基础密切相连。根据勘探程度、地质认识程度、储量类别及开发准备工作状况，开发前期可进一步细分为早、中、后三个时间段。

气藏开发生产阶段根据产量规模可划分为上产期、稳产期、递减期和低产期，每个生产阶段的生产特征不同，各阶段生产管理的内容有所不同。

（1）上产期：即投产初期产量上升阶段。主要是通过跟踪新钻井、开发地震和试采资料，加深气藏地质认识，优化待钻开发井井位与钻井次序，合理配产，使气田开发达到方案设计指标。

（2）稳产期：即从产量达到开发方案设计规模并稳定生产的阶段。以提高气田稳产能力、延长稳产期为目标，通过方案指标与实际生产结果对比，研究储量动用程度、井网适应性、地层压力与气井产能变化趋势，分析气田稳产潜力，为补孔调层与补充新井增加储量动用、增产工艺措施提供依据。

（3）递减期：即从产量开始递减至递减到开发方案设计规模20%的阶段。以减缓气田产量递减为目标，通过精细气藏描述，搞清剩余可采储量分布，研究气田递减规律，查明影响气田递减控制因素，为查层补孔、排水采气、打调整井等一系列挖潜措施提供依据。

（4）低产期：即产量递减到开发方案设计规模20%以下的阶段。以提高气田最终采收率为目标，研究气藏废弃压力、经济极限产量以及高采出程度条件下的气田开发技术经济政策，尽可能降低气藏废弃压力，挖掘气藏潜力，提高气藏采收率。

第二节　气藏评价与方案编制

一、前期评价阶段

开发前期评价是指在勘探提交控制储量或有重大发现后，为气田开发进行的各项开发评价和准备工作，主要任务是认识气藏地质和开发特征，评价气田开发技术和经济可行性优选开发工艺技术，确定开发指标。可划分为早期评价阶段和开发评价阶段，其中早期评价阶段主要是利用勘探成果，开展已有井的资料录取工作，部署评价井，初步评价产能，认识气藏地质特征，完成开发概念设计。开发评价阶段是部署开发评价井和开发地震，编制试采方案，开展试采，评价产能与开发可动用储量，开发前期评价工作结束时，完成气田开发方案的编制。

（一）早期气藏描述

气藏描述按照开发阶段可划分为早期气藏描述和精细气藏描述。早期气藏描述在开发前期评价阶段开展；精细气藏描述在气田生产过程中开展。

早期气藏描述主要包括对构造、储层物性、流体性质与分布、温度压力系统、水动力系统、气藏类型与驱动类型等气藏地质特征的描述，评价可动储量，并建立静态地质模型。气藏地质模型包括构造模型、储层模型和流体模型。

（1）构造特征。主要研究圈闭要素、断层特征及其封闭性、构造对气、油、水的控制作用。

（2）储层特征。开展储层沉积微相和成岩作用、储层展布、储层物性及孔喉结构、裂缝发育及分布、储层渗流特征研究，进行储层分类与评价。

（3）气藏流体特征。分析气藏流体组分、性质和高压物性特征，研究油气水分布、水体能量及控制因素。凝析气藏和高含硫气藏要取得原始状态下有代表性的流体样品，进行相态分析。

（4）气藏类型。从气藏圈闭类型、储层特征、流体性质、油气水关系、驱动类型、压力系统等方面，分析影响气田开发主控因素，动静态资料相结合确定气藏类型。

在气藏开发评价第一阶段，根据气藏地质特征初步认识，建立气藏概念地质模型，为编制气藏开发概念设计提供基础。在气藏探明储量和取得试采成果基础上，深化气藏特征的认识，建立气藏地质模型，为地质与气藏工程方案编制提供基础。

充分利用勘探资料及开发评价过程中新增的静动态资料，开展可动用地质储量评价、可采储量评价。

① 可动用地质储量评价。根据探井、开发评价井资料及气藏地质特征描述成果，采用容积法按储量计算单元计算天然气地质储量。根据储层物性、储量丰度、气层产能、开发的难易程度和技术经济条件等对储量进行分类，评价储量可动用性，确定方案可动用储量，作为地质与气藏工程方案设计的储量基础。

② 可采储量评价。根据气藏类型，采用经验法、类比法、物质平衡法和数值模拟等方法计算技术和经济可采储量，并进行可采储量风险评价。

（5）储层渗流物理特征。根据岩心开发实验分析，评价岩石的润湿性，分析毛管压力曲线与相对渗透率曲线特征，开展储层敏感性分析、流体相态特征研究。

（6）试气试采动态特征及产能评价。利用试气试采资料，描述气藏开发动态特征，包括气井产能及其影响因素、地层压力变化特征、地层的连通性与井控储量、地层水的活动性等。以气藏评价结果为基础，结合天然气生产经营工作需要，编制地质与气藏工程方案。

（二）开发概念设计

当气田发现证实以后，开发人员开始介入评价勘探过程。在初步认识了圈闭、储层、流体产能等地质特点的条件下，为了提高天然气气田勘探开发及下游工程整体效益，按照开发要求所编制的新气田最初的开发设计，称为气田开发概念设计。气田开发概念设计应是地下、地面、市场、经济效益一体化设计，内容属定性分析或初步预测，要求做到框架设计基本可靠。

1. 开发概念设计的主要任务

（1）气藏早期描述：包括构造、储层、驱动类型、流体性质、地质储量及可动储量的初步评估等。

（2）气藏工程初步论证：包括气井产能、开发方式、气田生产规模、开发部署及开采指标的初步预测。

（3）采气工程初步设计：包括钻井、完井、气层保护、增产措施、采气方式等。

（4）集输、净化及配套的地面工程轮廓设计。

（5）市场调查及开发经济效益的初步预测。

（6）提出下步开发准备工作要求。

2. 开发概念设计资料要求

（1）地质基础资料包括：气田区域地质背景、主要产层层位、探井测试情况；地震资料的处理和解释成果；钻井、录井资料；测井资料和处理解释成果。

（2）流体性质资料包括：流体分析化验资料、PVT 试验及相态分析数据。

（3）试气及试采资料包括：常规试气资料，分段试气和各种中途测试数据；气、水井的压力和压力梯度测试资料，温度和温度梯度数据；气井压力恢复试井和产能试井数据；已投产试采气井的生产资料，如压力、产量以及气水比变化数据；生产测井资料。

（4）地质研究成果包括：气藏构造及圈闭认识成果；储层评价成果、储量计算成果。

（5）经济评价基础数据：主要包括勘探投资、开发投资、生产成本和费用、天然气价格等。

3. 开发概念设计的主要内容

（1）构造及圈闭评价。根据新完钻井资料及地震资料研究成果，修正气藏构造图。

（2）储层评价。按规定进行气井试井分析，计算地层参数；综合岩心分析、电测解释、试井解释、分层测试和地震横向预测等资料，评价储层物性，认识储层的分布趋势特征；分析井下裂缝的发育情况以及裂缝对产层渗流能力的改善作用；判断气藏储层的类型，划分储集岩的级别。

（3）水动力系统评价。分析气藏流体性质，判断气水界面位置，描述流体在地层中的分布；计算气藏压力系数，确定气藏压力类型；判断井间、层间的水动力学连通性；根据反映气藏开发特征的主要因素，判断气藏类型。

（4）气藏地质模型。综合地质研究和地震横向预测结果，建立储层有效厚度、有效孔隙度、含气饱和度和渗透率等参数分补偿，形成气藏地质模型。

（5）储量估算和评价。计算气藏储量，分析储量参数及储量的可靠程度。

（6）气井产能评价。分析气井产能试井资料，建立产能方程，计算无阻流量；评价气井增产措施方法及效果；分析气井产能影响因素及气井产能；低渗透气田、海上气田应评价气井的经济极限产量。

（7）气藏开发规模和井网部署。根据地质特征确定开发单元；以气藏储量为基础，利用已建立的地质模型进行气藏工程设计，确定气藏开发规模；根据确定的气藏开发规模和储层评价成果，部署开发井网。

（8）工程设计。对于设计开发规模相配套的钻井、完井和采输等工程项目做出安排，提出设计的主要内容和要求，说明工程设计的选择依据。估算不同规模下的钻采工程和地面工程的工作量和投资。

（9）经济评价。计算不同设计规模下的主要财务指标，判断气田开发在经济上的可行性。

（10）项目可行性及风险评价。评价气田地质储量的可动性，分析气田储量可能存在的风险；评价气田产能和规模可能存在的风险；分析天然气市场需求及风险；特殊类型气藏开发可能产生的附加投入；项目可行性及综合评价。

（三）试采

试采是开发前期评价阶段获取气藏动态资料，尽早认识气藏开发特征，确定开发规模的关键环节。试采应依据试采方案进行，试采方案主要内容有气藏特征、试采任务、试采井或试采井组、试采区的选择、试井方式、试采期工作制度、采气工艺、天然气集输处理系统和相关配套工程建设，健康安全环境要求及资料录取要求等。

1. 试采的主要任务

（1）研究储层特性及其连通性，识别边界类型，确定气藏压力系统，深化气藏地质认识。

（2）确定流体组分和相态特征。

（3）研究油气水关系及地层水活动特点，确定气藏类型和驱动类型。

（4）研究气井生产特点和产能变化规律，确定气井合理工作制度，建立气井产能方程，评价气井产能。

（5）评价储量可动用性，预测天然气可采储量。

（6）评价采气工艺、天然气集输处理系统工艺流程、主要设施、材质等的适应性。

（7）为编制开发方案提供依据。

2. 试采井或试采井组、试采区

（1）试采井能反映气藏不同部位的开采特征。

（2）试采井应选择不同生产状况的井，如高、中、低产气井及纯气井、气水同产井等。

（3）对于探明（或控制）地质储量为 $100\times10^8 \sim 300\times10^8 m^3$ 的气田，可选择有代表性的井或井组进行试采，对于探明（或控制）地质储量大于 $300\times10^8 m^3$ 的气田选择有代表性的区块开辟试采区。

3. 试井方式

（1）常规气藏应进行系统试井，低渗气藏可采取等时试井或修正等时试井，建立气井产能方程，计算绝对无阻流量。

（2）选择有代表性的试采井进行压力降落试井和压力恢复试井，计算储层参数。

（3）干扰试井主要用于评价储层或裂缝系统的连通关系，计算井间储层参数。

（4）对于小气藏、多裂缝系统气藏、复杂断块气藏及岩性气藏，要进行压力降落探边测试，计算气藏动态储量。

4. 资料录取要求

对于一般气藏应连续试采半年以上。对于大型的特殊类型气藏，例如异常高压气藏、特低渗气藏、高含硫气藏和火成岩气藏等，应连续试采一年以上，以获取可靠的动态资料。

按照有关规范标准，取全取准各项资料。

（1）录取试采前和试采过程中的井底和井口压力、温度资料。

（2）录取油气水产量资料。

（3）录取流体组分资料和高压物性资料等。进行流体组分分析和监测，选择典型井进行井流物 PVT 取样和相态研究。

（4）增产措施前后应进行生产测井或试井，录取相应的资料，通过产出剖面、产量或储层参数变化，进行措施效果对比评价。

（5）录取各项工艺参数。

试采过程中，必须及时做好生产监测和动态分析，根据需要及时调整试采方案。按月上报报表，按季度、半年、年度编写动态分析报告，试采结束时完成试采总结报告。

对于特殊类型气田应开展开发先导试验。主要任务是通过局部解剖储层，深化认识地质特征和产能特征，试验和筛选开发主体工艺技术，论证气藏开发技术与经济可行性。试验区应有一定的规模和代表性。开发先导试验应编制开发先导试验方案，方案内容主要包括试验目的、试验区选择、试验内容、试验程序、工作部署与工作量、预期成果、健康安全环境要求和投资测算等。

开发先导试验包括气藏工程、钻井工程、采气工程、地面工程等方面的技术试验。根据气田实际情况，确定重点试验。

气藏工程技术试验主要研究地质特征，确定合理的开发方式、开发层系、井网、井距、采气速度和采收率等。钻井工程技术试验主要研究井型，井身结构，钻井、完井液体系，井控和完井方式等。采气工程技术试验主要研究增产工艺技术、生产管柱、井口装置、水合物防治、防砂、防腐、防垢、排水采气工艺及相应配套技术。地面工程技术试验主要研究集输处理、设备装置、净化工艺、水合物防治、防腐、污水处理、环保节能、安全运行及相应配套技术。

二、开发生产阶段

（一）开发方案

开发前期评价完成后，应完成开发方案的编制。开发方案是指导气田开发的重要技术文件。本节主要介绍开发方案的编制内容及资料录取的要求。

1. 编制任务

开发方案应在地质和动态特征基本清楚、开发主体工艺技术明确的情况下编制。从气藏描述着手，通过气藏储量的计算和复核、气藏工程研究、钻采工艺、地面工艺设计、经济评价、HSE 等工作，在综合分析技术和经济指标的基础上，推荐气田的最佳开发方案，并提出方案实施的具体步骤、进度要求及质量要求。

2. 编制内容

开发方案主要内容包括总论、市场需求、地质与气藏工程方案、钻井工程方案、采气工程方案、地面工程方案、开发建设部署与实施要求、健康安全环境评价、风险评估、投资估算及经济评价等。

（1）总论主要包括气田自然地理及社会依托条件、矿权情况、区域地质、勘探与开发评价简史、开发方案主要结论及推荐方案的技术经济指标等。

（2）市场需求包括目标市场、已有管输能力、气量需求、气质要求、管输压力、价格承受能力等。

（3）地质与气藏工程方案主要内容应包括：气藏地质、储量分类与评价、产能评价、开发方式论证、井网部署、开发指标预测、风险分析等。通过多方案比选，提出推荐方案和二个备选方案，并对钻井工程、采气工程和地面工程设计提出要求。

气藏地质研究的主要内容包括：地层与构造特征、沉积环境、储层特征、流体性质与分布、渗流特征、压力和温度、气藏类型以及地质建模。

储量分类与评价应充分利用动、静态资料，分层系、分区块对已探明储量进行分类，并评价储量的可动用性。按照不同技术、经济条件，评价技术、经济可采储量，并分析可采储量风险。

产能评价应综合研究试气、试井和试采资料，确定单井合理产量；通过对采气速度等指标的研究，结合市场需求，确定气田合理开发规模。

开发方式和井网部署应按照有利于提高单井产量、提高储量动用程度、保证气田稳产、获得较高经济效益、满足安全生产要求的原则，进行多方案优化比选。

对于多产层气藏、气水关系复杂和气层分布井段跨度大的气藏，应合理划分开发层系。对能够应用水平井、多分支井有效开采的气藏，应优先采用水平井、多分支井开发。对强非均质气藏，应采用非均匀井网布井，并根据储层特征等优选井型。

气田开发指标应在地质模型基础上应用数值模拟方法对全气藏进行 20 年以上的开发动态预测，主要包括生产井数、油气水产量、压力、稳产年限、稳产期末采出程度、预测期末采出程度等。大型气田要求稳产 10~15 年，中型气田要求稳产 7~10 年。

风险分析主要是对储量、产量和水体能量等的不确定性分析，并制定相应的风险削减措施。

（4）钻井工程方案应以地质与气藏工程方案为基础，满足采气工程的要求。方案主要内容包括：已钻井基本情况及利用可行性分析；地层压力预测；井身结构设计；钻井装备要求；井控设计；钻井工艺要求；储层保护要求；录井、测井要求；固井及完井设计；健康安全环境要求及应急预案；钻井周期预测及钻井工程投资测算等。

钻井工程方案应针对储层特点和井型，选择成熟实用的钻井完井工艺技术，做好储层保护工作；在确保安全钻进前提下，采用提高钻速的新工艺、新技术，缩短钻井周期。井身结构设计应针对钻遇地层的特点、能够满足整个开采阶段生产状况变化和进行多种井下作业的需要。

固井及完井设计应结合所钻遇地层和气藏特征，明确套管程序要求，表层套管下深和坐入稳固岩层深度要求，提出技术套管和油层套管的材质、强度、扣型、管串结构设计，以及水泥浆质量和水泥返深要求。

对于酸性气藏（气藏中天然气 H_2S 含量超过 $0.02g/m^3$ 以上或 CO_2 分压高于 0.021MPa)，各级套管和油管应回接到井口。

（5）采气工程方案应以地质与气藏工程方案为基础，结合钻井工程方案进行编制。方案主要内容包括：完井和气层保护；增产工艺优选；采气工艺及其配套技术优化；防腐、防垢、防砂和防水合物技术筛选；生产中后期提高采收率工艺选择；对钻井工程的要求；健康安全环境要求及应急预案；投资测算。其中：

① 完井和气层保护。选择满足长期安全合理开采要求、提高单井产量和后期作业要求的完井方式、射孔工艺及气层保护措施。

② 增产工艺优选。开展储层敏感性、地应力场和天然裂缝分析，研究已完钻井的储层伤害，分析增产潜力，优选增产工艺和施工参数。

③ 采气工艺及其配套技术优化。按照地质与气藏工程方案要求，对生产井进行系统优化设计，综合考虑合理利用地层能量、气井携液能力、增产措施、防腐工艺和开发中后期油气水关系变化等因素，优选生产管柱及配套技术。

④ 防腐、防垢、防砂和防水合物技术筛选。针对流体、储层性质分析腐蚀、结垢、

出砂及水合物形成的影响因素与条件，提出经济可行、技术可靠的解决方案和预防措施。对于酸性气藏应制定从完井到开发后期全过程的防腐方案。

（6）地面工程方案以地质与气藏工程、钻井工程、采气工程方案为依据，按照“安全、环保、高效、低耗”的原则，在区域性总体开发规划指导下，结合已建地面系统等依托条件进行编制。方案主要内容包括：地面工程规模和总体布局；集气、输气工程；处理、净化工程；系统配套工程与辅助设施；

（7）总图设计、节能、健康安全环境要求及应急预案、组织机构和人员编制、工程实施进度、地面工程主要工作量及投资估算等。其中：

① 地面工程规模和总体布局设计。根据地质与气藏工程方案、钻井工程方案和采气工程方案，结合区域内天然气发展趋势，设计天然气集输、处理、净化、系统配套工程及辅助设施的建设规模，并进行站场布局的总体优化。

② 集气工程设计。依据气藏特征、气体组分和相态特征，确定集气、防腐、防水合物等工艺流程和主要设备选型，充分利用地层能量，系统考虑集气、增压、处理、安全截断和泄压放空等环节，合理确定压力级别，优化地面设施，实现整体优化。

③ 处理和净化工程设计。根据气体组分、压力、温度、气量、气质要求、相关标准和环境、安全、节能的需要，合理选择脱硫、脱水、脱凝液、除砂、脱二氧化碳等处理、净化工艺以及装置的规模和数量。

④ 输气工程设计。根据天然气进出站的压力、温度、输量和防腐要求，优化确定输气管道的管径和管材，优化交接点的分离、调压、计量方式，优选管道线路和敷设方式，系统考虑压力能的利用。

⑤ 系统配套工程与辅助设施设计。给排水、供电、道路、通信、自动控制、消防、暖通、土建等尽可能依托已有设施，在满足正常生产需求和确保安全的前提下，进行多方案比选，合理确定建设标准和规模。

⑥ 总图设计。应优化平面布置，尽量减少占地面积；优化站场竖向布置，合理确定标高，减少土方工程量；对站场内管道、供电线路、通信、道路等，选择最佳路线。

⑦ 自控及安全设计。应采用先进适用的控制技术和自控系统、成熟可靠的安全保护和紧急停车系统，并制定自控系统总体方案，以确保安全生产和平稳供气。

对气区安全平稳供气具有重要意义的气田应论证备用产能。备用产能大小应结合气田产能规模和产供特点综合论证，井口备用能力和配套的净化、处理能力一般按气田产能规模的20%~30%设计。根据生产需要，论证重点气田的生产系统备份问题，包括关键设备、操作系统、控制系统等的备份。

（8）开发方案应按照“整体部署、分期实施”的原则，提出产能建设步骤，明确各年度钻井工作量和地面分期建设工程量，为年度开发指标预测和投资估算提供依据。并对产能建设过程中开发井钻井、录井、测井、完井、采气、地面集输、净化处理、动态监测、气田开发跟踪研究等工作提出具体实施要求。

（9）健康安全环境评价是开发方案中的重要组成部分。主要内容包括：健康安全环境的政策与承诺；各种危害因素及影响后果分析；针对可能发生的生产事故与自然灾害，设计有关防火、防爆、防泄漏、防误操作等设施；针对产能建设和生产对健康安全环境的影响，明确预防和控制措施；提出健康安全环境监测和控制要求；编制应急预案；根据有关规定设计气井、站场和管道的安全距离并编制搬迁方案。

（10）风险评估主要指对方案设计动用的地质储量规模、开发技术的可行性、主要开发指标预测以及开发实施与生产运行过程中可能存在的不确定性分析和评估，并提出相应的削减风险措施。

（11）投资估算与经济评价应采用相关的建设项目经济评价方法，对地质与气藏工程方案及相应的配套钻井工程、采气工程、地面工程、健康安全环境要求以及削减风险措施等进行投资估算和经济评价，为开发方案优选提供依据。经济评价对比的主要指标包括投资、成本、投资回收期、财务净现值和内部收益率等。

应综合考虑开发效益及健康安全环境可行性，系统分析方案承受风险的能力，经多方案技术、经济综合比选，提出推荐方案。

（二）开发调整方案

气田开发过程中，当气田的实际情况与原方案有较大差别，或需要阶段调整时，应编制气田开发调整方案。

1. 开发调整方案的任务

（1）根据气藏静、动态资料，在深化气藏地质特征、生产动态特征认识基础上，修改完善气藏地质模型，复算气藏储量，研究气藏剩余储量及其分布。

（2）对比分析气藏开发方案技术指标与气藏实际开采技术指标，深入分析气藏层系、井网、开采方式、采气速度、采气工艺、集输工艺等对气藏开采的适应性，找出气藏开发存在的问题。

（3）针对气藏开发中存在的问题，以提高采收率和经济效益为目标，提出解决问题的办法和措施，编制气藏开发调整方案，并提出方案实施的具体步骤、进度要求及质量要求。

2. 开发调整方案编制内容

（1）气藏概况，包括地理与交通、区域地质、勘探简况、开发简况。

（2）方案编制的依据和调整对象目的。气藏开发方案的实施情况：技术指标完成情况、气藏开发方案钻井、采气工艺、地面配套建设完成情况、气藏开发研究工作开展情况。气藏开发效果评价：气藏开发动态特征分析、气藏开发实际技术指标与气藏开发方案技术指标对比分析、气藏开发井网部署、采气速度、单井配产等的合理性评价。根据气藏开发存在的主要问题，提出气藏开发调整的主要对象和目的。

（3）气藏地质特征。构造、圈闭特征：根据气藏开发方案实施后新获取的静动态资料，结合地震资料解释成果进一步分析气藏构造和圈闭特征。地层、沉积相和储层特征：利用新获取的静动态资历老，分析气藏地层横向变化规律，深化对气藏沉积相和储层物性、储集空间、孔隙结构、纵横向分布、均质性和储层发育控制因素等特征的认识。流体性质及分布：分析气藏气、油、水物性及其分布特征，编制储层凝析气相图，确定凝析气相态特征参数。压力、温度系统：计算气井地层压力、压力梯度、压力系数及地层温度与地温梯度。

(4) 气藏生产动态特征分析。气井产能及其变化特征：利用生产动态资料分析气井产能，研究气井产能变化规律和影响因素。气藏压力系统、连通关系和压力分布特征：根据气藏生产动态资料，结合气藏地质特征，分析气藏压力系统、连通关系和压力分布特征。气藏地层水活动规律：分析气藏各井气、水产量变化特点，研究气藏地层水分布、水侵量大小、水侵特征和水侵机理。气藏驱动类型：根据气藏生产动态资料判断气藏驱动类型。

(5) 气藏地质模型修正与完善。利用静动态资料修正地质模型：利用新获取的气藏静动态资料，对气藏开发方案建立的地质模型进行检验和修正。通过气藏生产史拟合完善气藏地质模型：利用气藏生产动态资料进行气藏生产历史拟合，完善气藏地质模型。

(6) 气藏储量复算和剩余储量分布。根据修改和完善后的地质模型复算气藏容积法储量。利用物质平衡法、产量递减法、弹性二相法、不稳定试井等计算气藏动态储量，利用数值模拟法储量复核，开展储量可靠性评价，以及气藏剩余储量及分布研究。

(7) 气藏调整方案编制。确定编制原则：根据气藏的特点、开发中存在的问题、调整的对象和目的，提出气藏开发调整应遵循的基本原则。开发层系和井网调整：根据气藏已开发层系剩余储量、产能、地层压力情况以及新层系储量、产能、流体性质、地层压力情况，提出气藏开发层系、井网调整和补充开发井部署的原则、依据、井型、钻井方式和井位等。采气速度调整：根据气藏剩余储量及分布、气井产能、气藏和气井出水情况、合理调整气井配产，确定气藏合理开采规模和采气速度。开发方式调整：根据地层压力和输气压力大小，确定气藏是否需要实施增压开采或其他人工助采措施。气藏开发指标预测：根据开发层系、开发方式、开发井网、采气速度和规模设计不同的开发调整方案，并对开发调整方案的开发指标进行预测。

(8) 钻采工程调整方案。分析气井井况和现有钻采工艺适应性，针对存在的问题做出调整设计。

(9) 地面工程调整方案。分析现有地面集输系统适应性，针对存在的问题做出调整设计。

(10) 经济评价和调整方案优选。估算气藏开发调整方案投资，计算相关财务指标，分析敏感性和抗风险能力。对各调整方案技术与经济指标的综合对比分析。推荐技术指标和经济效益好、符合气藏实际的调整方案作为气藏最佳开发调整方案。

(三) 开发效果评价

气田开发效果评价包括开发方案后评价、效益评价和气田开发水平考核。本节主要介绍开发效果评价的主要内容和评价方法。气田开发效果评价包括气田开发方案后评价、效益评价和气田开发水平考核。

当气田投产三年或动用地质储量的采出程度达到10%时，应根据气田实际动态资料组织开发方案后评价。重点评价储量动用程度、开发技术经济指标与方案设计指标的符合程度、开发方案设计指标的合理性、工艺技术和地面工程的适应性，并分析存在的问题，总结经验教训，提出改进建议和措施。

效益评价是按年度对气区、气田、气藏、单井生产成本及效益指标进行评价，重点为操作成本构成及其影响因素分析。提出节能降耗、提高生产效率与劳动生产率、有效控制操作成本的建议或措施。

气田开发水平考核包括技术、管理和经济指标考核。技术考核指标包括钻井成功率、储量动用程度、平均单井产量、采气速度、稳产年限、稳产期末采出程度、综合递减率等；管理考核指标包括动态监测完成率、气井利用率、生产时率、老井增产措施有效率、气水处理率、能耗水平等；经济考核指标包括销售收入、操作成本、利润等。

(四) 精细气藏描述

精细气藏描述是在早期气藏描述基础上，充分利用气田开发动态资料，进行精细地质研究、建立三维动态地质模型、运用数值模拟，量化剩余可采储量分布等。

开展气藏储层精细构造解释，研究储层沉积微相，进行隔夹层、低渗区带、流动单元的划分与对比，建立三维地质模型。

根据开发动态监测资料，重新研究气、水分布特征，建立三维动态地质模型，运用数值模拟技术，量化剩余气分布，为气田中后期调整、挖潜提供依据。

根据气藏开发实际，精细气藏描述仍划分为开发初期、开发中期和开发后期三个阶段。

开发初期：在开发方案实施后，开发井网基本形成的基础上开展的精细气藏描述，以静态资料为主，结合试生产资料开展研究工作，目的是进一步弄清储量的分布，为制定气田合理的生产制度，充分动用储量服务。

开发中期：根据气藏的采出程度确定（约为 45%）开展的精细气藏描述。根据四川气田特点，应结合气藏类型综合考虑。此阶段以静态资料为主结合大量的动态资料，以弄清剩余储量的分布为目标，为气田开发调整，延长气田稳产期服务。

开发后期：在气藏进入递减以后开展的精细气藏描述工作，以气藏动态资料为主，研究对象要细到每一个流动单元和微界面，为气藏调整方案和提高采收率服务。

(五) 二次开发方案

在传统开发方式已经达到极限状态或具备废置条件，而制约油气田发展的问题和潜力比较清楚，且拥有和掌握油气田重新开发的新技术、新方法时需要编制二次开发方案。本节主要介绍气田二次开发方案的主要内容和编制方法。气田二次开发是指具有较大资源潜力的老气田，在现有开发条件下已处于低速低效开采阶段或已接近弃置时，通过采用全新的理念和“重构地下认识体系、重建井网结构、重组地面工艺流程”的“三重”技术路线，立足当前最新实用技术，重新构建新的开发体系，提高气田最终采收率，实现安全、环保、节能、高效开发的战略性系统工程。

1. 气田二次开发方案的要求

气田二次开发工作按“整体部署、分步实施、试点先行”的原则，择优选择部分老气田，在大量实际资料和专题研究基础上，开展二次开发方案编制工作，先行试点。

气田二次开发方案是指导气田二次开发的重要技术文件，是气田二次开发工程建设立项的依据。气田二次开发方案应区别于一般的气田开发调整方案，方案编制要坚持“三重”技术路线，抓好一个“核心”，两个“关键”，采用先进实用的技术和方法，提高储量动用率和最终采收率，改善老气田开发效果，提高开发效益。

2. 气田二次开发方案的内容

气田二次开发方案由总论、重构地下地质认识体系研究、重建井网结构研究、重组地面工艺流程研究和经济评价等部分组成。

（1）总论主要内容：研究区块的地理与自然条件、基本地质概况、开发简况及存在的主要问题；二次开发项目的选择依据、目的和意义；二次开发前期技术准备及技术路线；“三重”研究要点、方案设计原则、总体部署及主要技术经济指标；HSE 主要内容；方案实施要求及进度安排。

（2）重构地下地质认识体系研究的主要内容：精细地层划分及对比（碎屑岩细化到砂层组，碳酸盐岩细化到亚段）；精细构造及断裂系统研究；沉积微相研究（碎屑岩细化到砂层组，碳酸盐岩细化到亚段）；测井二次解释及评价；储层特征精细描述（碎屑岩细化到砂层组，碳酸盐岩细化到地层亚段单元之下分出的各产层段）；流体、温度及压力变化特征研究；气藏动态特征研究；三维地质建模；储量复算及评价；剩余储量分布及开发潜力评价；重构地下地质认识体系前后对比。

重构地下地质认识体系研究要充分重视必要的动静态资料的录取，研究工作要体现精细和量化的要求，充分利用前期精细气藏描述成果。构造及断裂系统研究要细化到微幅度构造和小断层解释，储层研究要细化到砂层组（碎屑岩）或地层亚段之下分出的产层段（碳酸盐岩）、剩余储量的研究及潜力评价要量化到储层研究的相应级别。

（3）重建井网结构研究的主要内容：开发历程及现状；现有井网条件下，储量动用程度及采收率评价；老井工况普查、废弃及利用筛选（含侧钻）；气藏工程设计包含二次开发层系及井网、井型重组论证，二次开发转换开发方式论证，二次开发方案设计，二次开发方案指标预测及方案优选（生产井数、年产气、采气速度、稳产年限、稳产期末采出程度、稳产期内累计采出量，生产年限，预测期末累积产量，预测期末可采储量采出程度，预测期末采收率等）；动态监测方案设计；钻井工程设计（含新部署二次开发井及利用的老井）；采气工程设计（含新部署二次开发井及利用的老井）；钻采 HSE 要求。

重建井网结构研究要以重构地下地质认识体系研究为基础，以提高储量控制和动用程度为目标，在开发方式转换、层系井网优化和储层改造下功夫，达到既能大幅度提高采收率，又能控制投资减低成本，从而提高气田整体开发效益的目的。

（4）重组地面工艺流程研究的主要内容：地面系统研究范围；目前规模、设施现状和主要工艺流程；存在主要问题分析；主要技术路线研究；总体布局及建设规模研究；油气集输、处理及储运系统建设方案优化比选；采出水处理、注入系统建设方案优化比选；自动控制、供电、通信、给排水、消防、防腐、保温、供热、暖通、总图、道路、建筑、结构等配套系统建设方案优化比选；地面系统推荐方案；安全、环保、节能、职业卫生；组织机构、定员、项目实施进度安排；项目实施前后地面系统主要技术经济指标对比。

重组地面工艺流程研究要充分利用现有地面设施，优先选用高效节能设备，重点做好气田水输送与回注系统，实现重组后的地面工程安全、优质、低耗运行。

（5）经济评价的主要内容：二次开发方案简要介绍；投资估算与资金筹措方案；经济评价编制依据，包括经济评价方法、主要参数以及“无项目”与“有项目”开发指标数据；经营收入估算与分析；成本费用估算与分析；获利能力分析，计算利润指标；盈利能力分析，计算财务内部收益率等指标；敏感性分析；经济评价结论，从项目效益、总体效益、综合效益角度给出结论；经济评价附表。

（六）滚动勘探开发

滚动勘探开发是针对地质条件复杂的油气田而提出的一种简化评价勘探、加速新油田产能建设的快速勘探方法。它是在少数探井和早期储量估计，在对油田有一个整体认识的基础上，将高产富集区块优先投入开发，实行开发的向前延伸；同时，在重点区块突破的同时，在开发中继续深化新层系和新区块的勘探工作，解决油气田评价的遗留问题，实现扩边连片。这种“勘探中有开发，开发中有勘探”的勘探开发程序，称为滚动勘探开发。

1. 滚动勘探开发的基本特点

（1）勘探开发紧密结合、增储上产一体化是滚动勘探开发的基本做法。石油勘探解决的问题是石油资源有没有，有多少的问题，其最终目标是储量，而石油开发要解决的是可以生产多少石油，怎样才能提高石油的产量和采收率，二者具有一定的独立性。而滚动勘探开发的一个重要特点就是“勘探中有开发、开发中有勘探”，二者成为一个整体，“增储上产”一体化。

具体到滚动勘探开发实施过程中的评价井和开发井，其作用虽有明显的区别，但又都具有勘探开发的双重特性：滚动评价井一方面承担着搞清油藏地质特征、计算油气地质储量、为编制初步开发方案提供依据的任务；另一方面，它又是一次开发井网的一部分，肩负着油气生产的任务。早期滚动开发井承担着深化地质认识、核实油气资源、增储上产的任务，因此兼有探井的性质。

（2）立足整体经济效益、达到速度和风险的综合平衡，是滚动勘探开发追求的目标。将油气勘探工作严格划分区域普查、区带详查、圈闭预探、油气田评价的油气勘探程序具有阶段明显、步骤清晰、由大到小、由粗到细的基本特点，对于保证勘探工作有条不紊地进行具有十分重要的意义。但是这种将勘探与开发严格区分开的做法所带来的问题也是不容忽视的。在一个复杂油田发现以后，由于必须在含油范围内部署大量的评价井，才能准确获得油气藏的各种参数。其主要后果是，勘探周期过长，油田长期不能投产，因此勘探效率低下；勘探投资积压，不能发挥应有的作用，表现为经济效益低下；油田产量上不去，无法满足国民经济发展的要求，表现为社会效益低下。

滚动勘探开发与常规勘探程序不同之处在于，它是本着“阶段不能逾越、程序不能打乱、节奏可以加快、效益必须提高”的原则，简化评价勘探，加速油田投产。一方面，加快了开发建设的速度，但另一方面又提高了开发井的风险性。尤其是早期部署的开发井，存在较高的风险性。所部署的开发井有一部分（20%~30%）落空，是允许的、也是正常的。由于需要在开发过程中部署一定数量的评价井去逐步深化地质认识，解决勘探中的遗留问题，必然会造成勘探总周期的延长，但是这一做法却大大降低了勘探的风险性，大大提高了探井的成功率。

由此可见，滚动勘探开发不是单从油田勘探、油田开发、地面建设的某一个方面来片面衡量经济效益，而是将勘探成果、开发效益、油建效果视为一个整体，在提高社会效益的前提下，达到整体经济效益的最大化。

(3) 开发方案的反复调整、地面建设的多期次性，是滚动勘探开发的必然结果。常规整装油田开发层系和开发井网的设计一般在初期就可以确定，并且能够稳定一定的时间，但是对于滚动勘探开发的复式油田和复杂断块油田，只能在滚动运作中伴随着地质认识程度的加深来逐步完善，不可能一开始就有系统的井网及层系设计，而是一个井网由稀到密、层系划分由粗到细的逐步实施过程。

复杂油气田的油气性质变化很大，油气水分布不完全清楚，这种复杂类型油田的地质规律需要多次反复认识，开发方案也需多次调整实施，必然导致地面建设的多期次性。新的含油区块的不断发现，新层系的勘探不断取得进展，开发生产能力逐步提高，多期的地面建设是不可避免的。因此，油气处理、油气集输等地面工程不能一次配套、超前完成，不然就会造成资金的积压与巨大浪费。

2. 滚动勘探开发程序

滚动勘探开发程序可以划分为两个时期，即早期滚动勘探开发和晚期滚动勘探开发。前者是指在地震精查或三维地震解释成果的基础上，通过预探或短期的评价勘探之后，由于油田地质条件非常复杂，在短时间内难以完成逐块逐层落实探明储量，为了少打评价井，缩短从获工业油流到油田开发的时间，提高经济效益，实行开发向前延伸。在落实基本探明储量的油气富集区块，开辟生产实验区，用生产井代替部分评价井，深化对油藏地质特征的认识，同时研究油田的驱动类型、开采方式、计算未开发探明储量和可采储量，编制一次开发方案。

晚期滚动勘探开发则是对已经提交未开发探明储量的地区实行一次开发方案实施过程中，利用少量的评价井对开发过程中所认识到的新层系和新区块进行评价勘探，旨在继续扩边连片，为开发提供新的接替区。

（七）气田水处理

气田水包括油气田开发生产过程中所产生的地层水、集输管线清管通球等生产作业废水以及其他作业废水。气田水回注系统管理是指气田水从生产井产出到回注井注入地层的全过程管理，包括气田水的储存管理、输送管理、回注井选井论证、回注井完井、回注站管理、日常运行管理等。

1. 回注井规划部署

新气田的气田水回注井部署应在开发方案或试采方案中进行同步规划和部署，统筹部署、分步实施气田水回注井的建设工作；对于已开发气田应根据气田开发现状，及时部署回注井，以满足气田开发生产和气田水回注需要。

2. 回注井方案论证

气田水回注井应严格按照选井评层程序开展工作，选井论证方案应按程序进行审查和审批。回注井选井原则应达到“注得进、封得住、无泄漏”，以实现气田安全生产与环境保护的持续和谐发展。

回注井选井论证方案应包括但不限于以下内容：气田或气井产水形势分析及产水量预测，目前回注井及地面输送管网分布情况及回注能力，产出水和回注层地层水的配伍性分析，回注井拟选回注层地质、气藏工程和钻完井资料，重点是回注层潜力分析和地质、工程风险分析，井场周边人居环境情况（煤矿、大型水库等）。

3. 回注井井位选择

回注井原则上距离主要产水区或主要产水井距离不宜太远，同时应与开发生产井保持适当距离，高压回注井原则上与开发生产井距离不小于2km。高含硫气田水回注井应选择在非生产井区域就近回注，以减少地面输送管线的风险。

4. 回注井层位选择

回注井层位选择总体要求是回注层物性较好，横向连通性好，有足够的储集空间，满足较长期的回注需求。应优先选择枯竭层或废弃层，如果区域上无适宜的枯竭层或废弃层作为回注层，也可选择区域上大面积分布、埋藏深度超过1000m、物性较好的渗透层作为回注层。同时回注层应具有良好的盖层和上下隔离层，在回注气田水波及区域内与浅层及地表无连通的断层、无地表露头或出露点，可以满足长期回注气田水后不会发生相互窜漏，不会对生产井造成影响，也不会对地表淡水层造成影响和自然界造成环境污染。

第三节　气藏开发过程管理

气田开发过程中气藏工程管理的主要内容包括产量管理、动态分析、开发调控、储量动态管理、气井与气田废弃以及开发资料管理。

一、产量管理

产量管理包括产能核实、气田与气区配产。通过计算气藏开发各类指标评价气藏产能及开发合理性，制定气藏合理开采产量。常用主要指标包括采气时率、气井利用率、产能到位率、产能负荷因子等。

$$\text{气藏采气时率}=\frac{\text{采气井月度实际生产时间之和}+\text{计划关井时间}}{\text{投产井数}\times\text{日历时间}}\times100\%$$

$$\text{气井利用率}=\frac{\text{实际开井数}}{\text{已投产井数}-\text{计划关井数}}\times100\%$$

$$\text{产能到位率}=\frac{\text{上年新建年产能在当年的实际产能}}{\text{上年新建年产能}}\times100\%$$

$$\text{产能负荷因子}=\frac{\text{井口产气量}}{\text{同期气藏产能}}$$

（一）产能核实

应做好已开发气田、当年新建产能的生产能力核实工作，为生产管理提供依据。核实的产能应是气井与地面集输处理相配套的生产能力。

1. 已开发气田生产能力核实

应在研究气田生产历史与开发规律、单井生产能力统计的基础上，确定已开发气田上年末生产能力，预计当年末、下年度末的生产能力。处于建产和稳产阶段气田的生产能力，以方案为基础结合实际进行核实；处于递减和低压阶段，产能核实应考虑产量递减。

2. 当年新建生产能力核实

应根据当年新建并具备生产条件气井数、平均单井日产能力和生产天数进行计算，生产天数一般采用330天。

（二）气田与气区配产

1. 气田配产计划的编制与实施

为保障安全平稳供气，气田年产量控制在设计年产规模的80%~90%。按照月度生产运行计划，组织气田生产。原则上气田配产不得超方案设计规模，水驱气藏、凝析气藏严禁超规模生产。

2. 气区配产计划的编制与实施

应本着以产定销、产销结合、综合平衡的原则，做好产量与长输管线供气、周边市场、自用气量的对接平衡，编制月度产量运行计划。

二、动态分析

（一）周期动态分析

利用动态监测成果，按月（季）、年（半年）度及阶段进行气藏动态分析，并编制分析总结报告。

编制天然气开发数据月（季）报，主要内容包括：生产计划完成情况、主要开发指标、气藏开发主要工作量及效果。

年度（半年）气藏动态分析主要是弄清气藏动态变化及趋势，作为下年度配产和调整部署的依据，主要内容包括：生产计划完成情况和方案设计指标执行情况、年度措施执行情况及其效果分析、下年度开发调整措施及工作量建议。

开展阶段气藏动态分析的主要目的是为编制中长期开发规划、气田开发调整提供依据。分析的主要内容包括气藏地质特征再认识与气藏地质模型修正、储量动用状况、剩余储量分布及开发潜力分析、边底水活动情况、开发技术政策的适应性、开发趋势及预测、方案设计指标符合程度及开发效果评价、开发经济效益评价、开发存在的主要问题、调整对策与措施等。

（二）各阶段重点动态分析

针对气田开发生产的不同阶段，可根据开发的重点工作分析气田开发存在的主要矛盾，提出调整挖潜的方向、目标和措施。

上产期：即投产初期产量上升阶段。主要是通过跟踪新钻井、开发地震和试采资料，加深对气藏地质认识，优化待钻开发井井位与钻井次序，气井合理配产，使气田开发达到方案设计指标。

稳产期：即从产量达到开发方案设计规模并稳定生产的阶段。以提高气田稳产能力、延长稳产期为目标，通过方案指标与实际生产结果对比，研究储量动用程度、井网适应性、地层压力与气井产能变化趋势，分析气田稳产潜力，为补孔调层与补充新井增加储量动用、增产工艺措施提供依据。

递减期：即从产量开始递减至递减到开发方案设计规模20%的阶段。以减缓气田产量递减为目标，通过精细气藏描述，弄清剩余可采储量分布，研究气田递减规律，搞清影响气田递减控制因素，为查层补孔、排水采气、打调整井等一系列挖潜措施提供依据。

低产期：即产量递减到开发方案设计规模20%以下的阶段。以提高气田最终采收率为目标，研究气藏废弃压力、经济极限产量以及高采出程度条件下的气田开发技术经济政策，尽可能降低气藏废弃压力，挖掘气藏潜力，提高气藏采收率。

三、储量管理

气田投产2~3年时，应对探明储量进行复算，以后每3~5年对已开发储量核算一次。气田地质认识有重大变化或进行了开发调整时，应及时进行核算。采用产量递减法、物质平衡法、数值模拟法等多种方法，对已开发气藏的技术可采储量和经济可采储量进行年度标定。

矿权转让或气田废弃时应对储量进行结（清）算，并核销剩余储量。探明储量复算、核算和结算、技术可采储量与经济可采储量标定等储量报告，由油田公司审查后，按有关规定和程序逐级申报。

开发后期，气井因储量枯竭产量不能达到经济极限值，气井大量产出地层水或水淹不能恢复生产，气井因工程、安全事故不能利用，且无其他综合利用价值，应申请报废。气田到开发后期因资源枯竭或无开采效益，且无综合利用价值，应申请废弃。

第四节　气藏动态监测

一、动态监测的目的和主要内容

气田开发动态监测对象主要包括生产井、排水井、凝析气田注气井、观察井以及气田水回注井等，监测内容主要包括压力、温度、产量、产出剖面、流体性质及组分、气水界面和边界监测等。

动态监测方案设计应针对不同类型气藏开发特点，满足不同开发阶段气藏动态分析的需求。监测井应选择固定井与非固定井相结合的方式，并具有一定代表性（构造部位、储层、产量级别等）、可对比性。气田开发初期监测井点密度和资料录取频率相对较高，开发后期以典型井监测为主。

二、常规动态监测

（一）产量监测

（1）产出量、注入量监测。以单井为监测单元，根据气田实际情况采用连续计量或间歇计量方式，监测生产井气、油、水产量和注入井注入量。

（2）生产剖面监测。多产层气藏、块状气藏应加强生产剖面监测。重点开发井、多层合采井应在投产初期测生产剖面，每年选择重点井测生产剖面。循环注气开采的凝析气田，要定期对注气井进行注入剖面监测。

（3）煤层气藏气井加强动液面、抽油机示功图及井底流压的监测。

（4）疏松砂岩气藏详细观察、记录气井出砂状况，包括井口取样分析、砂刺气嘴情况、探砂面及冲砂情况。

（二）压力、温度监测

主要包括气藏地层压力、流动压力、气层中部温度、井口油压、套压和井口温度。

（1）新钻开发井打开产层时做好地层压力和温度资料录取。

（2）根据气藏特点，一般应选取5%~10%的具有代表性的生产井作为定点测压井，录取地层压力、流动压力资料，每年1~2次。

（3）大型气藏每年安排具有代表性的区块或开发单元关井测压，中小型气藏1~2年安排一次全气藏关井测压，监测气藏压力分布。

（4）加强气层中部压力、温度监测。对于重点观察井，可采用永久下入式高精度压力计连续测量气层中部压力、温度。对凝析气井、有地层水产出气井、多层合采气井，应采用高精度压力计测量井筒压力、温度梯度。

（5）特殊类型气藏如异常高压气藏和高酸性气藏的压力、温度监测，其监测方式及要求应根据实际情况确定，同时应加强生产套管与技术套管、技术套管与表层套管之间压力的监测。

（6）观察井每月度井底测压一次，其中气井观察井酌情加密观察。

（7）正常生产气井，按日监测井口油压、套压与温度。

（三）流体性质监测

（1）一般气藏在投产初期选择有代表性的重点气井进行高压物性取样分析，在生产过程中每年作一次天然气组分全分析。

（2）特殊类型气藏如凝析气藏选择有代表性的气井每月作一次凝析气、原油组分分析，每半年作一次高压物性取样分析，注气井每月作一次注入气组分分析；酸性气藏选择有代表性的气井每半年测H_2S、CO_2含量一次；有水气藏气井的水气比明显上升时，应加密氯离子、水样全分析。

三、专项监测

从录取资料的类型划分，专项监测内容包括压力、温度、产量、注入量、流体性质、工程测井及工艺措施井工况参数等。专项监测方式以井下录取资料居多。

从监测目的划分，专项监测内容包括产能评价、渗流特征诊断、动态储量计算、水侵影响判断、井间和层间连通性分析、探边、产出剖面分析、井筒流体分布分析、井筒工况分析等。

（一）产能监测

录取稳定试井或修正等时试井等资料，计算气井无阻流量、确定气井产能方程。特殊情况下可采用“一点法”稳定测试近似代替上述正规产能测试计算无阻流量，但应严格分析其适用性。

（二）渗流特征监测

录取压力恢复或压力降落试井资料，诊断储层渗流模式，计算渗透率、地层压力、表皮系数、裂缝-孔隙储层储容比和窜流系数等参数，综合评价储层宏观渗流特征。

（三）动态储量监测

根据储量计算方法要求，录取生产、试井、气藏关井测试资料，计算井控区域和气藏动态储量，分析储量分布状况及其变化，评价其可采性难易程度。

（四）水侵影响监测

通过录取生产数据、试井数据、井底压力数据、产出水取样等方式，采用相关方法分析水侵方式、水侵强度、水侵量和水侵对开发生产的影响等，为治水提供技术依据。

（五）连通性监测

测试和对比分析同一气藏中邻井的原始地层压力，录取并分析邻井产量变化后本井压力变化资料，结合地质认识，定性判断储层连通关系；录取井间、层间干扰试井或脉冲试井数据，定量分析井间、层间连通关系。

（六）探边监测

选择靠近气藏边界的气井，开展关井时间相对较长的压力恢复或压力降落试井，根据试井分析理论识别边界类型，计算气井到边界的距离。

（七）产出剖面监测

对多层合采、强非均质储层、水平井或大斜度井等类型的气井，开展生产测井，掌握分段产量贡献状况和能力。

（八）井筒流体分布监测

开展静止或流动状态下井筒压力、温度梯度测试，分析井筒流体密度分布状况，判断气液界面。

（九）气田水回注井回注能力监测

对重点回注井开展专项监测工作，评价其注水能力及回注空间。

（十）工程监测

定期开展井下管柱技术状况，腐蚀状况及防腐效果监测。

四、不同开发阶段的动态监测

在开发前期评价阶段，围绕开发概念设计、探明储量计算、开发方案编制的需求，作好相应的动态资料录取和分析工作。

在气藏稳产阶段，围绕深化认识气藏特征和开发规律、复核气藏储量和产能、提高稳产能力、延长稳产期的需求，作好相应的动态资料录取和分析工作。

在气藏产量递减阶段，围绕认清递减规律及控制因素、掌握剩余储量分布、确定挖潜对策、延缓气藏产量递减的需求，作好相应的动态资料录取和分析工作。

第五节　特殊气藏开发

一、低渗气藏开发

（一）低渗透气藏的分类

低渗气藏是以储层渗透率为指标，根据渗透率划分气藏类型（表 8-2）。通常将渗透率低于 1mD 的储层划分为低渗储层或低渗透气藏，将小于 0.1mD 的气藏称为特低渗透气藏。

表 8-2　气藏渗透性划分标准（SY/T 6168—2009）

参数	高渗	中渗	低渗	致密
有效渗透率 K，mD	>50	10~50	0.1~10	<0.1
绝对 K，mD	>300	20~300	1~20	<1
孔隙度，%	>20	15~20	10~15	<10

（二）低渗透气藏的特点

1. 非均质性强

在低渗气藏中，通常含有高孔隙度和高渗储层、低孔隙度和低渗层以及高孔隙度和低渗层，共同构成了非均质气藏。这类气藏中，纵向和横向的渗流性各异，渗透率分布差异极大，有时可相差十个数量级，特别是含有天然裂缝的气藏中，渗透率的各向异性比可达 100：1。

2. 低渗储层中储量大

原始储量的 70%~80%是分布在低渗储层带中，如川东石炭系沙罐坪、张家场、五百梯都大面积存在低渗储层，低渗区储量大部分都分布在三类储层中。

3. 流动呈双重孔、渗介质渗流特征

气藏中的流体通常是从低渗透带，通过高渗透储层带流入生产井，流体从基质孔隙通过裂缝流向生产井。

4. 具有变勘探边开发的特征

低渗透气藏的勘探和开发之间没有界限，低渗透气田初期大多数是“有气无田”，往往在一口探井中发现工业气流后，就投入生产。然后在此井周围加密井，不断增加储量和产量。通常在开发低渗透气藏时，其最终的井网是经过几年生产动态资料的积累，在加深对储层认识的基础上，逐渐将井网加密到适度的布局并最终确定下来。

5. 自然补给缓慢

由于低渗透气藏岩石孔隙度低、渗透性差、连通性差，因而边水或底水驱动不明显，整个地层的水动力联系差，自然能量补给缓慢。一次开采期间，驱动类型一般为弹性驱动，且一次采收率低。经实施酸化压裂等增产措施后，产气量可成倍增长，但递减也较快。

6. 低渗储层均需实施增产措施

由于低渗气藏复杂的地质特征及储层特征，依靠天然的能量采气往往没有工业产能，必须借助于增产措施才能有效开发，目前越来越多地采用水平井进行低渗储层开发。

（三）低渗透气藏开发研究的重点

应重点论证单井经济极限产量、单井经济控制储量、开发投资、气价等对气田开发经济效益的影响，采用成熟的气层识别与预测技术，优选富集区，优化布井；重视储层保护，选择合适的井型和储层改造措施，提高单井产量；采用低成本开采技术，控制开发投资。

二、高含硫气藏开发

20 世纪 70 年代发现的赵兰庄油气藏，气层天然气中含 H_2S 达 92%，含量属世界第 4 位。四川发现了一些高含硫气田：如卧龙河气田（5%~7%）、中坝气田（6.75%~13.3%）、威远气田（1.22%），川东北飞仙关气田也是高含 H_2S 的气田，含量达 15%~20%。

硫存在于火山、某些煤、石油和天然气中。同时，硫也可以以纯化学晶体出现于石膏和石灰的沉积层内。在这些来源中，最丰富的来源是含硫天然气中的硫化氢。

地层中硫主要靠三种方式被携带出地面：一是与硫化氢生成多硫化氢，二是元素硫溶于高分子烷烃，三是当地层温度高于元素硫熔点时，以微滴状被高速气流携出地面。

（一）高含硫气田开发的难点

影响开发的三个主要问题：剧毒、腐蚀、元素硫沉积。

随着开采过程中温度和压力的降低，地层、井筒和地面集输设备中硫的析出沉积会对开发造成严重的影响，甚至造成停产，使采收率大大降低。影响硫沉积的因素有温度压力、H_2S 含量、井底生产压差。在同样的 H_2S 的含量下，压力和温度的升高，溶解度也随之增加；H_2S 含量越多，发生硫沉积的可能性就越大，在含硫天然气中，硫的溶解度随 H_2S 的浓度的增加而增加；井底压差越大，硫就越易在井底周围的地层中沉积。此外，若气体流速越大，越易携带出硫，硫就越不易发生沉积（是一对矛盾）。需要在生产中确定合理生产压差和产量，控制近井地带及井筒的井温，避免或减小硫沉积，硫沉积较严重的井注入添加剂，解除硫积污染。

固体水合物的生成是富 H_2S 天然气开发常常遇到的难题；防腐是气田开发中的又一

重大难题，包括井筒和地面集输管线的防腐问题。

（二）高含硫气藏开发研究的重点

应重点研究气田开发过程中的安全、环保、防腐，以及天然气集输、净化处理等技术。根据天然气组分特征，优选集气方式、原料气输送工艺、净化工艺；评价腐蚀因素对整个生产系统的影响，研究腐蚀机理，优选防腐工艺技术；针对酸性气体气藏开发的潜在风险，确定钻井、完井、采气作业和地面工程等的安全与环保技术措施。对高含硫气藏应开展流体相态及硫沉积研究，提出防治硫沉积的技术方案。

三、凝析气藏开发

凝析气藏是指地下聚集的烃类在储集层温度和压力下，重质组分汽油馏分至煤油馏分及少量高分子烃类呈均一蒸气状态分散在天然气中的气藏。在地层条件下，天然气和凝析油呈单一的气相相态，开发过程中，油气体系会发生反凝析现象，油气体系的相态和组成会随时发生变化。当地层压力降到初始凝析压力以下某个压力区间内，会有一部分凝析油在储层中析出，并滞留在储层岩石孔隙表面而造成损失。

（一）凝析气藏的主要特征

凝析气藏的主要特征为：具有异常高压、高温，压力常高于14MPa，温度高于38℃，多数压力为21～42MPa，温度为93～204℃；流体组分中90%以上是甲烷、乙烷、丙烷；具有液态烃，液体成分是凝析物的主要成分；具有内部水压驱动能量，储集层外围、产层之间的非储集层，以及裂缝性气藏或凝析气藏中的基质岩块，在生产过程中由于压力下降产生压缩作用，挤出其中的残余水（束缚水），这些残余水进入储集空间，并占据以前为烃类所占据的孔隙，使气藏的压力保持在一定的水平。

（二）凝析气藏的分布特点

（1）在寒武系到更新统的各类地层中均有分布。

（2）主要分布在较晚形成的地台型盆地内，且在地台内的盆地，分布在2000～3000m的深度，在地台边缘增至3000～4000m。

（3）在老地台内的盆地，凝析油分布较少，但在盆地边缘或边缘的礁块区内凝析油分布较多，其分布深度不等。

（4）在活动盆地中分布在2000～5000m。

（5）形成凝析气田的最有利地区是台地和山前坳陷接触带。

（6）较晚地台内，凝析气密度可达0.7～0.84g/cm^3。沸点范围30～110℃；凝析油的烃组分以环烷烃为主，环烷烃含量可达75%～89%，氩含量也很高，可达44%～63%。凝析气中重的甲烷同系物随深度增加，最高达15%～27%。

（7）老地台盆地，凝析油密度低、沸点低，凝析气的烃组分中甲烷为主，含量达92%。

（8）中生代强烈下降区，凝析油富含环烷烃，凝析气中甲烷同系物含量在浅层达30%～40%，深层重烃更少，不超过10%。

（三）凝析气藏的开发方式

凝析气藏的开发方式有衰竭式（消耗式）开发和保持压力开发。具体应用时，应依据凝析气田的地质条件、气田类型、凝析油含量、经济指标和地面整体规划等进行选取。

1. 衰竭式开发

主要适用于具备以下几个条件的气藏：

（1）原始地层压力高，产层压力远高于初凝压力。

（2）气藏面积小，有些凝析气田虽然面积很大，但被断层分割为互不连通的小断块，即便凝析油含量高，也可采用消耗方式。

（3）原始气油比高，即凝析油含量低。

（4）地质条件差，如气层的渗透率低，吸收指数低，严重不均质，裂缝发育不均以及断层分割等。

（5）天然能量充足，边底水侵入可使地层压力下降的速度减慢，可保证达到较高的凝析油采收率。

衰竭式开发的主要特点是凝析油损失大，可达50%~60%；相对于保持压力开发，基建投资少，开发费用较低，能很快收回成本；对储层认识程度要求不高，储层连续性和均质程度不太重要；与循环注气相比，很容易满足国民经济对天然气的需求，可提前销售气体，受益较早。

2. 保持压力开发

保持压力开发是提高凝析油采收率的主要方法，尤其是凝析油含量较高的凝析气田。有效性和合理性取决于气中的凝析油含量、气和凝析油的总储量、埋藏深度、钻井和设备、凝析油加工和其他因素等。

适用条件包括：

（1）油气储量大，凝析油含量高。凝析油含量为135cm^3/m^3，天然气日采出量超过$71\times10^4m^3$；凝析油含量超过250cm^3/m^3，气体储量超过$80\times10^8m^3$；地层深度在2500m左右的凝析气藏保持压力的下限是凝析油含量在80~100mg/L，较深的地层要求含量更高。

（2）地层压力高，超高压凝析气田，储层处于一种“撑帐”状态，应当保持压力开发。

（3）储层均质性好，含气面积大且未被断层切割。保持压力的方式包括早期保持压力、后期保持压力、部分保持压力。早期保持压力是保持地层压力接近露点压力；后期保持压力是先进行降压开采，待地层压力降到露点压力附近时再保持压力。全面保持压力是在达到经济极限之前，将整个气藏的压力保持在高于露点压力的水平。部分保持压力，即采出量大于注入量，使压力下降速度减缓，减少凝析油的损失。

（四）凝析气藏开发重点

对凝析油含量大于50g/m^3的气藏，应进行相态研究和开发方式比选。开发方式选择应综合研究凝析气藏的地质特征、气藏类型、凝析油含量和经济指标等因素，优化确定。井位部署、井型选择应有利于提高凝析油采收率。

四、水驱气藏开发

在一个统一水动力系统的储渗体中，存在着天然气和水两种流体，在天然气开采中，由于水的侵入使天然气储集空间变小，并补充了天然气的驱动能量，这种气藏称为水驱气藏。

水驱气藏根据水侵强度分类可分为为水活跃、水次活跃和水不活跃三类。根据气藏气、水分布关系分为三大类，即边水气藏、底水气藏、多裂缝系统水驱气藏见表 8-3。

边水气藏：水体分布于气藏气水界面外围，一般气藏储层厚度较薄，圈闭内天然气充满度较高，气藏呈层状。

底水气藏：水体主要分布于气藏气水界面之下。一般气藏储层厚度较大，或圈闭内天然气充满度较小，气藏呈不等厚的块状。

多裂缝系统水驱气藏：在一个气藏中，有多个互不连通的各自独立气水界面海拔的储渗体，多见于砂岩透镜状储层和碳酸盐岩裂缝性储层中。

表 8-3　水驱气藏活跃程度分类标准表

气藏类型	水侵替换系数	废弃相对压力，MPa	采收率 E_R，%	开发特征
气驱气藏	0	>0.05	0.7~0.9	
水驱气藏水不活跃	0~0.15	>0.05	0.7~0.9	水体有限，能量极弱，个别井出水或气藏不出水，表现为弹性气驱特征
水次活跃	0.15~0.4	>0.25	0.6~0.8	水体较大，能量较弱，开发中期高部水窜部分气井出水
水活跃	≥0.4	>0.5	0.4~0.6	可动水体大，与气藏连通好，能量较强，开发初期（$R<0.2$）部分气井出大水或水淹，稳产期短

（一）水驱气藏开发的特点

在开发过程中，地层水侵入气藏，有时突破井底，使气井产水，气水两相流动增加了渗流阻力，使气井产量急剧下降，甚至水淹，明显地降低了气藏采收率。水驱气藏开发主要包括以下特点：

（1）技术和管理要求高，工作强度大。

（2）采气速度低，为了控制水驱气藏，特别是非均质水驱气藏的选择性水侵或边底水的突进，水驱气藏开发中采气速度低于气驱气藏。

（3）产能递减快，边底水侵入气井的主要产气层段，使气相渗透率降低，且气井出水后，井筒内流体密度加大，增加井底回压使气井产量大幅度递减，甚至水淹。

（4）采收率低，在非均质水驱气藏中，水窜形成多种方式的水封气，同时气井的水淹也使气藏废弃压力高于气驱气藏，因而降低了水驱气藏的采收率。气藏非均质性越强，水侵强度越大，气藏一次采收率越低。

（5）建设投资大，采气成本高，水驱气藏建设中，增加了卤水转输、处理、泵站、管网、回注井等配套建设和二次采气中排水采气井下工艺，地面配套设备以及补充开发井增多，因而投入资金多，操作费用高。使水驱气藏的采气成本大大高于气驱气藏。

（二）水驱气藏开采阶段的划分和特征

水驱气藏开采阶段可划分为：无水采气阶段、气水同产阶段及二次采气人工助排阶段。

1. 无水采气阶段

水驱气藏开采初期，生产气井尚未出地层水的开采阶段，气井所产的水全部为凝析水。无水采气阶段有时包括气藏的试采期、产能建设期甚至部分稳产期。

动态特征：气井产气量稳定、自然递减率小、地层压力、井口压力下降缓慢与累积采气量相适应，气藏单位压降采气量基本是一常数。通过试井、生产测井、生产井动态资料的录取，油、气、水分析，开发试验区及水井、观察井等气藏监测系统资料的录取，对气藏地质和动态特征深化认识的阶段。

无水采气期越长，气藏稳产期也越长，稳产期末采出程度也越高。尽量延长气藏、气井的无水采气期，是水驱气藏减少水封气的形成、提高采收率的重要措施。

2. 气水同产阶段

当气藏第一口气井或主产气井出地层水，气藏便进入气水同产阶段，标志着气藏水侵已经在气井生产中直接表露出来。气水同产阶段可能跨越产量上升期、稳产期及递减期，也可能只包括稳产期及递减期。

动态特征：产能递减增快，产水量明显增加，水气比上升，井口流动压力下降，套油压差增大，甚至水淹停产。气藏的稳产主要依靠增加开发补充井及接替井来弥补产量递减，当补充井的接替产能不足以弥补气藏产能的递减时，气藏进入递减期。气水同产阶段也是气藏选择性水侵形成水封气的主要阶段。

整装气藏要合理配产，出水气井要控制合理产量（压差）来控制选择性水侵的波及范围、减缓气井的递减及水封气的形成。

多裂缝系统气藏不能控水采气，要优化气井的水气比，实施早期排水，来减轻后期排水采气的难度，并达到提高采收率的目的。

3. 二次采气人工助排阶段

气井的自然能量已不足以克服井筒内流体的回压，需要用物理和机械的外力来降低井筒内回压使气井恢复生产。

动态特征：气藏产水量明显增加，气藏气产量递减减缓，也可能出现一段时期的上升和稳产，初期产水量增幅大于产气量的增幅，故水气比明显上升。气藏或气井排水采气效果的好坏，决定于“排侵比”，即单位时间排水量与水侵量之比，当排侵比>1时即为“强排水”，气井才能恢复生产，气藏净水侵量下降，水封气才能解封而逐渐产出，相对稳产条件得到改善。

水活跃的气藏人工助排阶段还可以分为两个阶段，即气井排水采气阶段和气藏排水采气阶段。

气井排水采气阶段：气藏仅部分气井出水或水淹，以提高气井产量和复活水淹井为目的阶段，对气藏整体来说，排侵比仍小于1。气藏可能出现短期的产量回升，但仍属递减期。

气藏排水采气阶段：气藏已全面水侵，根据气藏排水采气方案，以提高气藏采收率为主要目标，实施气藏整体有计划超水侵量的排水，使净水侵量逐渐减小，从根本上改善气藏内的气水关系，以提高气藏开发后期的采气速度，保持较长时期稳产或减缓产量的递减幅度。

（三）影响水侵特征的主要因素

（1）水体能量大小。包括水体中的溶解气和残余气的能量。

（2）储层渗透率的分布。水侵主要沿高渗层段推进，在裂缝性气藏中裂缝是水侵的主要通道。

（3）气藏压力分布。压降大的部位是水侵活跃的地区。

（四）气藏水侵特征

1. 底水气藏水侵特征

均质底水气藏水侵特征：在气藏相对均衡开采的前提下，气水界面边界压力下降均匀，由于储层性质各向同性，从整体上说，水侵呈垂直活塞式推进，气水界面前缘呈连续面向上驱动、水驱效率高且补充了气藏能量，对气藏开发有利。

在生产过程中，气井井底流动压力必然低于气藏地层压力，在气井井底下面的底水必然会形成水锥，当水锥高度大于气井井底距气水界面高度时，气井便出地层水。

非均质底水气藏水侵特征：非连续面沿裂缝纵横侵复合模式，不存在气水界面纵横向整体推进。

2. 边水气藏水侵特征

均质边水气藏水侵特征：在气藏相对均衡开采的前题下，气藏各部位压力均匀下降，边界压力基本相等，整体上水侵呈环状横向推进，气水界面前缘呈连续面向气藏高部位驱动。同样水驱效率高，且补充了气藏能量，可延长气井稳产期，气藏采收率较高。

当均质边水气藏不均衡开采，局部井距过密或邻近气水界面的井采气强度过大时，边水也会出现不规则的舌进，使边部气井过早水淹，影响气藏的稳产。

非均质边水气藏水侵特征：局部性非连续面河道状的“横侵纵窜”复合式的模式。一种是沿构造裂缝发育带或砂岩高渗带选择性水侵；一种是沿断层裂缝带平行断层走向水窜，而断层裂缝不发育的翼、端部的水体在开发过程中，基本不动。

（五）水驱气藏的产能及配产

气井的产能一般是指气井通过产能测试计算出的绝对无阻流量，是气井生产能力大小，也是确定气井合理产量依据之一。

气井的合理产量是根据气井储层特征、气水关系、采气阶段特征，确定的有利于保护气井、控制水侵和稳产期较长的生产气量，是气井实际采气量的高限。

气井的配产是根据气藏采气速度、井网密度及各部位采气强度的不同，给每个气井分配的产气量。各井的配产不能超过气井的合理产量。

1. 气井合理产量确定的基本原则

(1) 有利于保护气井的原则。气井合理产量的生产压差不能过大，井底流动压力太低，容易造成井下地层垮塌，油、套管损坏变形。

(2) 有利于治水的原则。水侵治理可分为控制、排水。控制是指控制边底水沿裂缝选择性水侵，尽量延长气井的无水采气期和出水气井的带水采气的稳产期。排水是指气井的产气量要大于该井的临界携液产量，保持井下最少的积液，达到气井稳定生产和防止井下油、套管腐蚀的目的。

(3) 有利于气井稳产的原则。气井稳产是气藏稳产的保证，根据气井的产能大小，单井控制储量的多少及有利于治水的原则，确定该井有较长稳产期的合理产气量，确定气藏的平稳供气。

2. 非均质底水气藏气井的无水采气临界产量（压差）的确定

临界压差是指能控制底水水窜高度小于井底至裂缝气水界面高度的最大的生产压差。

临界产量是指临界压差下的产气量。气藏开采过程中，地层压力不断地不均衡下降，底水不均衡水侵，气井下面裂缝中的气水界面不断上升，因而井底距裂缝气水界面高度也不断减小，如果设该气井单位压差底水上窜高度 $h/\Delta p$ 为常数，那么临界压差 Δp 也是逐渐变小的，直至裂缝气水界面已到达井底，即 $h_n=0$、$\Delta p_n=0$。因而临界产量也随着临界压差的变小而变小。

3. 出水气井产量确定

(1) 气井投产初期可通过生产测试来确定原始临界产量。同回压稳定试井，产量由小到大进行测试，每一测试点井口压力、产气量、氯根含量稳定后，再转下一点。每一测试点的时间：产能大的气井可短一点，3~5 天；产能小的气井时间要长一点，5~10 天，甚至 10 天以上。测试中每天做 1~3 次氯根含量分析，用精密压力表测量稳定的井口压力。

(2) 气井生产过程中临界产量的控制。气井生产中临界产量是不断变小的，因而要不间断地对气井水的氯根含量进行监测，产能大的气井每天 1~3 次，低渗气井每天一次。气井在临界产量以下生产到一定时间，氯根含量会突然上升，表示临界产量已降至目前产量以下，应进行调整至目前临界产量以下生产。

4. 出水气井生产管理

对于中、小裂缝出水的气井，在带水生产阶段中要控制合理生产压差，才能延长带水生产期，否则会过早出现水淹。

对于裂缝系统的出水气井，由于系统中水体弹性能量较小，在合适的生产制度下，能使出水气井达到压力、气、水产量“三稳定”生产。气水同产井稳定生产的条件，一方面地层水的弹性能量要比储气体积小；另一方面在气井生产制度上采水速度要比采气速度大。

对于大裂缝型的出水气井，气井一旦出水后，“控水”是控不住的，应采取早期排水，尽量利用较高的地层压力，排出尽量多的地层水，以消耗水体的能量，为以后的人工助排提供良好条件。

（六）水驱气藏采收率的影响机理

地层水侵入气藏，部分天然气被地层水封隔，使得水驱气藏的采收率比气驱气藏低得多，一般气驱气藏采收率为70%～90%，水驱气藏采收率为35%～65%。最主要的因素是气藏中的水封气，天然气的产出主要经历两个过程，即储层内的渗流过程和井筒内的垂管流动。

非均质裂缝-孔隙型储层天然气的渗流需经历三个阶段，基质岩块内孔隙→孔隙间的渗流；基质岩块孔隙层→裂缝的渗流；裂缝→井底的渗流。

1. 孔隙中的水封（水锁）

当相对高渗孔道或裂缝首先水侵后，低孔低渗的砂体或被裂缝切割的基质孔隙层中的天然气被水包围，在毛细管效应作用下，水全方位地向被包围的砂体或基质岩块孔隙侵入，在孔隙喉道介质表面形成水膜，喉道内气、水两相接触面处的毛管阻力增大，孔隙中的气被水封隔，即水锁。

2. 低渗岩块（层）的水封（水包气）

低渗岩块中的孔隙层、小裂缝中的气是通过大裂缝或高渗孔道产出的，而选择性水侵水最先进入大裂缝或高渗孔道，由于水体能量高于气层压力，堵塞了孔隙、微细裂缝中天然气产出的通道，被封隔在低渗岩块和孔隙层中，即所谓的“水包气”。

3. 气藏的封隔

裂缝性非均质水驱气藏，当气藏水侵后，高渗区之间的中低渗带及高低渗区之间的过渡带由于水的侵入裂缝变小或因气藏压力下降后岩石弹性膨胀使裂缝闭合，区块间连通性变得更差，甚至被水切断了相互间的联系，出现多个独立的水动力系统，产生气藏的封隔。

4. 气井的水封（水淹）

气井出水后，气相渗透率变小，气产量递减增快，同时井筒内流体密度不断增大，回压上升，生产压差变小，水气比上升，井筒积液不断增加，当井筒回压上升至与地层压力相平衡时，气井水淹而停产，虽然气井仍有较高的地层压力，但气井控制范围的剩余储量靠自然能量已不能采出，而被井筒及井筒周围裂缝中的水封隔在地下，通常称为“水淹”，也是天然气产出过程中的一种水封形式。

（七）提高有水气藏采收率的主要措施

开发早期尽量延长无水采气期，控制气井在临界产量（压差）以下生产，目的是控制水侵延长气井的无水采气期。

均质或似均质的气井，一般底水气藏钻开程度<30%，边水气藏50%～60%为宜。非均质裂缝性水驱气藏，水侵主要决定于裂缝的发育程度、产状及水侵方式，与气井钻开程度的大小关系不明显。

对于气水不同层或薄高渗夹层水侵，进行非选择性堵水效果较好。对气水同层、气水同缝的气井，选择性堵水效果不好，即使能降低水产量也是短期的，因为堵水剂达到的范围有限，并且逐渐被气水带出来，故选择性堵水国内外目前已很少采用。

水驱气藏在开采中，水侵波及某些气井、区块、甚至全气藏时，采用人工举升、助排工艺、接合自喷井的带水采气、排出侵入储气空间的水及井筒积液，使部分水封气“解封”变为可动气而被采出，这种生产技术叫排水采气。气藏具有以下几个地质特征时排水效果较为明显：

(1) 储层非均质性强，气藏的选择性水侵，产生多种形式的水封，一次采气采收率低，残余水封气的丰度较大，实施排水采气对提高采收率及产气能力的效果较为明显。

(2) 水体具封闭性，非刚性水驱的气藏，水体弹性能量有限，具可排性，排水可消耗水体能量，降低水体压力，使水封气解封而产出。

(3) 剩余储量较大，与气藏排水采气系统相配套的工艺设备，注排系统、卤水处理系统和修井作业工程等投入较大。剩余储量大，则增产气量多，工艺投入回报率高，经济效益好。

(4) 有一定高产气、水井的水驱气藏，气藏实施排水采气，排水强度必须达到气藏工程要求，需要一批大排水井作保证。

(5) 产出的地层水有出路的气藏，地层水是气田主要污染源之一，在制定排水采气方案时必须首先考虑卤水集输处理方案。

(八) 气藏与气井排水采气模式

对于边底水整装气藏（单一水动力系统气藏）和多裂缝系统（多水动力系统气藏），由于地质特征、气水关系、连通关系、开发动态和排水采气动态特征各不相同，形成了两类气藏不同的排水采气模式和五种气井排水采气模式。

整装气藏是以气藏整体为对象进行排水采气规划、设计和实施。对气藏水侵实行早期控制，中期进行技术准备、科研攻关、编制方案、配套建设，后期全面实施排水采气方案。

多裂缝系统气藏实行滚动勘探开发，一旦发现水侵、气水同产或钻至水体只产水的井，应实施早期排水。

气井排水采气的五种模式如下：

(1) 整装气藏气井排水采气 3 种模式：大缝型、中缝型、小缝型。

大缝型：一是排积液阶段；二是自喷生产阶段，G_p-W_p 关系曲线表现为陡升上翘；三是恢复气举阶段，G_p-W_p 关系曲线变缓。排积液阶段与自喷生产阶段的长短，主要与裂缝发育程度和裂缝发育带范围大小有关，裂缝发育且范围广，排积液和自喷生产两个阶段都长。

中缝型：气井裂缝发育中等，水淹后裂缝中积液较少，水侵强度也较弱，一般排积液阶段较短，恢复自喷生产阶段较长。

小缝型：气井裂缝小且不发育，水侵强度不大，裂缝中积液少，一排就产气，不排就无气，气水产量也无大的变化，G_p-W_p 关系曲线分不出三个阶段，近似一条直线。

(2) 多裂缝系统气藏排水采气井的两种模式。

后期排水型：气井未钻至水体完钻；投产初期只产天然气不产水，到气井出水时，地层压力已较低，在水侵影响下气井递减加快，水气比上升，直至气井水淹停产。排水采气地层压力很低，水侵严重，效果不佳。$G_p \sim W_p$ 关系曲线由陡变缓，水气比不断上升。

早期排水型：气井钻穿气水界面或钻至水体边水部位；投产初期气水同产或只产水不产气；气水同产井 $G_p \sim W_p$ 关系曲线一样，基本为一直线；排水找气井在气井出气后，生产稳定时也基本为一直线。

（九）水驱气藏开发研究的重点

应研究水驱特征、水体能量，确定水体活跃程度。对水驱指数大于或等于 0.3 的强水驱气藏，重点研究射孔底界及裂缝（天然裂缝、人工裂缝）对地层水活动的影响、气井极限产量与生产压差，确定合理的采气速度、井网与井型，以防止边、底水指进和锥进。同时应研究排水工艺及水处理工艺与措施。

五、特殊气藏的动态监测

对于低渗透气藏，监测分析气井增产措施效果、非稳态产能变化特征、储量动用状况以及低渗透补给滞后效应对开发生产的影响。

对于有水气藏，监测分析水侵规律、水侵阻碍气相渗流状况、水侵对开发的影响、排水工艺效果以及排水改善气藏开发生产的整体效果。同时，定期监测地层水对气井完井管串的腐蚀状况。

对于凝析气藏，监测分析反凝析规律、反凝析效应对开发生产的影响以及减缓反凝析影响的措施效果。

对于高含硫气藏，监测分析硫沉积等堵塞规律、堵塞对开发生产的影响以及解除堵塞的措施效果。同时，定期监测高含硫天然气对气井完井管串的腐蚀状况。

附录一 气藏动态分析实例

一、大猫坪区块长兴气藏开采动态跟踪分析

（一）气藏概况

大猫坪区块长兴生物礁气藏于2009年11月投产，目前生产井2口：云安012-1和云安012-2井（附表1-1）。云安012-6井于2012年4月21日完钻，测试产气$82\times10^4m^3/d$；云安012-X7井于2012年6月11日完钻，测试产气$97.21\times10^4m^3/d$。

截至2013年4月，气藏日产气$102\times10^4m^3$，日产水$7m^3$，累计产气$12.6\times10^8m^3$，累计产水$7451m^3$。按照上报探明储量$91.4\times10^8m^3$计算，采出程度为13.78%。大猫坪区长兴组气藏各井生产数据见附表1-1。

附表1-1　大猫坪区块长兴组气藏各井生产数据表（2013.4）

井号	生产压力，MPa		产气量，10^4m^3		历年累计产水，m^3
	套压（封隔器）	油压	日产	历年累计	
云安012-1	—	29.64	51.8	6×10^4	3529
云安012-2	—	14.65	50.3	6.6×10^4	3922
合计	—	—	102.1	12.6×10^4	7451

（二）气藏动态跟踪分析

1. 各井为同一压力系统

通过分析，认为长兴组气藏目前已完钻的4口井连通性好，为同一压力系统，依据如下：

（1）后完钻井存在明显先期压降。大猫坪长兴气藏最先投产井为云安012-2井，投产前地层压力为52.054MPa。将各井地层压力折算至同一海拔（附表1-2）可以看出，后完钻井存在明显先期压降。

附表1-2　大猫坪区块长兴组气藏各井投产前地层压力表

井名	测压时间	地层压力，MPa	折算压力，MPa	压力系数	备注
云安012-2	2009.11	52.054（计算）	52.054	1.11	折算海拔-4170.3m
云安012-1	2010.3	51.214（实测）	51.054	1.12	
云安012-6	2012.6	46.017（录井）	45.732	0.99	
云安012-X7	2012.7	46.129（录井）	45.796	0.94	

(2) 存在明显井间干扰。云安 012-1 井与云安 012-2 井干扰测试期间，云安 012-2 井持续以 $60\times10^4 \sim 65\times10^4 m^3/d$ 进行生产，云安 012-1 井关井井口压力从 37.142MPa 下降到 37.023MPa（附图 1-1），表明两口井具有较好的连通关系，应为同一压力系统。

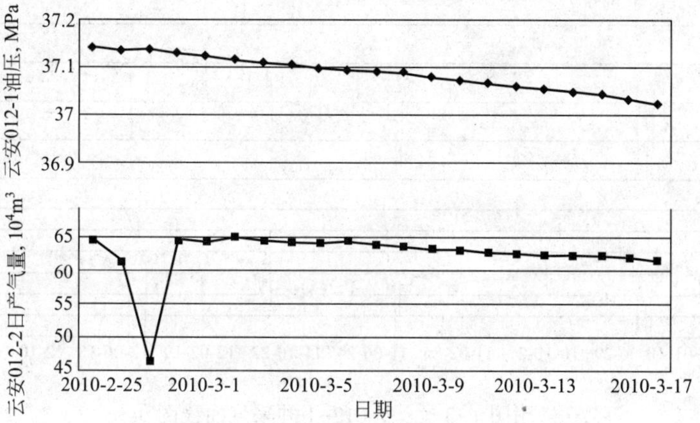

附图 1-1 云安 012-1 井井口压力变化曲线

新完钻井云安 012-6 井和云安 012-X7 井未投产，两口井井口油压基本平行下降（附图 1-2），压力下降趋势明显，说明气藏 4 口井为同一压力系统。

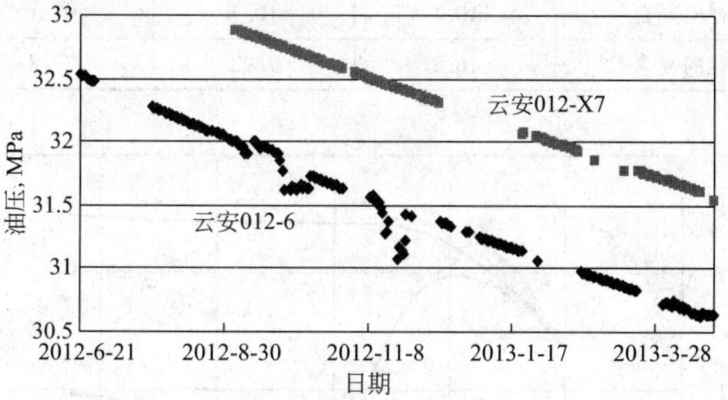

附图 1-2 云安 012-6、012-X7 井井口压力变化曲线

2. 生产井地层仍存在堵塞

截至 2013 年 4 月 30 日，云安 012-1 井生产油压为 16.90MPa，日产气为 $51.8\times10^4m^3$，日产凝析水 $3.8m^3$，累计产气 $6\times10^8m^3$，产水 $3529m^3$。采气曲线如附图 1-3 所示。

2013 年 4 月 19~29 日，对云安 012-1 井进行压力恢复试井。从解释结果看：气井渗透率为 7.02mD，表皮系数 16.2，与 2012 年 5 月相比（附表 1-3），气井渗透率降低，地层污染加重。该井投产以来多次出现井口压力、产气量异常下降情况，分析认为地层存在堵塞，2011 年 11 月进行过一次常规酸化作业，解堵效果明显。2013 年 1~4 月，由于井底带出黑色颗粒状脏物，堵塞井口节流阀，清洗节流阀后，节流阀前后压差变小，气井产量增加，但之后产量又开始逐渐下降。结合本次试井解释

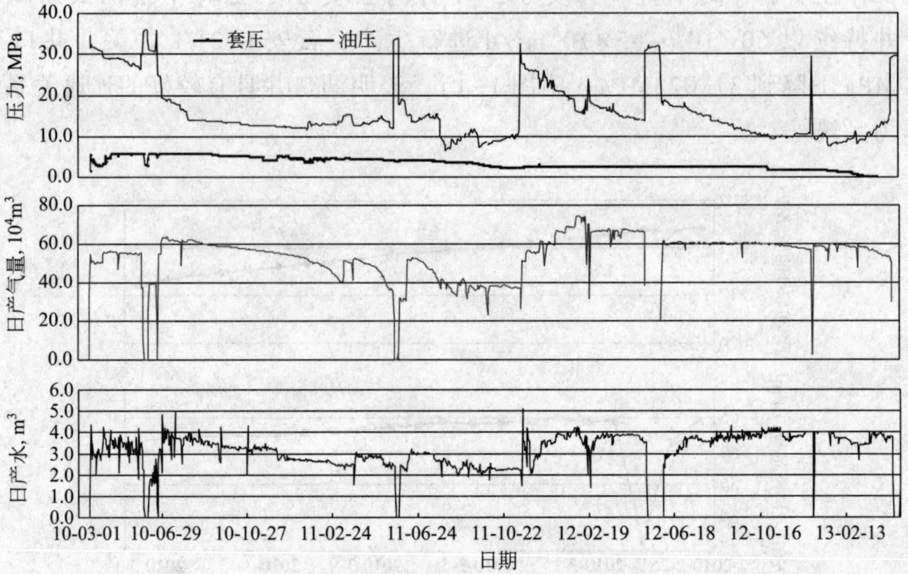

附图 1-3　云安 012-1 井采气曲线图

成果（附图 1-4）看，地层仍存在堵塞。

附表 1-3　云安 012-1 井 2013 年与 2012 年试井解释成果对比表

解释时间	模型	S	K，mD	R	备注
2012.05	径向复合	10.1	10.7	97.1	井底数据
2013.04	径向复合	16.2	7.02	77.8	井底数据

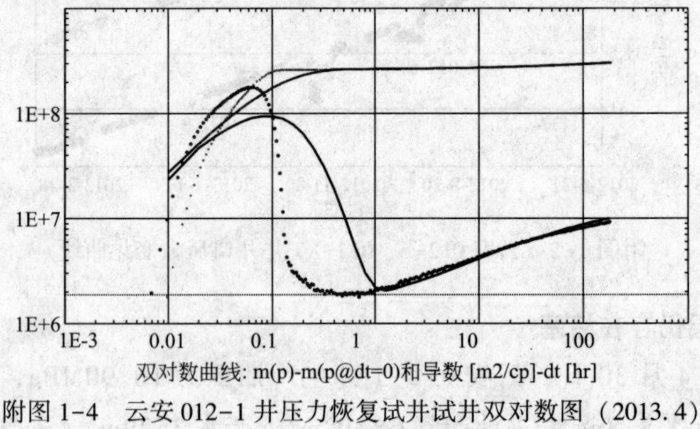

附图 1-4　云安 012-1 井压力恢复试井试井双对数图（2013.4）

截至 2013 年 4 月，云安 012-2 井生产油压 14.65MPa，日产气 $50.3\times10^4m^3$，日产凝析水 $3m^3$，累计产气 $6.6\times10^8m^3$，产水 $3922m^3$。采气曲线如附图 1-5 所示。

云安 012-2 井与云安 012-1 井生产特征相似，投产以来也多次出现井口压力和产气量异常下降的情况，分析认为地层存在堵塞，2012 年 5 月对云安 012-2 井开展过一次常规酸化，酸化效果明显。之后该井产气量基本稳定，但油压下降较快，2013 年 1 月 19 日和 3 月 18 日在未进行任何操作的情况下出现了产量、压力突然上升的情况，说明井底堵塞部分被解除，但不排除仍存在堵塞的可能性。

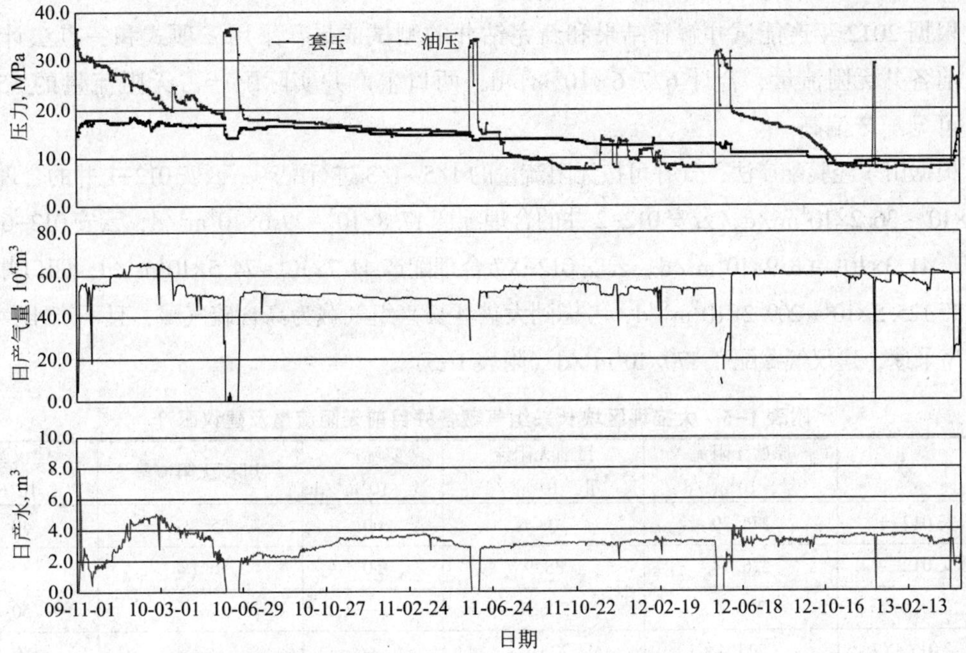

附图 1-5 云安 012-2 井采气曲线图

3. 气藏动态储量有所增加

考虑到只有云安 012-1 井关井，因此选取该井作为代表井，计算气藏储量为 $105.22\times10^8m^3$，较上报储量增大 $13.82\times10^8m^3$（附表 1-4）。储量计算时，选取的代表井有两次实测地层压力，且关井时间较长，计算的气藏储量应该是较可靠（附图 1-6）。

附表 1-4 大猫坪区块长兴生物礁气藏储量计算参数表

代表井	关井次数	关井日期	井口压力，MPa	地层压力，MPa	视地层压力，MPa	累产气，10^8m^3
云安 012-1	0	投产前	38.56	52.216	45.426	0
	1	2011.5.21~5.28	33.778	47.137	43.004	2.2558
	2	2012.5.8~5.29	31.923	44.688	41.602	4.0719
	3	2013.4.19~4.27	29.566	41.715	39.96	5.9638

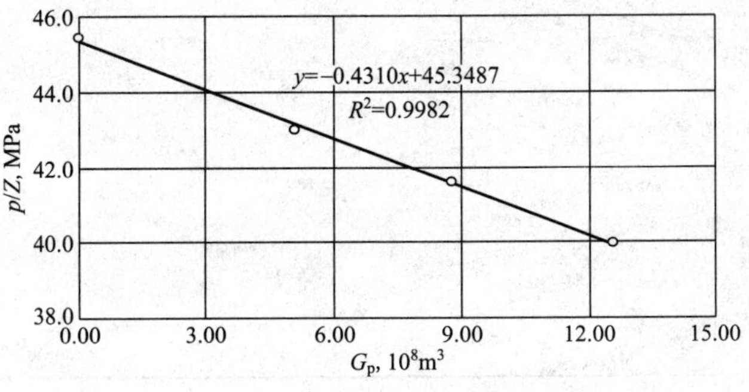

附图 1-6 大猫坪区块长兴组气藏压降储量图

4. 两口生产井配产偏高

根据 2012 年产能试井解释结果和新完钻井的测试成果，采用二项式和一点法计算气藏目前各井无阻流量，合计 627.6×$10^4 m^3/d$，两口生产井实际配产占无阻流量的 55%以上，可见配产偏高。

根据川东经验配产法，气井可按无阻流量的 1/5~1/3 进行配产，云安 012-1 井的合理配产 21.7×10^4~36.2×$10^4 m^3/d$，云安 012-2 井的合理配产 17.8×10^4~29.6×$10^4 m^3/d$，云安 012-6 井合理配产 41.3×10^4~68.9×$10^4 m^3/d$。云安 012-X7 合理配产 44.7×10^4~74.5×$10^4 m^3/d$，四口井的合理配产 125.5×10^4~209.2×$10^4 m^3/d$，考虑到大猫坪长兴组气藏为高含硫气藏，且不产水，可适当提高采速，建议气藏配产 170×$10^4 m^3/d$（附表 1-5）。

附表 1-5 大猫坪区块长兴组气藏各井目前无阻流量及建议配产

井 号	原始无阻流量，$10^4 m^3/d$	目前无阻流量，$10^4 m^3/d$	实际产量，$10^4 m^3/d$	实际/无阻流量	建议配产，$10^4 m^3/d$
云安 012-1	276.29	108.6	60	55.2%	40
云安 012-2	226.74	88.9	50	56.1%	30
云安 012-6	206.7	206.7	—	—	50
云安 012-X7	223.4	223.4	—	—	50
气藏	933.13	627.6	110	—	170

二、天东 2 井生产异常情况分析

(一) 气井概况

天东 2 井位于五百梯区块石炭系气藏北段近轴部（附图 1-7），与长兴气藏天东 10 井同井场（附图 1-8）。该井 1989 年 1 月 30 日开钻，同年 12 月 30 日完钻，完钻层位志留系，裸眼完井，产层井段 4433.5~4467.0m。1990 年月 4 日采用 42.7m^3浓度为 16.9%的常规酸酸化后，测试产气 88.07×$10^4 m^3/d$。

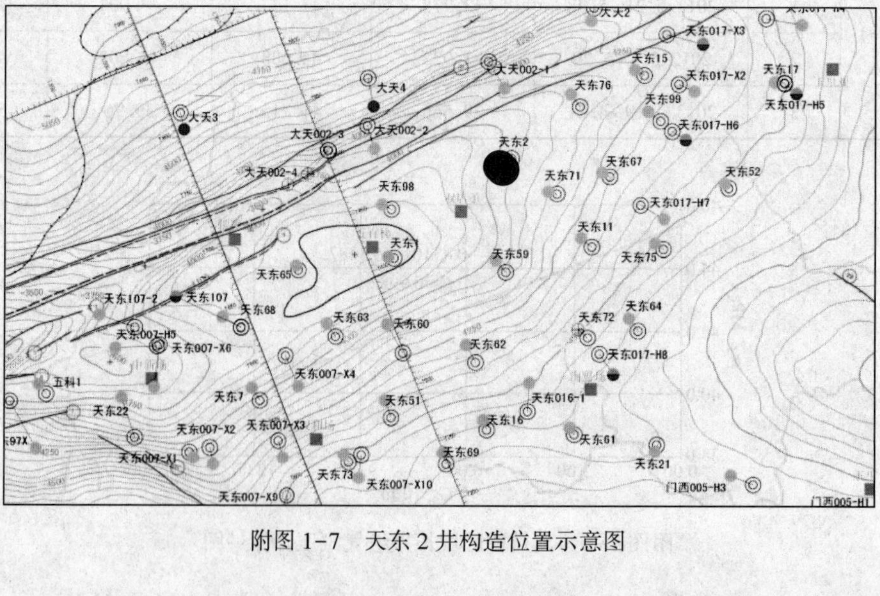

附图 1-7 天东 2 井构造位置示意图

附图 1-8　天东 2 井井场概貌图

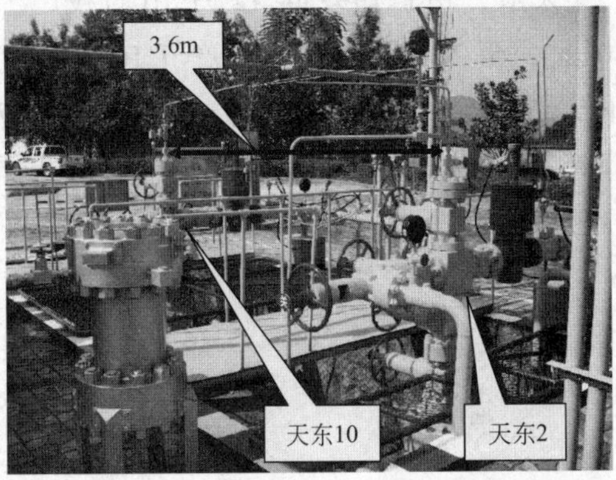

附图 1-9　天东 2（10）井井口装置图

天东 2 井井口装置型号为 KQ65-60（附图 1-9），最近一次通井时间为 2005 年 4 月，通井深度 4420m，通井正常。该井完钻井深 4483m，全井最大井斜 8.17°（井深 3775m）。油管为（88.9+73.0）mm×4425.76m 的复合油管，油管底部较产层中部 4450.1m 高 24.3m，井身结构示意图如附图 1-10 所示。

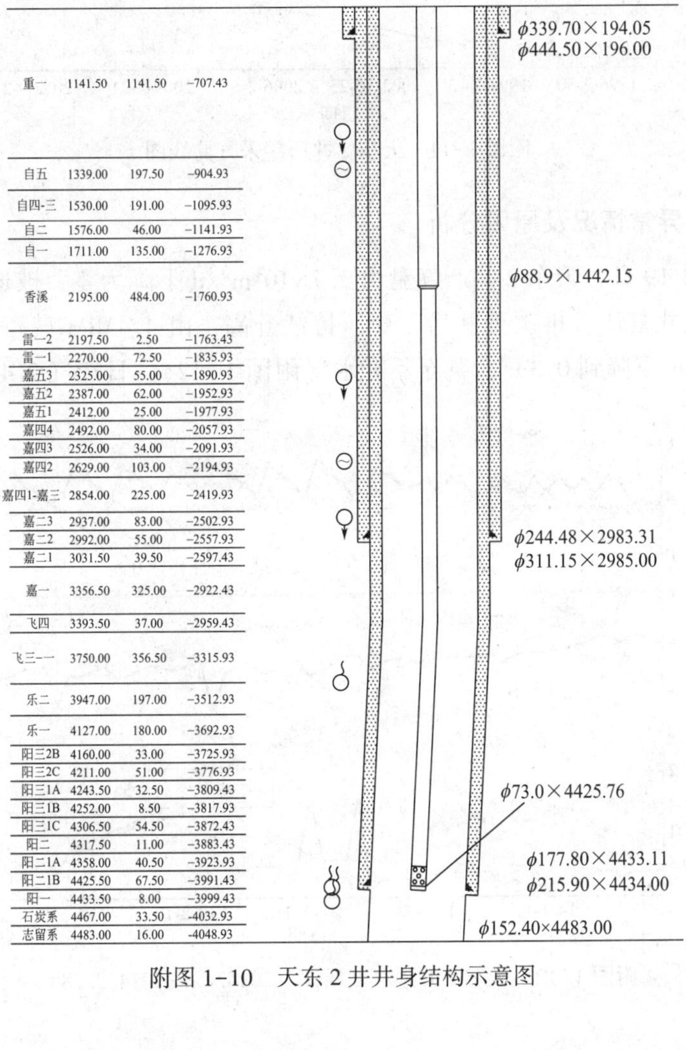
重一 1141.50 1141.50 -707.43
自五 1339.00 197.50 -904.93
自四-三 1530.00 191.00 -1095.93
自二 1576.00 46.00 -1141.93
自一 1711.00 135.00 -1276.93
香溪 2195.00 484.00 -1760.93
雷一2 2197.50 2.50 -1763.43
雷一1 2270.00 72.50 -1835.93
嘉五3 2325.00 55.00 -1890.93
嘉五2 2387.00 62.00 -1952.93
嘉五1 2412.00 25.00 -1977.93
嘉四4 2492.00 80.00 -2057.93
嘉四3 2526.00 34.00 -2091.93
嘉四2 2629.00 103.00 -2194.93
嘉四1-嘉三 2854.00 225.00 -2419.93
嘉二3 2937.00 83.00 -2502.93
嘉二2 2992.00 55.00 -2557.93
嘉二1 3031.50 39.50 -2597.43
嘉一 3356.50 325.00 -2922.43
飞四 3393.50 37.00 -2959.43
飞三-一 3750.00 356.50 -3315.93
乐二 3947.00 197.00 -3512.93
乐一 4127.00 180.00 -3692.93
阳三2B 4160.00 33.00 -3725.93
阳三2C 4211.00 51.00 -3776.93
阳三1A 4243.50 32.50 -3809.43
阳三1B 4252.00 8.50 -3817.93
阳三1C 4306.50 54.50 -3872.43
阳二 4317.50 11.00 -3883.43
阳二1A 4358.00 40.50 -3923.93
阳二1B 4425.50 67.50 -3991.43
阳一 4433.50 8.00 -3999.43
石炭系 4467.00 33.50 -4032.93
志留系 4483.00 16.00 -4048.93
ϕ339.70×194.05
ϕ444.50×196.00
ϕ88.9×1442.15
ϕ244.48×2983.31
ϕ311.15×2985.00
ϕ73.0×4425.76
ϕ177.80×4433.11
ϕ215.90×4434.00
ϕ152.40×4483.00
附图 1-10　天东 2 井井身结构示意图

天东2井于1992年12月16日投产，投产前井口油压46.932MPa，初期日产气$40\times10^4m^3$，至2014年2月，累产气$16.37\times10^8m^3$，累计产水$10560m^3$（附图1-11），生产套压5.55MPa，油压3.43MPa，日均产气$2.7\times10^4m^3$，日均产水$0.5m^3$。根据生产史拟合计算天东2井动态储量$22.04\times10^8m^3$，剩余动态储量$5.67\times10^8m^3$，目前地层压力12.924MPa，压力系数0.27。

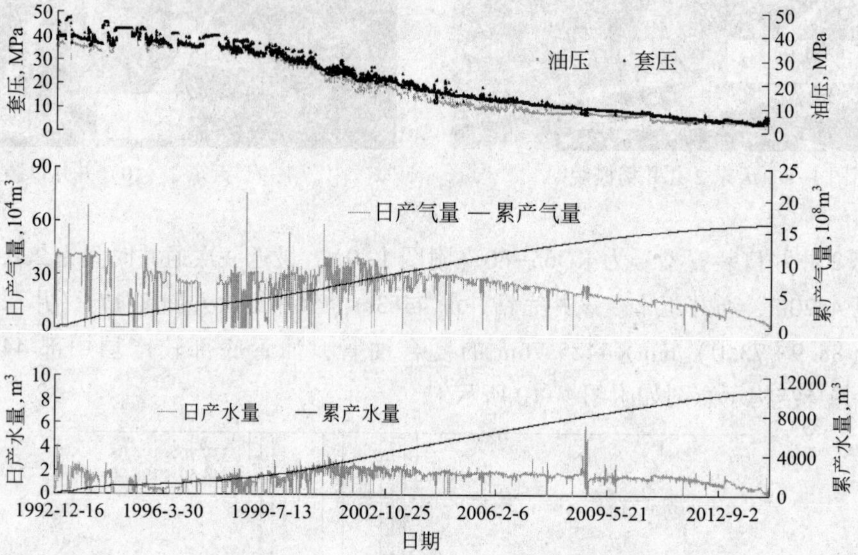

附图1-11 天东2井历年采气曲线图

（二）生产异常情况及原因分析

2014年2月19日，天东2井产气量由$2.7\times10^4m^3/d$下降为零，被迫进行放空提液，积液量较少，关井复压。再次开井后，套压持续升高，由4.4MPa最高上升到7.3MPa，日产水量由$0.8m^3$下降到$0.3m^3$，甚至不产水（附图1-12），日产气$2.4\times10^4m^3/d$左右。

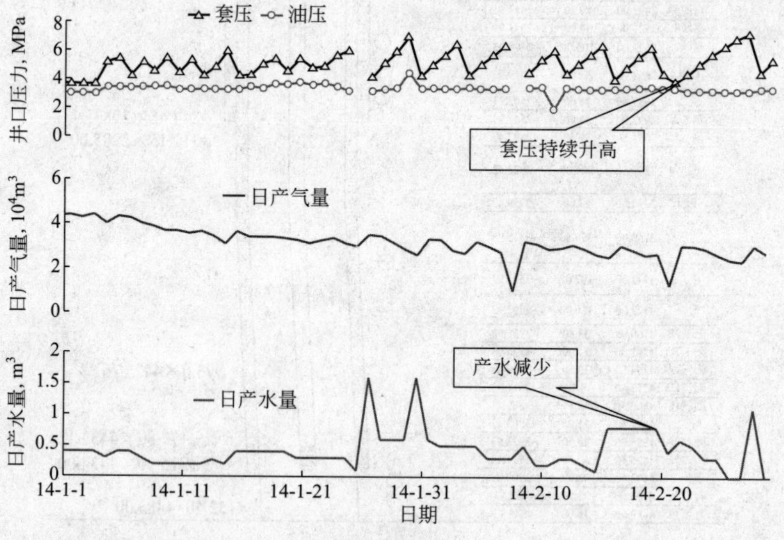

附图1-12 天东2井采气曲线图（2014.1.1-2014.2.28）

该井自 2012 年 11 月初产气量开始快递减，至 2013 年 11 月，产气量由 $12\times10^4m^3/d$ 下降到 $5\times10^4m^3/d$（附图 1-13）。2013 年 12 月初开始，产量逐步下降到 $3\times10^4m^3/d$，套压波动频繁，一般为 4.2~6.9MPa，表现出油管积液的特征。

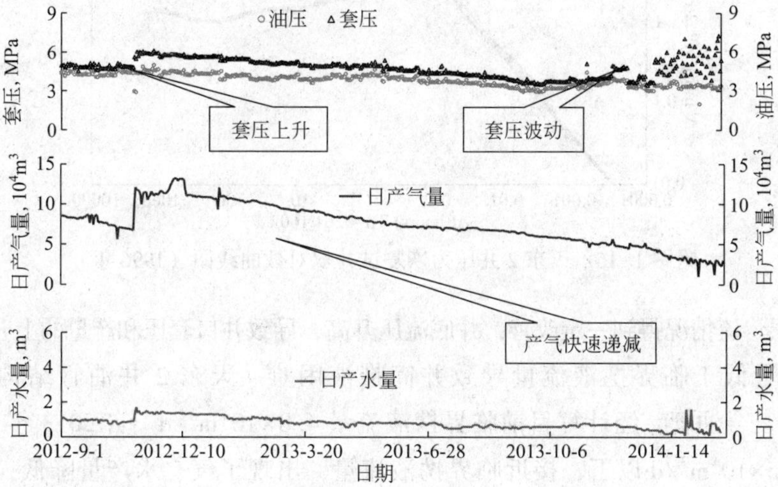

附图 1-13　天东 2 井采气曲线图（2012.9.1-2014.2.28）

分析认为该井出现以上异常情况的原因为产层堵塞导致产气量下降加快，随之出现井筒积液，理由如下：

（1）关井压力恢复试井资料显示产层存在污染。2014 年 1 月 24 日 9：24 至 25 日 9：44 该井关井复压，利用井口变送器录取的套压数据进行压力恢复试井解释（附图 1-14），表皮系数达到 8.86，对比早期解释成果（附图 1-15），证实产层存在污染（附表 1-6）。

附表 1-6　天东 2 井历年试井解释成果统计表

时间	模型	井储系数，m^3/MPa	表皮系数	渗透率
1996.5	复合模型	—	-2	1.92
2014.1.24	无限大模型	5.98	8.86	1.89

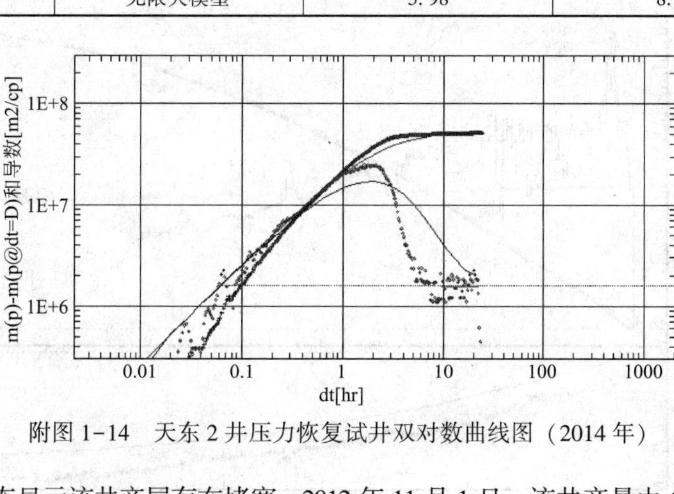

附图 1-14　天东 2 井压力恢复试井双对数曲线图（2014 年）

（2）生产动态显示该井产层存在堵塞。2012 年 11 月 1 日，该井产量由 $6.7\times10^4m^3/d$ 上升到 $12\times10^4m^3/d$，套压由 4.8MPa 上升至 6.0MPa（附图 1-13）。查阅该井此阶段的气分析数据无异常，排除了窜层的可能性。分析原因，认为是由于生产过程中产层部分堵塞物随气流被带出

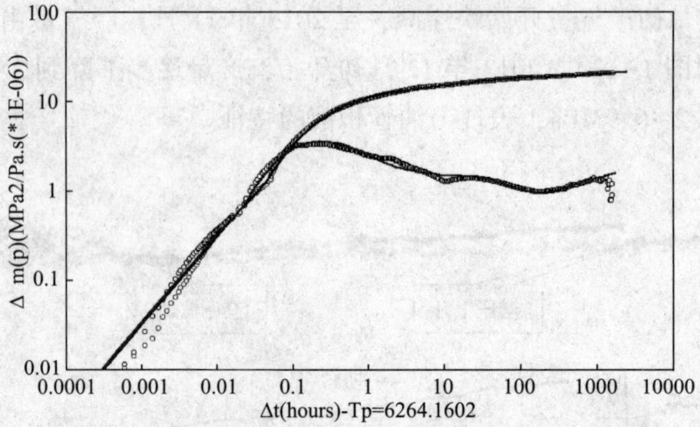

附图 1-15　天东 2 井压力恢复试井双对数曲线图（1996 年）

井筒后，地层渗流情况得到一定改善，井底流压升高，导致井口套压和产量的上升。

（3）产量低于临界携液流量导致井筒带液困难。天东 2 井油管结构为 ϕ73mm+ϕ60. 3mm 的复合油管，经计算目前临界携液流量 4. 8×10^4m^3/d。自 2013 年 12 月，该井产气量降到 5×10^4m^3/d 以下，接近临界携液流量，出现了气、水产量降低，套压波动加剧的油管积液特征。

（三）下步措施建议

1. 建议对天东 2 井进行解堵酸化，同时更换油管，恢复气井产能

天东 2 井动态储量为 22. 04×10^8m^3，剩余动态储量 5. 67×10^8m^3，具有较大开采潜力。经分析认为该井产层存在堵塞，现有管串不利于带液，且入井时间长达 24 年，可能存在腐蚀，因此建议对该井进行解堵酸化，恢复气井正常产能。同时将井下管串更换为 ϕ73mm+ϕ60. 3mm 油管。该井位于五百梯区块石炭系气藏高渗区，储层条件好，根据生产情况预测酸化修井后产量有望由 2. 7×10^4m^3/d 至 9. 0×10^4m^3/d（附图 1-16），增产 6. 3×10^4m^3/d，预期增产效果较好。

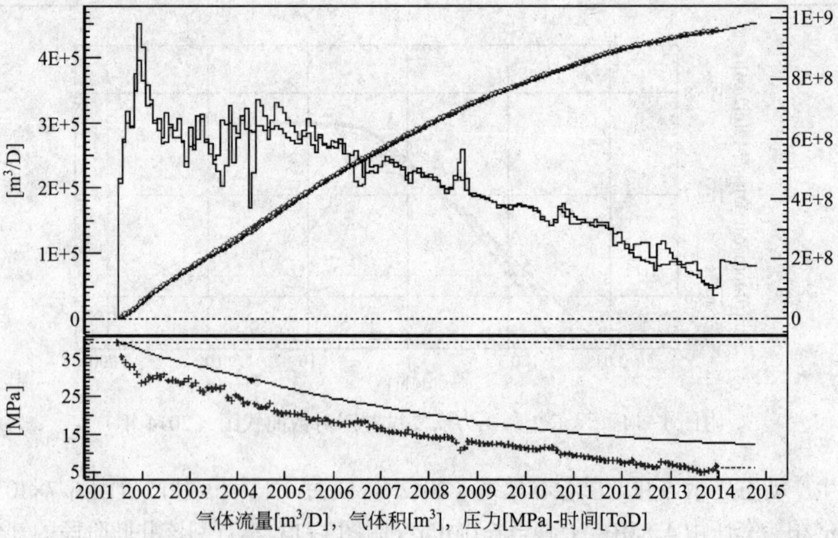

附图 1-16　天东 2 井增产预测曲线图

鉴于天东2井2014年1月关井复压时间仅1天，且为井口测压，为进一步核实目前地层压力、动态储量及井下渗流情况，建议修井前对天东2井实施泡沫排水采气，待生产稳定后通井并下压力计进行10天左右的压力恢复试井，为酸化修井作业提供更加充分的依据。

2. 建议现场勘测同步实施天东10井油管更换工作可行性

由于天东10井井口装置（KQ65-60），与天东2井距离较近，约3.6m。天东10井与天东2井同步实施油管更换，可节约单独进行修前、施工单位调遣、拆除及恢复地面工艺等一系列费用，但受机具、设备摆放条件限制，需要进行现场测量。

天东10井油管结构为（88.9+73.0）mm×3765.18m，井身结构示意图如附图1-17所示。该井油管自1990年11月入井，至今超过23年，天然气中二氧化碳含量为20.718g/m^3，硫化氢含量为56.353g/m^3，由于腐蚀介质浓度较天东2井更高，油管存在更严重的腐蚀的可能性。该井目前日产气7.2×10^{4}m^3/d，日产水0.4m^3，历年产气6.65×10^{8}m^3，动态储量11.42×10^{8}m^3，剩余动态储量4.77×10^{8}m^3，地层压力16.781MPa，压力系数为0.45。

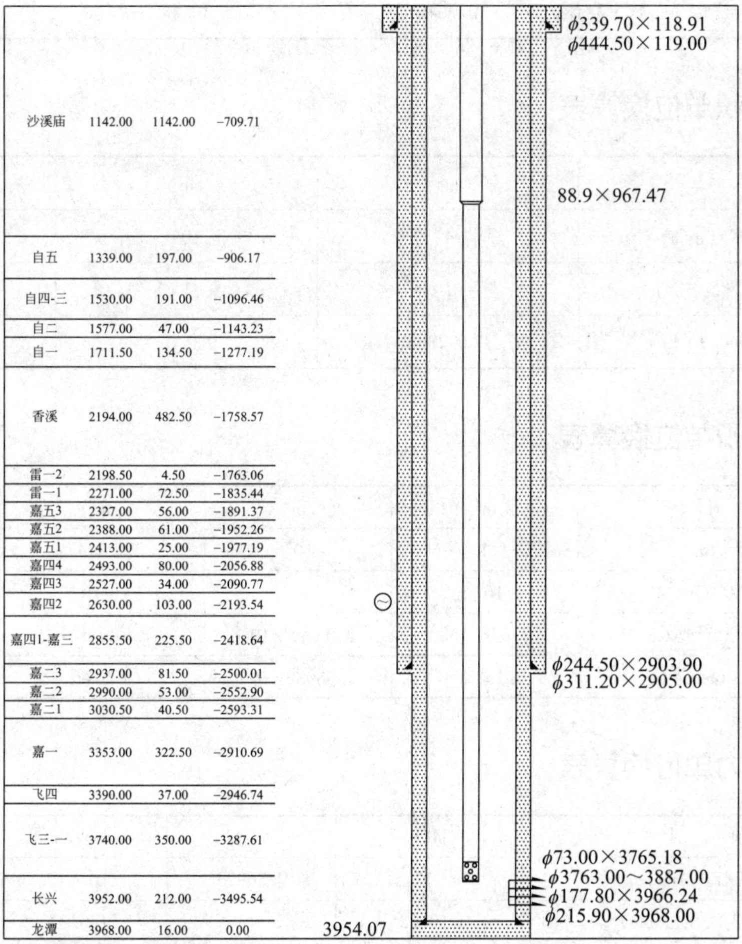

附图1-17 天东10井井身结构示意图

附录二

气藏工程常用单位换算

一、长度单位换算表

项　　目	m	cm	ft
1 米（m）	1	100	3.28048
1 厘米（cm）	0.01	1	3.28048×10^{-2}
1 英尺（ft）	0.3048	30.48	1

二、面积单位换算表

项　　目	m^2	cm^2	ft^2
1 平方米（m^2）	1	10^4	10.7639
1 平方厘米（cm^2）	10^{-4}	1	1.07639×10^{-3}
1 平方英尺（ft^2）	0.092903	929.03	1

三、体积单位换算表

项　　目	m^3	cm^3	ft^3	bbl
1 立方米（m^3）	1	10^6	35.3147	6.28978
1 立方厘米（cm^3）	10^{-6}	1	3.53147×10^{-5}	6.28978×10^{-6}
1 立方英尺（ft^3或 CF）	0.0283168	2.83168×10^4	1	0.17811
1 桶（bbl）	0.158988	1.58988×10^5	5.6146	1

四、压力单位换算表

项　　目	MPa	atm	kgf/cm^2	psi
1 兆帕（MPa）	1	9.86923	10.1972	145.038
1 标准大气压（atm）	0.101325	1	1.03323	14.6959
1 千克每平方厘米（kgf/cm^2）	0.0980665	0.967841	1	14.2233
1 磅每平方英寸（psi）	0.00689476	0.068046	0.070307	1

五、温度单位换算表

项　　目	℃	K	℉	°R
摄氏度 t（℃）	t	t+273.15	（9t/5）+32	（9t/5）+491.67
开氏度 T（K）	T−273.15	T	（9T/5）−459.67	9T/5
华氏度 f（℉）	5（f−32）/9	5（f+459.67）/9	f	f+459.67
兰氏度 r（°R）	（5r/9）−273.15	5r/9	r−459.67	r

六、油井产量单位换算表

项　　目	m^3/d	cm^3/s	bbl/d
1 立方米每天（m^3/d）	1	$10^4/864$	6.28978
1 立方厘米每秒（cm^3/s）	0.0864	1	0.543437
1 桶每天（bbl/d）	0.158988	1.84014	1

七、气井产量单位换算表

项　　目	$10^4m^3/d$	cm^3/s	$10^3ft^3/d$
1 万立方米每天（$10^4m^3/d$）	1	$10^8/864$	353.147
1 立方厘米每秒（cm^3/s）	864×10^{-8}	1	3.05119×10^{-3}
1 千立方英尺每天（$10^3ft^3/d$）	2.83168×10^{-3}	327.741	1

八、密度单位换算表

项　　目	g/cm^3	lb/ft^3
1 克每立方厘米（g/cm^3）	1	62.428
1 磅每立方英尺（lb/ft^3）	0.0160185	1

九、渗透率单位换算表

项　　目	μm^2	D	mD
1 平方微米（μm^2）	1	1.01325	1013.25
1 达西（D）	0.986923	1	1000
1 毫达西（mD）	9.86923×10^{-4}	0.001	1

十、黏度单位换算表

项　　目	mPa·s	cP
1 毫帕秒（mPa·s）	1	1
1 厘泊（cP）	1	1

附录三

常用符号及单位表

符号	参　　数	法定单位	常用工程单位	英制单位	达西单位
A	油（气）藏面积	m^2	m^2	ft^2	cm^2
B 或 B_o	原油体积系数	无因次	无因次	无因次	无因次
B_g	气体体积系数	无因次	无因次	无因次	无因次
C_o	原油压缩系数	MPa^{-1}	$(kgf/cm^2)^{-1}$	psi^{-1}	atm^{-1}
C_w	水压缩系数	MPa^{-1}	$(kgf/cm^2)^{-1}$	psi^{-1}	atm^{-1}
C_g	气体压缩系数	MPa^{-1}	$(kgf/cm^2)^{-1}$	psi^{-1}	atm^{-1}
C_ϕ	岩石压缩系数	MPa^{-1}	$(kgf/cm^2)^{-1}$	psi^{-1}	atm^{-1}
C_t	综合压缩系数	MPa^{-1}	$(kgf/cm^2)^{-1}$	psi^{-1}	atm^{-1}
d	井到不渗透边界的距离	m	m	ft	cm
h	油（气）层厚度	m	m	ft	cm
K	渗透率	μm^2	mD	mD	D
p	压力	MPa	kgf/cm^2	psi	atm
p_i	原始压力	MPa	kgf/cm^2	psi	atm
p_o	参考压力	MPa	kgf/cm^2	psi	atm
p_{sc}	标准状态压力	0.101325MPa	1.03323kgf/cm^2	14.6959psi	1atm
p_{wf}	井底流压	MPa	kgf/cm^2	psi	atm
p_{ws}	关井井底压力	MPa	kgf/cm^2	psi	atm
q	油井产量	m^3/d	m^3/d	bbl/d	cm^3/s
q_{sc}	气井产量	$10^4m^3/d$	$10^4m^3/d$	MCF/d	cm^3/s
r	径向距离	m	m	ft	cm
r_e	供给半径	m	m	ft	cm
r_w	井筒半径	m	m	ft	cm
S_o	含油饱和度	无因次	无因次	无因次	无因次
S_g	含气饱和度	无因次	无因次	无因次	无因次

续表

符号	参　　数	法定单位	常用工程单位	英制单位	达西单位
S_w	含水饱和度	无因次	无因次	无因次	无因次
t	开井生产时间	h	h	h	s
t_p	关井前生产时间	h	h	h	s
Δt	关井时间	h	h	h	s
T	储层温度	℃（K）	℃（K）	°F（°R）	℃（K）
T_{sc}	标准状态温度	20℃（293.15K）	20℃（293.15K）	60°F（520°R）	0℃（273.15K）
V_p	油藏孔隙体积	m^3	m^3	bbl	cm^3
Z	气体偏差因子	无因次	无因次	无因次	无因次
η	导压系数	$\mu m^2 \cdot MPa/(mPa \cdot s)$	$mD \cdot kgf/(cm^2 \cdot cP)$	$mD \cdot psi/cP$	cm^2/s
μ	粘度	$mPa \cdot s$	cP	cP	cP
ρ_o	原油密度	kg/m^3	kg/m^3	lb/ft^3	g/cm^3
ρ_g	天然气密度	kg/m^3	kg/m^3	lb/ft^3	g/cm^3
ϕ	孔隙度	无因次	无因次	无因次	无因次
ψ	拟压力	$MPa^2/mPa \cdot s$	$(kgf/cm^2)^2/cP$	psi^2/cP	atm^2/cP

参 考 文 献

[1] 王鸣华. 气藏工程［M］. 北京：石油工业出版社. 1997.

[2]《试井手册》编写组. 试井手册（下）［M］. 北京：石油工业出版社，1992.

[3] 刘能强. 实用现代试井解释方法［M］ 第五版. 北京：石油工业出版社，2008.

[4] 李晓平，等. 试井分析方法［M］. 北京：石油工业出版社，2009.

[5] 姜礼尚，陈钟祥. 试井分析理论基础［M］. 北京：石油工业出版社，1985.

[6] 葛家理. 现代油藏渗流力学基础［M］. 北京：石油工业出版社，2001.

[7] 李晓平. 地下油气渗流力学［M］. 北京：石油工业出版社，2008.

[8] 黄炳光. 气藏工程与动态分析方法［M］. 北京：石油工业出版社，2004.

[9] 钟孚勋. 气藏工程［M］. 北京：石油工业出版社，2013.

[10] 赵靖舟，张金川，高岗. 天然气地质学［M］. 北京：石油工业出版社，2013.

[11] 蒋裕强. 石油与天然气地质概论［M］. 北京：石油工业出版社，2010.

[12] 李士伦，等. 天然气工程［M］. 第二版. 北京：石油工业出版社. 2008.

[13] 王晓冬. 渗流力学基础［M］. 北京：石油工业出版社. 2006.

[14] 李璗，陈军斌. 油气渗流力学［M］. 北京：石油工业出版社，2009.

[15] 翟云芳. 渗流力学［M］. 北京：石油工业出版社，2016.

[16] 张守良，马发明，徐永高. 采气工程手册［M］. 北京：石油工业出版社，2016.

[17] 刘鹏程. 油藏数值模拟基础［M］. 北京：石油工业出版社，2014.

[18] 张烈辉，郭晶晶等. 油气藏数值模拟基本原理［M］. 第2版. 北京：石油工业出版社，2014.

[19] 李海平. 气藏动态分析实例［M］. 北京：石油工业出版社，2001.

[20] 王怒涛，黄炳光. 实用气藏动态分析方法［M］. 北京：石油工业出版社，2011.

[21] 唐建荣，等. 气藏工程技术［M］. 北京：石油工业出版社，2011.

[22] 杨川东. 采气工程［M］. 北京：石油工业出版社，2001.

[23] 杨通佑. 石油及天然气储量计算方法［M］. 北京：石油工业出版社，1991.